ÉTUDES ET LECTURES

SUR

L'ASTRONOMIE,

PAR

CAMILLE FLAMMARION,

Astronome, Membre de plusieurs Académies, etc.

TOME CINQUIÈME.

PARIS,

GAUTHIER-VILLARS, IMPRIMEUR-LIBRAIRE

DU BUREAU DES LONGITUDES, DE L'OBSERVATOIRE DE PARIS,

SUCCESSEUR DE MALLET-BACHELIER,

Quai des Grands-Augustins, 55.

1874

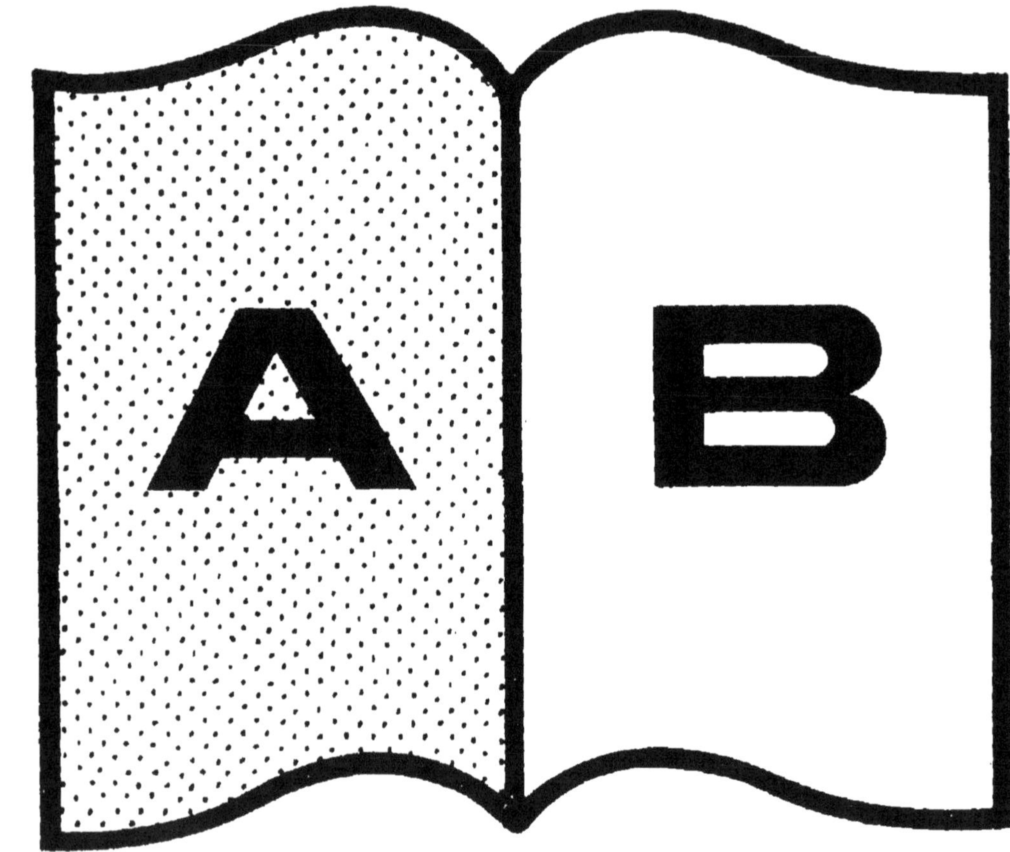
A
B

ÉTUDES ET LECTURES

SUR

L'ASTRONOMIE.

PARIS. — IMPRIMERIE DE GAUTHIER-VILLARS,
Quai des Augustins, 55.

ÉTUDES ET LECTURES

SUR

L'ASTRONOMIE,

PAR

CAMILLE FLAMMARION,

Astronome, Membre de plusieurs Académies, etc.

TOME CINQUIÈME,

Accompagné de 35 figures astronomiques.

PARIS,

GAUTHIER-VILLARS, IMPRIMEUR-LIBRAIRE

DU BUREAU DES LONGITUDES, DE L'OBSERVATOIRE DE PARIS,

SUCCESSEUR DE MALLET-BACHELIER,

Quai des Grands-Augustins, 55.

1874

OUVRAGES DU MÊME AUTEUR.

L'Atmosphère. — Description des grands phénomènes de la nature. 1 vol. grand in-8, illustré de 15 chromolithographies et de 228 gravures; 2e édition......... 20 fr.

Histoire du Ciel. — Histoire de l'Astronomie et des différents systèmes imaginés pour expliquer l'Univers. 1 vol. grand in-8 illustré; 2e édition.................. 9 fr.

La Pluralité des Mondes habités. — Étude où l'on expose les conditions d'habitabilité des terres célestes, discutées au point de vue de l'Astronomie, de la Physiologie et de la Philosophie naturelle. 21e édition; 1 vol. in-12, avec fig. astr............................... 3 fr. 50 c.

Les Mondes imaginaires et les Mondes réels.—Voyage astronomique pittoresque dans le ciel, et revue critique des théories humaines, anciennes et modernes, sur les habitants des astres. 12e édit.; 1 vol. in-12. 3 fr. 50 c.

Dieu dans la Nature, ou le Spiritualisme et le Matérialisme devant la Science moderne. 11e édition; 1 fort vol. in-12, avec le portrait de l'Auteur................ 4 fr.

Récits de l'Infini. — *Lumen;* histoire d'une âme. — Histoire d'une Comète. — La vie universelle et éternelle. 5e édit.; 1 vol. in-12...................... 3 fr. 50 c.

Vie de Copernic et Histoire de la découverte du véritable système du Monde. 1 vol. in-12............. 1 fr. 50 c.

Les Merveilles célestes. — Lectures du soir. Traité élémentaire d'Astronomie à l'usage de la jeunesse et des gens du monde, illustré de 80 gravures et de planches. 20e mille; 1 vol. in-12...................... 2 fr.

Contemplations scientifiques. — Nouvelles Études de la Nature et Exposition des œuvres éminentes de la Science contemporaine. 2e édit.; 1 vol. in-12....... 3 fr. 50 c.

SIR HUMPHRY DAVY. — **Les derniers Jours d'un Philosophe.** — Entretiens sur la Nature, sur l'Humanité, sur l'Âme et sur les Sciences. Ouvrage traduit de l'anglais et annoté. 4e édit.; 1 vol. in-12................ 3 fr. 50 c.

TABLE DES MATIÈRES.

AVERTISSEMENT.

Si l'Astronomie est la plus belle et la plus vaste des sciences, elle est véritablement aussi la plus progressive et la plus féconde. Si l'on compare nos connaissances astronomiques actuelles à ce qu'elles étaient il y a un demi-siècle, on reste stupéfait de la grandeur du chemin parcouru. Les cieux se sont littéralement abaissés à la portée de la main humaine, non plus dans une simple métaphore, comme du temps où Racine fils chantait les découvertes de Galilée, mais bien en réalité, puisque les étoiles lointaines laissent maintenant surprendre au spectroscope leurs secrets les plus mystérieux. Sur la plupart des chapitres de cette science immense, l'*Astronomie populaire* d'Arago n'est plus qu'un livre d'histoire, tant les découvertes se sont accumulées depuis seulement vingt ans. La question des bolides, celle des étoiles filantes, sont transformées. Le Soleil d'aujourd'hui n'est plus l'astre qui éclairait nos pères. Les comètes sont transfigurées.

Les planètes commencent à répondre aux points d'interrogation que la curiosité humaine leur présente depuis si longtemps. Il n'y a plus d'étoiles fixes, et les mouvements propres de tous les corps de l'univers se révèlent par l'étude de la lumière, lors même qu'ils sont restés insensibles pour les mesures les plus précises. Les étoiles doubles nous offrent un champ d'investigation peu exploré jusqu'ici et riche de perspectives inattendues. Certes, malgré la plus grande concision et le meilleur ordre d'exposition que nous puissions mettre dans l'enregistrement périodique de ces merveilleux progrès, un petit volume comme celui-ci ne suffit déjà plus pour le contenir.

Ce Tome V s'ouvre par l'exposé des observations faites en ces dernières années sur *les aérolithes et les bolides*, ces curieux échantillons des autres mondes qui apportent sur notre planète des matériaux provenant des régions lointaines de l'espace. C'est la fin de la liste commencée dans le tome IV. On y trouvera les exemples les plus variés de ces chutes singulières, depuis les blocs énormes jusqu'à de la véritable poussière météorique. Plusieurs aérolithes sont tombés sous les yeux d'observateurs étonnés, mais attentifs : tels sont ceux qui sont tombés le 5 mai 1869 dans le Palatinat, — le 22 mai 1869 à Cléguérec (Morbihan), — le 22 décembre 1869 à Mourzouk (Afrique) au milieu d'un groupe d'Arabes épouvantés, — le 10 décembre 1871 à Bandong (Java), — le 23 juillet 1872 à Lancé (Loir-et-Cher), lequel nous a apporté du sel, — le 31 août 1871 dans la campagne de Rome. Des bolides ont été suivis, traversant l'Angleterre, la France et l'Italie, sans tomber à la surface de la Terre. Quelques apparitions ont offert des circonstances extraordinaires.

A la suite de cet enregistrement général, on trouvera un choix de bolides inexpliqués par leur aspect bizarre et la lenteur de leur parcours, auxquels le nom de bolides ne convient plus, et qu'il serait utile de classer sous une désignation en rapport avec leurs caractères.

Nous avons présenté ensuite l'histoire astronomique des plus grosses masses tombées du ciel sur la Terre, et discuté le problème des conséquences possibles de la chute de certains bolides dont les dimensions et le poids sont considérables.

Les causes de l'explosion des bolides, l'occlusion du gaz hydrogène dans le fer météorique ont été ensuite étudiées pour compléter la théorie de ces singuliers corps célestes. Enfin, pour traiter aussi complétement que possible ce sujet, auquel nous ne pourrons consacrer de sitôt une aussi grande place, nous avons résumé les recherches faites sur la matière charbonneuse que plusieurs ont présentée dans leur sein, et qui est un indice bien remarquable de l'existence de la vie dans les autres régions de l'espace; plusieurs illustres savants ont même pu, les uns considérer des aérolithes comme un véritable engrais végétal, les autres résoudre l'interminable problème de l'apparition de la vie sur la Terre en imaginant qu'elle a pu être apportée par un aérolithe!

Il ne tombe pas moins de 146 milliards d'*étoiles filantes* par an sur la Terre. On sait qu'à certaines époques l'observation a constaté des pluies d'étoiles véritablement extraordinaires. Telle est celle du 27 novembre 1872, dont nous avons exposé les diverses observations et les caractères. Ce phénomène a confirmé la théorie de la connexion entre les comètes et les étoiles filantes; il appartient à l'orbite de la comète de Biéla, que l'on croyait irrémissiblement perdue depuis qu'elle s'est brisée en deux parties.

On trouvera ensuite l'exposé des *comètes* découvertes ou observées de 1869 à 1872. Plusieurs ont offert au télescope des aspects remarquables.

Les *éclipses* de 1871 et 1872 viennent ensuite. La plus précieuse pour la science a été l'éclipse totale de Soleil du 12 décembre 1871, qui a fait définitivement connaître la nature de la couronne lumineuse qui environne l'astre du jour.

De toutes les observations faites sur la surface du *Soleil*, la plus curieuse est certainement celle de l'explosion solaire du 7 septembre 1871, faite en Amérique, et qui a saisi sur le fait un cataclysme effroyable dont nos tempêtes terrestres les plus terribles ne peuvent donner aucune idée : des matières enflammées lancées dans l'atmosphère solaire par une force volcanique si puissante, que leur vitesse ascensionnelle était de 267 kilomètres par seconde, et qu'elles se sont élevées à plus de 300 000 kilomètres de hauteur, pour retomber ensuite en pluie de feu sur le Soleil. On trouvera cette explosion au Chapitre XIII, avec les figures qui l'accompagnent; elle est suivie de l'exposé des principales explosions solaires, *protubérances*, phénomènes divers observés récemment à l'Observatoire du Collége romain, qui paraît s'être tout à fait consacré au Soleil.

Les planètes Jupiter et Uranus se sont rencontrées le 5 juin 1872, dans une conjonction rare, que nous avons calculée et observée. C'est l'objet du Chapitre XIV.

Vient ensuite une observation de la Lumière zodiacale faite par nous à Paris en 1871. Le Volume se termine par quelques considérations de Mécanique céleste élémentaire, relatives au problème de la chute des planètes dans le Soleil. On peut, du reste, apprécier l'ensemble des sujets traités dans ce petit volume en jetant un coup d'œil sur la Table des matières. Le Tome VI nous fera prochainement pénétrer au sein des domaines de l'Astronomie sidérale.

Paris, juin 1874.

DERNIERS TRAVAUX
DE L'ASTRONOMIE.
1871 ET 1872.

DERNIERS TRAVAUX
DE L'ASTRONOMIE.
1871 ET 1872.

BOLIDES ET AÉROLITHES.

I.

RELEVÉ DES OBSERVATIONS DE BOLIDES ET D'AÉROLITHES. 1869 A 1872.

Nous avons relevé, dans notre précédent volume, les curieuses observations de bolides et d'aérolithes faites pendant les années 1866, 1867 et 1868. Nous continuerons ici cet enregistrement de phénomènes encore mystérieux et dont le rôle dans l'histoire du ciel est peut-être plus important qu'il ne le paraît. Depuis quelques années surtout, les observations sont devenues plus attentives, plus nombreuses, et par conséquent plus intéressantes. L'étude des aérolithes constitue en quelque sorte une nouvelle branche de la Mécanique céleste. Il est certain que chaque année la Terre rencontre des millions d'étoiles filantes, des milliers de bolides, et reçoit sans doute des centaines d'aérolithes, dont la plupart, tombant dans l'Océan, qui recouvre les trois quarts du globe, ou sur des contrées sauvages inhabitées, restent inconnus. Si les étoiles filantes présentent, dans les lois qui les régissent, une certaine analogie avec les comètes, les aérolithes, de leur côté, semblent vraiment des fragments de mondes détruits, comme on le suppose depuis un demi-siècle. Mais de quel naufrage sont-ils les débris? Sont-ils frères d'origine et proviennent-ils d'un seul astre brisé? Sont-ils les épaves de plusieurs corps célestes qui jadis existaient dans les régions de l'espace que nous traversons? Appartiennent-ils à notre système planétaire, ou bien, comme l'étude de l'orbite de certains bolides semblerait le montrer, sont-ils étrangers à notre famille solaire? Viennent-ils du fond de l'étendue, ou les rencontrons-nous dans notre route sidérale à travers l'immensité? Ce sont là autant de questions qui s'élèvent dans l'esprit pensif lorsque, au milieu du silence de la nuit étoilée, nos yeux sont subitement attirés par la lueur problématique d'un sillon de feu qui naît et meurt au-dessus de nos têtes. Pour les résoudre, il faudra de longues observations encore, de minutieuses analyses, et le plus grand intérêt des astronomes doit être, avant tout, d'enregistrer soigneusement ces observations, afin de pouvoir établir des comparaisons fécondes.

Rappelons, avant d'entrer dans cette étude générale, que nous enregistrons toutes les chutes d'*aérolithes* qui sont parvenues à notre connaissance, avec les détails circonstanciés que les témoins ont pu fournir; mais que, pour les *bolides*, nous n'enregistrons que ceux dont l'éclat surpasse celui de Vénus et de Jupiter. Sans cette limite, il nous faudrait relever toutes les étoiles filantes ; et comme il ne se passe guère de nuits sans qu'on n'en observe plus ou moins, un livre du format de celui-ci serait à peine suffisant pour contenir cette liste. Or ce ne sont pas les observations en elles-mêmes qui constituent l'intérêt de nos revues annuelles des derniers travaux accomplis par l'Astronomie, mais bien le résumé et les parties saillantes du travail général. C'est pourquoi notre premier soin est de mettre en relief les points importants ou curieux qui se montrent au-dessus du niveau moyen du travail permanent des observatoires.

Voici donc les observations faites sur les bolides et aérolithes pendant ces dernières années. Ces observations seront suivies d'un résumé des théories fondées récemment sur l'analyse de ces échantillons des autres mondes.

LES MÉTÉORITES DE L'ANNÉE 1869.

Cette année s'inaugura, dès son premier jour, par une chute d'aérolithe, arrivée en Suède, et qui fut remarquable surtout par l'extrême exiguïté des météorites ramassées à la surface du sol. Dans le cours entier de l'année, on compte cinq chutes (1er janvier, 5 mai, 22 mai, 19 septembre et 25 décembre), plus trente-trois autres observations principales de bolides qui n'ont pas laissé de spécimens dans la géologie céleste.

§ 1.

Aérolithes tombés en Suède.

Le 1er janvier 1869, une demi-heure après le passage du Soleil au méridien, on entendit à Stockholm un bruit aussi fort que celui d'une lourde pièce de canon que l'on aurait déchargée dans le lointain. Le même phénomène se produisit à Upsal, à Furnsund et dans plusieurs villages des bords du lac Mœlar, ainsi qu'à la forteresse de Washolm.

On crut, au premier moment, qu'il s'agissait d'une nouvelle explosion de nitroglycérine; mais on apprit bientôt que plusieurs pierres météoriques étaient tombées, ce jour-là, dans la propriété du comte d'Esson, dans l'Upland.

D'un autre côté, des paysans qui revenaient du service divin et qui passaient sur le bord d'un petit lac, au sud d'Upsal, entendirent trois fortes détonations au-dessus de leur tête, et virent, un instant après, tomber un certain nombre de pierres sur la surface glacée du lac. Ils en ramassèrent plusieurs qu'ils trouvèrent encore chaudes. Quelques autres avaient brisé la glace et s'étaient enfoncées dans l'eau, ou bien elles avaient conservé assez de calorique pour faire fondre la glace sur laquelle elles reposaient.

Les pierres que l'on a ramassées avaient des angles aigus et tranchants. L'intérieur a l'aspect des roches de grauwacke du pays; la croûte extérieure est d'une couleur foncée, comme si elles avaient été exposées à une chaleur violente. Les plus grosses qui aient été recueillies ont le volume du poing; d'autres ne sont pas plus volumineuses que des noix. Quelques-unes sont tombées si près des paysans qui se rendaient à l'église, qu'elles ont été immédiatement ramassées. On a envoyé à Stockholm une douzaine de fragments, qui ont été reconnus être de vraies pierres météoriques.

Dans une Note présentée le 14 juillet à la Société des Sciences de Gœttingue, M. Nordenskiöld, parlant des météorites tombées à Hessle, le 1er janvier 1869, signale une particularité toute nouvelle et très-intéressante, si elle se confirme. « Pour en rassembler le plus possible, dit-il, j'en avais offert un prix élevé et avais excité ainsi les paysans à chercher avec soin. Ils se plaignirent que beaucoup de pierres, tombées sur la glace ou sur la neige, étaient perdues, parce qu'elles s'étaient réduites en poussière noire ou noir brun, que l'on retrouvait çà et là. Je voulus me faire apporter aussitôt des preuves de la réalité de cette poussière, mais la chute de la neige, peu après le phénomène, ne permit pas d'abord d'en retrouver, et ce n'est que vers le printemps, après la fonte des neiges, que je réussis à en obtenir un peu d'un paysan, trop peu pour pouvoir en faire une analyse chimique complète, assez pour prouver son origine météorique et pour pouvoir en déterminer la composition chimique essentielle. La découverte de la poudre carbonifère n'est due qu'à cette circonstance que la chute des météorites d'Hessle s'est faite sur la neige fraîchement tombée, dont la surface blanche fit remarquer ce corps étranger; il est très-probable, pour moi, que des substances carbonifères accompagnent la plupart des météorites qui tombent, et qu'elles concourent à l'apparition de la lumière ordinairement liée à ce remarquable phénomène. »

§ 2.

Le 2 février, M. Borrelly, astronome de l'Observatoire de Marseille, a observé un magnifique bolide qui a brillé d'un éclat supérieur à celui de Jupiter pendant deux secondes. Il a fait son apparition près d'Aldébaran, à $8^h 26^m$, et s'est éteint au-dessus de Jupiter; il était de couleur rouge et a laissé une belle traînée derrière lui.

Le même jour, à 10 heures du soir, M. Roussaune, de Bordeaux, signale une magnifique étoile filante, comparable à Vénus dans son plus grand éclat.

Ce météore apparut à 35 degrés environ au-dessus de l'horizon, marchant de l'ouest-nord-ouest à l'est-sud-est, et s'éteignit à 15 degrés environ.

Son mouvement était très-lent et sa couleur était d'un blanc éclatant.

§ 3.

Le 8 février, à $10^h 30^m$ du soir (heure de Paris), M. A. Tissot a observé, à Nancy, un bolide qui a décrit, en deux secondes et demie, un arc très-peu courbe et sensiblement parallèle à l'horizon. Il est passé au-dessous des Pléiades, à une distance de ce groupe d'étoiles plus petite de 1 ou 2 degrés que celle de α à ε Orion. Le point du ciel où l'apparition a commencé se trouvait à une vingtaine de degrés à gauche du vertical des Pléiades. Avant d'avoir atteint ce point, le bolide était caché par un mur. Il a semblé s'éteindre à 5 ou 6 degrés à droite du même vertical.

Il était rougeâtre, peu brillant et offrait un diamètre apparent de quelques minutes. Derrière lui s'allongeait, sur une étendue d'au moins 20 degrés, une mince traînée lumineuse de couleur blanche, dont chaque portion persistait pendant deux secondes environ.

§ 4.

M. Borrelly, de Marseille, écrit qu'il a observé, le 24 février, un magnifique bolide qui a brillé d'un éclat supérieur à celui de Jupiter pendant 2ˢ,5. Il a fait son apparition près d'Aldébaran, à 8^h26^m, et s'est éteint au-dessus de Jupiter; il était de couleur rouge et a laissé une belle traînée derrière lui.

§ 5.

Le 2 mars au soir, M. Roussaune, de Bordeaux, a observé un bolide d'un grand éclat, d'une couleur blanche, nuancée de vert, et paraissant courir à la surface de la Terre. Le bolide s'est éteint dans la Grande Ourse, qui, à cause de l'heure, se trouvait à l'est du pôle. L'apparition a eu deux temps bien marqués. Pendant le premier, qui a duré deux secondes, il y a eu *flamboiement*, et dans le second, qui n'a duré qu'une seconde, le bolide n'avait plus que l'apparence d'un corps rouge. Pendant cette seconde période, le bolide s'est divisé en plusieurs fragments, sans qu'on ait entendu aucun bruit ni remarqué de trace d'explosion.

§ 6.

J'ai observé moi-même à Paris, le vendredi 4 mars, à 10^h20^m du soir, un bolide d'un très-vif éclat. Il avait une teinte verte. Son diamètre apparent était à peu près la moitié de celui de la Lune. Sa trajectoire était dirigée du sud-sud-est au nord-nord-ouest. Cette apparition n'a guère duré que deux secondes. Je me trouvais rue de Rivoli, et les hautes constructions m'ont empêché de rapporter la trajectoire à des étoiles.

§ 7.

Le 27 mars, à 9^h55^m du soir, M. Laussedat, passant sur le pont de la Tournelle, à Paris, vit un bolide, d'un éclat et d'une grosseur remarquables, traverser le ciel, en se dirigeant du nord-ouest au sud-est.

Il fit son apparition entre la constellation de la Chèvre et celle des Gémeaux, traversa cette seconde constellation, puis celle du Cancer, en laissant Procyon au-dessous de lui, et alla disparaître dans le voisinage de la tête de l'Hydre. La durée du phénomène a été de quatre ou cinq secondes au plus. L'amplitude de la trajectoire apparente du bolide peut être portée à 40 degrés au moins; au surplus, voici les coordonnées de trois points remarquables de cette trajectoire :

	Æ	D
	h m	
Point de l'apparition............. ...	6.32	36° boréale.
Point d'intersection avec l'écliptique.	7.36	21 boréale.
Point de la disparition............ .	8.24	0

Au premier moment, le diamètre apparent du noyau

incandescent était presque le même que celui de Mars, qui se trouvait dans le voisinage et qui a servi de premier terme de comparaison; mais l'éclat du bolide était bien supérieur à celui de toutes les lumières artificielles qui couvraient les ports et les quais. De ce noyau partaient des étincelles qui formaient derrière lui une brillante traînée. Son volume apparent augmentait sensiblement, et, quand il arriva à l'extrémité de sa course, il fut facile de le comparer à la Lune au plein, qui en était un peu éloignée; son diamètre égalait $\frac{1}{6}$ ou $\frac{1}{8}$ de notre satellite. Le noyau avait une couleur rouge prononcée, et il était entouré d'une sorte d'atmosphère blanche d'un très-vif éclat. L'effet général était tout à fait analogue à celui d'une magnifique fusée d'artifice. L'extinction s'est faite sans bruit et sans explosion sensible. Le ciel était en grande partie couvert de nuages légers, à travers lesquels on pouvait reconnaître les constellations indiquées; mais l'impression de l'observateur a été que le bolide avait dû rester, pendant toute la durée de son apparition, au-dessous de la région des nuages.

§ 8.

Étant, le 8 avril, à $10^h 40^m$ du soir, sur le boulevard Bonne-Nouvelle, M. Silbermann aperçut du côté de l'est, à 25 ou 30 degrés au-dessus de l'horizon, un bolide filant du sud au nord avec une extrême lenteur. Il mit plus de deux secondes pour parcourir un arc d'environ 50 degrés. Son diamètre apparent était environ $\frac{1}{6}$ ou $\frac{1}{7}$ de celui de la pleine lune. Il ressemblait à un globe dépoli parfaitement rond, n'offrant pas une lumière éblouissante. Sa couleur variait du blanc au bleuâtre. Il ne laissa aucune trace de son passage. Il disparut, sans avoir encore fait explosion, derrière les toits des maisons; on n'entendit aucun bruit. C'est la seconde fois que l'observateur ait vu un bolide sans queue et sans conflagration. Ce phénomène est du reste très-rare.

§ 9.

Le P. Denza écrit de Moncalieri :

Parmi les quarante météores qui furent observés le soir du 11 avril, deux furent très-remarquables par leur beauté extraordinaire.

Le premier s'alluma à 10h 1m près de φ Lion (ascension droite : 167°; déclinaison : — 3°) et s'éteignit dans le voisinage de δ Corbeau (ascension droite : 185°; déclinaison : — 15°). Son teint était verdâtre. Il s'avança lentement, décrivant une trajectoire courbe et en spirale.

Le second, plus resplendissant encore que le premier, commença à se voir à 10h35m près de η Grande Ourse (ascension droite : 204°; déclinaison : + 30°) et disparut près de κ Bouvier (ascension droite : 227°; déclinaison : + 30°). Son noyau était très-brillant; sa grosseur apparente égalait celle de Jupiter. Sa traînée fut très-lumineuse et persistante; sa couleur tenait du rougeâtre et du verdâtre. Sur la fin de sa course, qui avait été très-lente, le météore s'ouvrit comme une grenade.

La lumière qui jaillit de ces deux météores fut si vive et leur marche si lente, que les sept observateurs qui se trouvaient sur la terrasse purent l'apercevoir, quoique tournés vers un autre côté du ciel.

Mais ce qu'il importe le plus de remarquer, c'est que le même soir M. Zezioli, de Bergame, digne amateur de cette branche de la Physique céleste, remarqua, lui aussi, deux météores aux mêmes heures, savoir : 10^h9^m et 10^h42^m (temps moyen de Bergame qui se trouve à environ 8 minutes de temps à l'est de Moncalieri).

Le premier, parti de Régulus (ascension droite : 148°; déclinaison : + 9°), disparut entre ν et $\varkappa$ Hydre (ascension droite : 144°31'; déclinaison : — 13°.

e second se décocha entre γ et ζ Lion (ascension droite : 147° ; déclinaison : + 25°), et alla s'éteindre dans le Cancer (ascension droite : 136° ; déclinaison : + 17°).

Or, en prolongeant la trajectoire du premier météore vu à Moncalieri, on vient à la faire passer presque exactement sur le point où apparut le premier météore observé par M. Zezioli, et les prolongements des deux derniers météores de Moncalieri et de Bergame se rencontrent dans la position du ciel où, suivant Greg et Herschel, se trouve le point d'irradiation de l'un des systèmes météoriques du mois d'avril. A Bergame, également, le second météore se montra plus resplendissant que le premier, mais ils diffèrent tous les deux de ceux de Moncalieri, soit par leur couleur qui fut rouge enflammé, soit par leur marche qui fut rapide.

La période connue du 19-21 avril fut assez copieuse en bolides cette année-là. Le matin du 21 avril, le P. Denza et d'autres observateurs comptèrent quatre-vingt-quatre météores, généralement beaux et radieux, dans la région céleste située dans le voisinage α de la Lyre.

§ 10.

Le 28 avril, à 10h 15m du soir, M. Richard, instituteur à Pontpierre (Moselle), revenant de la gare de Faulquemont, vit un très-brillant météore qui décrivit une superbe trace lumineuse au ciel. L'arc visible qu'il a décrit avait son milieu au zénith, et s'est terminé à l'ouest à une distance de 45 degrés de l'horizon, après avoir décrit un arc de 90 degrés. Le noyau pouvait égaler en grosseur et en intensité de lumière au moins quatre fois celles de Jupiter. La trace était extrêmement brillante et a persisté environ pendant quatre secondes.

§ 11.

Chute météorique du Krachenberg près Deux-Ponts (Palatinat).

Le 5 mai, à 6h 32m du soir, on entendit, par un ciel serein, une violente détonation, puis un bruit confus suivi d'une détonation plus violente encore. Quelques témoins ont aperçu un globe de feu. Les observations faites avec une certaine attention concourent à faire présumer que la météorite de Krachenberg, tant qu'elle suivait encore sa trajectoire cosmique, faisait partie de l'essaim météorique dont le point de radiation est situé près de l'étoile δ de la Vierge. La météorite s'enfonça dans le sol jusqu'à une profondeur de 0m,63. Le bruit occasionné par la vitesse de cette chute fut tel, qu'il fit une vive impression nerveuse sur les personnes qui se trouvaient dans le voisinage. Le son en fut entendu dans un rayon de treize milles allemands.

L'aérolithe fut déterré encore chaud par des personnes

des environs, qui en enlevèrent un fragment. Le reste, pesant 17 kilogrammes, se trouve présentement au musée de Spire. Ce fragment de monde inconnu est entouré d'une croûte émaillée, comme il arrive ordinairement. Il appartient à la division des chondrites (*voir* plus loin) et se distingue surtout par un grand nombre de sillons. On y voit des filons de fer nickélifère et des plaques spéculaires de fer comme dans l'aérolithe de Pultusk, avec lequel celui-ci offre une grande analogie quant à l'aspect de sa cassure. Il y a aussi beaucoup de fer magnétique.

§ 12.

Le même jour, un autre bolide fut aperçu en Italie par le P. Denza, dont voici la relation :

« Le soir du 5 mai courant, lorsque nous venions de terminer nos observations accoutumées sur les étoiles météoriques, deux de nos observateurs, restés encore là pour explorer le ciel, aperçurent vers 11ʰ30ᵐ (temps moyen local) un beau météore de la grandeur de Jupiter. Il s'alluma tout à coup près de l'Épi de la Vierge et se dirigea avec une vitesse modérée vers γ Hydre. Celle-ci avait été couverte, peu auparavant, de nuages qui s'étendaient comme un voile obscur sur l'horizon sud-ouest. La couleur de ce météore était rougeâtre; il déployait une queue scintillante et lumineuse, semblable aux grosses fusées de nos feux d'artifice. Arrivé au tiers de sa course, il se replia sur lui-même, et s'abaissa assez pour pouvoir passer devant les susdits nuages, dont le fond noir le fit ressortir davantage. Il s'éteignit à si peu de distance du sol que, par une illusion d'optique, un de nos observateurs crut qu'il l'avait réellement touché.

» Ce fait n'est point nouveau : je l'ai moi-même observé *autrefois*. Cela montre une fois de plus que les météores lumineux peuvent descendre jusqu'à très-peu de distance de la Terre, sans toutefois éclater ni causer de pluie de météorites. »

§ 13.

Chute d'un aérolithe à Cléguérec (Morbihan).

Le 22 mai, à $9^h 50^m$ du soir, à Lorient, par un temps calme et très-clair, M. Perrey aperçut un bolide d'environ 10 minutes de diamètre apparent (ou à peu près $\frac{1}{3}$ de celui de la Lune). Il apparut dans le sud-ouest, à 40 degrés environ au-dessus de l'horizon. Il se dirigea avec une vitesse uniforme vers le nord-est, en laissant après lui une traînée lumineuse d'une teinte bleuâtre et rouge sur les bords. Au bout de trois ou quatre secondes, il éclata à 30 degrés environ au-dessus de l'horizon, en jetant des étincelles et, peu après (quelques personnes disent deux à trois minutes), on entendit une détonation semblable à celle d'un coup de canon tiré à une certaine distance, mais prolongée.

Puis, vers minuit et demi, une personne affirme encore avoir entendu une nouvelle détonation accompagnée d'une lueur vive dans le sud, ou du côté de l'île de Groix.

M. Bourdillon écrit de la même ville :

« Le 22 mai dernier, à $9^h 50^m$ du soir, par un temps calme et très-clair, un bolide, ayant l'apparence d'un globe flamboyant, s'est fait voir dans le sud-ouest, à environ 40 degrés au-dessus de l'horizon. Le météore s'est dirigé d'une vitesse uniforme vers le nord-est, en laissant après lui une traînée lumineuse de couleur bleuâtre et rouge sur les bords. Après trois à quatre secondes, il a éclaté à environ 30 degrés au-dessus de l'horizon, en crépitant et en jetant des étincelles. Deux ou trois minutes après, on a entendu une détonation semblable à celle d'un coup de canon tiré d'une certaine distance, mais plus prolongée. »

M. Arrondeau écrit de Vannes :

« Samedi dernier, 22 mai courant, à 9^h45^m du soir environ, j'étais occupé à lire lorsqu'une détonation sourde, comme celle d'une mine éloignée, secoua fortement les fenêtres de l'appartement. Je prêtai l'oreille alors et j'entendis fort distinctement, pendant quelques secondes, un bruit sourd et prolongé comme le roulement d'un tonnerre lointain, ou mieux comme le bruit qui accompagne un tremblement de terre. Je sortis aussitôt : le ciel était pur et sans nuage ; il n'y avait pas possibilité de croire à un coup de tonnerre ; je m'arrêtai à l'idée d'une explosion lointaine, mais formidable, comme celle de la poudrière de Lorient.

» Le lendemain je m'empressai d'aller aux renseignements et j'appris que, à l'heure indiquée, un bolide de grande dimension avait été vu vers le nord-est. L'explosion a été entendue par beaucoup de personnes ; quelques-unes, déjà endormies, ont été éveillées et ont cru à une secousse de tremblement de terre ; celles qui étaient dehors ont été éblouies par une vive clarté qui les a fort effrayées.

» Je regrette de n'avoir pu recueillir des renseignements précis et concordants ni sur l'aspect du météore, ni sur la marche qu'il a suivie, ni sur les phénomènes lumineux qui ont pu accompagner l'explosion; mais j'a cru utile de constater, par mon observation personnelle, l'énergie de la commotion qui a fortement agité mes fenêtres, et le roulement lointain qui n'était sans doute que l'écho de la détonation produite dans les hautes régions de l'atmosphère.

» *Nota.* — J'apprends, d'une manière positive, que l'aérolithe du 22 mai est tombé à Cléguérec, au nord-ouest de Pontivy.

» Je fais des démarches pour en obtenir des fragments. J'aurai l'honneur de vous les adresser avec une Note aussi complète que possible sur les circonstances de la chute. »

D'après ces recherches, voici les circonstances principales de cette chute.

Tous les observateurs sont d'accord sur l'éclat extraordinaire du météore. A Belle-Isle « il affectait la forme d'une boule d'un rouge de plus en plus vif » ; à la Trinité, il s'est montré « sous la forme d'un globe de feu conique, d'une grosseur apparente égale à celle de la Lune, dont il effaçait la lumière par son éclat; il était suivi d'une traînée lumineuse ». A Caudan et à Cléguérec, on l'a vu lançant des étincelles ; à Riantec « les environs parurent embrasés par un feu bleu, blanc, rouge, violet ». On peut rapprocher ces variations des deux fusées de différentes couleurs observées à la Trinité. (Dans la Lettre déjà citée, M. Bourdillon mentionne aussi une traînée lumineuse bleuâtre et rouge sur les bords.)

C'est au village de Keranroué, à 2 kilomètres à l'est du bourg de Cléguérec, arrondissement de Pontivy, que l'aérolithe est tombé. « Le village parut tout en feu, disent les paysans entendus par M. Poliguin, percepteur à Cléguérec. Un sifflement prolongé se fit entendre et fut suivi d'une détonation; la secousse imprimée au sol fit trembler les habitations; les arbres firent aussi entendre un bruit effrayant. Il semblait *que tout venait à bas.* » Le lendemain matin, des paysans virent la terre soulevée et fraîchement remuée dans une prairie située à quelques mètres d'une habitation. Ils fouillèrent et retirèrent du sol un bloc de pierre noirâtre, du poids de 50 kilogrammes, qui s'y était enfoncé à 1 mètre de profondeur. Malheureusement on voulut savoir si une pierre *tombée de la Lune* ne contenait pas de l'or ou de l'argent, et on la brisa à coups de masse. Voyant que l'intérieur ressemblait à une pierre ordinaire, on s'en partagea quelques fragments, comme souvenir; les morceaux les plus pesants furent abandonnés sur les lieux, où ils furent recueillis le lendemain par les habitants du bourg de Cléguérec, attirés par le bruit de l'événement; M. Poliguin possède un de ces fragments qui pèse encore 16^{kg},50.

D'après le témoignage des personnes qui l'ont retiré de la terre et la vue des fragments conservés, l'aérolithe avait, au moment de la chute, une forme irrégulièrement conique. Le sommet était arrondi, la base sensiblement plane, la partie inférieure présentait un évasement d'un seul côté. Sa surface était recouverte d'une croûte brune, sur laquelle on voyait quelques sillons. Sa forme générale répond à l'observation de l'instituteur de la Trinité, qui qualifie le bolide de *globe de feu conique*. En admettant que la partie la plus étroite marchât en avant, l'évasement de la partie postérieure s'expliquerait par l'écoulement à l'arrière et à la partie inférieure de la couche en fusion qui a formé le vernis superficiel.

En résumé, la direction du bolide était du sud-ouest au nord-est. A Riantec, « le météore rasait les arbres et les maisons, et beaucoup de personnes ont prétendu l'avoir vu tomber vers le nord du bourg ». Les mêmes apparences se sont produites à Caudau. Si l'on ajoute que la détonation semble s'être fait entendre plus fortement que partout ailleurs à Riantec, où on la compare « à un coup de canon du plus fort calibre », et que, dans la même localité, la clarté a été assez vive pour illuminer les villages environnants, de manière à faire croire à un incendie, on peut admettre que l'aérolithe a passé dans le voisinage de Port-Louis et de Lorient, ce qui, avec le lieu de la chute, détermine la direction du sud-ouest au nord-est.

Explosion. — Partout l'apparition du météore a été suivie d'une explosion plus ou moins forte. A Vannes, on a entendu une détonation sourde analogue à celle que produit l'explosion d'une mine et qui a fortement ébranlé les fenêtres ; elle a été suivie d'un roulement prolongé comparable à celui d'un tonnerre éloigné et qui n'était certainement que l'écho de la détonation aérienne, répété, dans le silence de la nuit, par les accidents de la surface du sol. Le temps était calme, le ciel très-pur, la Lune, âgée de onze jours, brillait d'un vif éclat. A la Trinité, la détonation a été comparée à celle d'un coup de canon, la secousse a détaché un carreau d'une fenêtre; à Belle-Isle, l'explosion a été assez faible; à Riantec, elle a été très-violente.

Ici se place une observation intéressante de l'instituteur de la Trinité, M. Miny, témoin oculaire du phénomène : « Une seconde avant l'explosion, le bolide s'est divisé en deux fusées brillantes et de différentes couleurs, semblables à des feux d'artifice. Une des fusées a disparu vers le nord avant d'atteindre l'horizon; l'autre, continuant sa traînée lumineuse, s'est dirigée vers l'est. » Cette observation paraît avoir une grande importance. Il est difficile d'expliquer l'explosion autrement que par une rupture de bolide qui vole en éclats. D'après l'observation de la Trinité, on peut admettre que, au moment de l'explosion, l'aérolithe s'est brisé en deux fragments, dont l'un est allé tomber à Cléguérec, tandis que l'autre prenait sa direction sur l'est. Cette dernière partie de l'hypothèse concorderait avec l'observation de Belle-Isle, où le météore a été vu se dirigeant vers le sud-est.

§ 14.

M. Quételet a donné à l'Académie de Belgique la description d'un bolide apparu le 31 mai. Vers $11^h 15^m$ du soir, un brillant météore a traversé le ciel, dans le sud-ouest de Bruxelles. Il était de forme allongée dans le sens de son mouvement (en poire, a dit un spectateur), mais ceci peut n'être qu'une illusion d'optique. Sa couleur était blanc jaunâtre, et la traînée qu'il laissait derrière lui, rouge d'abord, devenait plus loin d'une teinte verdâtre. La clarté projetée par ce météore était si intense, qu'un observateur, placé près d'une fenêtre au nord, a cru voir un vif éclat.

D'après les données fournies par une personne qui, malheureusement, n'a pas l'habitude des observations, le premier point où le bolide a été vu peut être estimé à 45 degrés de hauteur et par 20 degrés d'azimut de l'ouest vers le sud. Il a disparu derrière des arbres, par environ 35 degrés de hauteur et dans une direction plein ouest.

La trajectoire parcourue était très-courbe et le diamètre du bolide a paru égaler à peu près le demi-diamètre apparent de la Lune.

Différents journaux ont annoncé l'apparition du même phénomène à Verviers, à Tournay, à Stavelot et dans plusieurs autres localités du pays.

Le même bolide a été vu en France. Ainsi on l'a vu à Albert (Somme), tombant perpendiculairement du côté de l'est-sud-est. Au moment où on l'a aperçu, il était à environ 50 degrés au-dessus de l'horizon. La grosseur, rapporte M. Comte, était à peu près du demi-diamètre de la Lune, sa couleur blanche et très-vive; il en partait des jets d'étincelles comme d'une fusée de feu d'artifice. Il tombait assez lentement et a été vu pendant cinq à six secondes; on n'a pas entendu de bruit.

M. Sénéchal, instituteur à Pontarmé, rapporte que le même jour, vers 11 heures et quelques minutes du soir, on a observé un bolide d'un éclat éblouissant, offrant à la fois du bleu et du rouge. Il se dirigeait du sud-est au nord-ouest et, suivant une impression habituelle, l'habitant crut qu'il était tombé dans la commune. Ce bolide a également été vu à Versailles et à Paris. M. Rilimot écrit de ce dernier point à l'Association scientifique :

« Un météore splendide s'est présenté lundi, 31 mai, à $11^h 14^m$, au moment où je rentrais chez moi en suivant le boulevard de la Villette, que j'habite ; j'étais dans la direction du méridien et je faisais face au nord.

» Tout à coup, devant moi et à environ 6 ou 8 degrés à l'ouest, à peu près dans la constellation de la Girafe et à la hauteur des trois étoiles de la base de Cassiopée, parut naître en ce point du ciel un globe lumineux grossissant rapidement presque sur place, jusqu'à atteindre en diamètre plus de moitié de celui de la pleine Lune, dont il avait au moins l'intensité d'éclat et de lumière, car le sol et les maisons furent vivement éclairés. »

Le météore traversa la constellation de Persée, se dirigea vers le Taureau, laissant derrière lui une traînée blanche. Il changea alors de couleur et devint d'un rouge assez vif ; puis il s'éteignit avant d'atteindre l'horizon. Le tout dura cinq à six secondes.

§ 15.

M. Kosmann, aide-médecin de la Marine, a observé un magnifique bolide vert, le 6 juin, à $8^h 5^m$ du soir, temps vrai du bord, par 3°41' nord et 9°41' ouest.

Ce bolide est apparu dans le nord, s'est élevé, en passant dans l'ouest, à une hauteur de 15 degrés et est redescendu en s'éloignant dans le sud. Il a décrit

120 degrés autour de l'horizon en cinq à six secondes de temps... Son diamètre était environ le quart de celui de la Lune lorsqu'on la voit à l'œil nu, au moment de son passage au méridien.

§ 16.

Le 17 juin, vers 8 heures et demie du soir, un bolide très-remarquable a été vu à Marseille, à Narbonne, à Aix-les-Bains, à Annecy, à Montpellier, à Briançon.

M. Borrelly, à Marseille, a vu ce même jour trois météores. Le premier, à 8^h34^m, avait 8 à 10 minutes de diamètre environ, présentait une belle couleur blanche, et son éclat était, par moments, comparable à celui de la Lune; il laissait derrière lui une magnifique traînée qui disparaissait peu après. Il se détacha à environ 15 degrés au-dessous de l'horizon à l'ouest-nord-ouest, passa près de la Polaire et disparut à la hauteur de la constellation du Cygne.

C'est ce bolide qui fut aperçu dans les villes que nous avons désignées plus haut.

Le deuxième bolide, que M. Borrelly observa à Marseille, brilla à 13^h12^m dans le sud de la constellation du Capricorne. Il était blanc, présentait une magnifique traînée brillante, et avait l'apparence d'une grande comète; il persista plus de dix-huit minutes, pendant lesquelles on eut tout le temps de l'observer.

Le troisième bolide, rouge, fut observé à 13^h50^m; il se présenta aux environs de Pégase, et s'éteignit cinq secondes après dans la constellation du Bélier.

Revenons au premier bolide du 17 juin. M. Tournal, bibliothécaire du musée de Narbonne, écrit à ce propos : « Un météore extrêmement remarquable a été observé dans notre ville jeudi, 17 juin, à 8h30m du soir, à 20 degrés environ au-dessus de l'horizon. La marche de ce bolide était assez lente, *presque horizontale* et dirigée du nord au sud. Le diamètre apparent de ce globe lumineux égalait la moitié environ de la pleine Lune. Sa couleur était d'un blanc verdâtre et son éclat lumineux extrêmement intense. Nous avons vu se détacher du noyau central plusieurs étincelles rouges ; il laissait derrière lui une longue traînée lumineuse. »

A Aix-les-Bains, en Savoie, le même bolide a traversé le ciel, à 8h26m du soir, du nord-ouest au sud-est. Il projetait une vive lumière d'une nuance vert clair.

A Annecy, le bolide fit son apparition à 8h30m du soir. Sa direction était du nord-ouest au sud-est. La teinte verte qu'il présentait d'abord passa ensuite au blanc. Il disparut sans détonation.

A Montpellier, le même bolide fut aperçu à 8h20m du soir. M. Jullion, directeur de l'École normale de cette ville écrit à ce sujet : « Le 17 juin, à 8h20m du soir, nous avons aperçu de l'École normale, dans la partie nord du ciel, un bolide marchant de l'ouest à l'est avec une vitesse qu'on peut comparer à celle d'un train express vu de côté, à 40 mètres de distance. C'était la distance apparente des observateurs à la trajectoire. Cette trajectoire était une ligne droite et horizontale, parallèle à la façade nord de l'établissement et élevée de quelques mètres seulement au-dessus du toit. »

La couleur du bolide était d'un blanc bleuâtre. Il projetait par intervalles des étincelles rutilantes. Sa forme, d'après l'impression de toutes les personnes qui l'ont aperçu, était celle d'un *têtard* lumineux, « d'une longueur de 1 mètre environ. » Le diamètre de la tête était d'à peu près $0^m,10$.

La durée de l'apparition a été d'au moins 30 secondes. Sa hauteur ne paraissait pas dépasser « 40 mètres » à en juger par celle des maisons entre lesquelles il se mouvait.

Il a disparu derrière un massif d'arbres, au-dessous et un peu au nord d'Altaïr, qui, à ce moment, se montrait à quelques degrés au-dessus de l'horizon. Sa trajectoire est la corde d'un arc correspondant à un angle visuel de 150 degrés, mesuré au graphomètre. Sa projection sur le sol a une longueur d'environ 500 mètres. Aucune explosion ni sifflement n'ont été entendus.

Une trentaine de personnes ont été témoins, à l'École normale, de ce beau phénomène.

Ce même bolide a été observé à Briançon par M. Léauthier. L'observateur dit qu'il avait l'ampleur d'une grosse orange, rouge-feu très-éclatant. La traînée qu'il laissait et qui semblait avoir environ 20 centimètres de largeur était aussi d'un rouge-feu et plus intense sur les bords qu'au milieu. Sa trajectoire allait du nord-est au sud-ouest, à environ 45 degrés au-dessus de l'horizon. Enfin le bolide éclata sans bruit et produisit plusieurs grosses étincelles d'un rouge éclatant.

A Béziers, M. Crouzat annonce que sa hauteur était de 30 degrés au-dessus de l'horizon. Du noyau central, dont le diamètre apparent était de 1 décimètre, s'échappaient de *nombreuses étincelles*. La queue mesurait environ 3 degrés. Malgré la clarté de la Lune, ce météore projetait une lumière intense et d'un ton bleuâtre, comme l'alcool enflammé. Il marchait lentement et semblait avancer par saccades. On peut préciser son trajet, qui a duré une dizaine de secondes, en tirant une droite d'α et de γ de la Grande Ourse à *Denab* de la croix du Cygne : le bolide a suivi une parallèle très-rapprochée au-dessous. Les toits des maisons ont empêché de voir s'il y avait ou non explosion.

Un des amis de l'observateur, qui a aperçu ce météore, de trois lieues à l'est de Béziers, en plate campagne et sur un lieu élevé, lui a assuré qu'il l'avait vu se perdre dans les profondeurs du ciel.

Le même bolide a été encore observé à Gap par M. Ronin, directeur de l'École normale de cette ville, et voici la mention qu'il en a inscrite :

« A 8^h30^m précises du soir, bolide d'un grand éclat; direction du nord-ouest au sud-est; durée environ une minute (?) Il se terminait par une queue d'une belle lumière violette; quelques étincelles s'en détachaient; les maisons me l'ont caché avant qu'il eût atteint l'horizon. D'autres personnes, qui l'ont observé d'un autre point que moi, m'ont dit qu'il a disparu avant d'être caché par la montagne. Aucun bruit ne s'est fait entendre. »

Ce bolide est certainement l'un des plus curieux de l'année.

§ 17.

A $10^h 50^m$ du soir, le 1er juillet, M. Coggia observa à Marseille un beau bolide bleuâtre. Il partit de la Grande Ourse et s'éteignit à l'est en laissant une traînée qui dura 23 secondes.

§ 18.

Dans la nuit du 3 au 4 juillet, à $11^h 35^m$, M. Coggia a également observé à Marseille un magnifique bolide blanc de 2 minutes de diamètre environ. Il partit d'un peu au-dessus de ζ Cygne et alla s'éteindre en gerbe près de α Ophiuchus ; sa marche était très-lente, et il laissa une traînée très-brillante qui persista pendant plus de 15 secondes.

§ 19.

A Vendôme, écrit M. Eugène Arnoult, le 15 juillet, à environ $8^h 45^m$ du soir, après une journée très-chaude et par un ciel parfaitement pur, un bolide très-éclatant, dont le diamètre peut être évalué au tiers de celui de la Lune, s'est montré tout à coup dans la partie est du ciel, à environ 45 degrés au-dessus de l'horizon. Il s'est dirigé lentement vers le nord en suivant une ligne à peu près *parallèle à l'horizon*, et, après un parcours d'environ 15 degrés, accompli dans l'intervalle de trois à quatre secondes, il a disparu en éclatant sans bruit et répandant seulement une pluie d'étincelles.

Dans sa marche, il avait été suivi d'une traînée d'étincelles jaunâtres peu persistantes.

La lumière de ce bolide était très-intense, d'un blanc jaunâtre au commencement, puis d'un blanc éclatant, légèrement nuancé de rouge et de bleu successivement. Pour faire apprécier l'intensité de cette lumière, il suffira de faire remarquer qu'au commencement de l'apparition du bolide il faisait encore très-clair ; que la Lune, qui était dans son septième jour, brillait dans la partie opposée du ciel, et que néanmoins l'apparition fut remarquée par des personnes qui, ne pouvant voir le bolide, ne savaient à quelle cause attribuer cette augmentation de clarté instantanée.

Outre son éclat peu ordinaire, ce bolide a présenté avant de disparaître une apparence optique toute particulière. Pendant les premiers moments de sa marche, la partie antérieure de la masse lumineuse avait des contours arrondis très-nettement dessinés ; mais, un peu avant l'instant d'éclater, cet état s'est notablement modifié. La masse entière a paru *refluer sur elle-même* comme agitée d'un mouvement tumultueux et ses contours ont perdu leur netteté. C'est seulement après avoir présenté d'une manière très-distincte cette agitation apparente, qu'on pourrait comparer à une sorte de remous, que la masse a éclaté en s'éparpillant en différents sens, mais sans qu'aucune détonation ait été entendue.

Le hasard ayant fait qu'au commencement de l'apparition du bolide l'auteur avait les yeux fixés précisément sur le point du ciel où il s'est montré, il doit à cette circonstance d'avoir pu observer très-aisément tous les détails de cette apparition. Il croit donc pouvoir garantir l'exactitude des apparences qui viennent d'être décrites. (*L'Institut*, 21 juillet 1869, p. 228.)

M. Joanne écrit de la Flèche : Le 15 juillet, à $8^h 42^m$ du soir, un bolide remarquable a traversé l'espace dans la direction du sud au nord. Le ciel était pur, sans le moindre nuage, sans aucune étoile visible à l'œil nu. Un globe brillant s'est montré subitement, sans qu'aucun indice précurseur ait annoncé sa présence dans l'atmosphère ; il parcourait avec une grande vitesse une trajectoire *presque horizontale*.

Il était formé d'un noyau lumineux, doué d'un éclat très-vif et présentant les apparences d'un corps opaque incandescent ; il ressemblait à peu près à un ellipsoïde de révolution dont le grand axe aurait été perpendiculaire à l'inclinaison de sa trajectoire. A la suite de ce noyau s'allongeait un cône lumineux dont l'éclat diminuait graduellement jusqu'à la pointe, qui finissait par une sorte d'aigrette rougeâtre de plus en plus assombrie et indécise.

Après une apparition de quelques secondes, le météore a *disparu brusquement*, comme il s'était montré, sans aucun bruit, sans aucun effet sensible dans l'atmosphère, sans trace aucune de son passage. Seulement, au moment où il a disparu si subitement, sa trajectoire semblait s'incliner un peu vers la Terre.

§ 20.

Le 17, à $8^h 34^m$ du soir, un météore extraordinairement grand (près de 10 minutes de diamètre) apparaît à environ 15 degrés au-dessus de l'horizon ouest quart nord-ouest ; il marche très-lentement vers la Polaire, passe à environ 3 degrés d'elle, va effleurer γ Cygne et s'éteint à l'est dans la même constellation après une durée de 20 à 22 secondes.

Deux autres bolides se montrent, dans la même nuit, à 1h12m et à 1h50m. (Observations de Marseille.)

§ 21.

Samedi, 18 juillet, à 9 heures du soir, M. Mercier, habitant Saint-Sébastien (Espagne), vit un bolide marchant du nord-ouest au sud-est. Il passa près de Saturne et un peu au-dessous.

Le bolide paraissait entouré d'un brouillard épais; cela pouvait être dû à l'état de l'atmosphère. Il y avait des éclairs.

§ 22.

Le 21, à 12h31m du matin, un magnifique bolide blanc partit de près α Lyre et alla s'éteindre en gerbe près ζ Ophiuchus; ce bolide dut être très-brillant, puisque, malgré la clarté répandue par la Lune qui était presque pleine, on le vit beaucoup plus beau que ne l'est Vénus dans sa plus grande période d'éclat; on ne remarqua aucune trace de traînée.

§ 23.

Le 6 août, écrit M. F. Terby, j'ai observé à Louvain une très-brillante étoile filante, qui pouvait compter pour un bolide d'un grand éclat. Il était 10h56m. Elle a annoncé sa présence par un vif reflet se produisant sur la limite du champ d'observation; quand j'ai pu l'apercevoir, son éclat avait diminué, mais elle était aussi brillante au moins que Jupiter; elle passait parmi les étoiles γ, β, ι de Céphée, allant vers Cassiopée; sa lumière était scintillante et elle paraissait éprouver dans son mouvement une forte résistance; sa couleur était rougeâtre et elle était suivie d'une traînée.

Immédiatement après l'extinction de ce petit bolide, j'ai vu un second reflet semblable, que j'ai attribué à une autre étoile brillante qui passait peut-être dans une autre région du ciel.

§ 24.

Plusieurs beaux bolides se sont produits dans la soirée du 10 août : à Marseille, M. Coggia, de l'Observatoire, en a observé d'assez curieux. A $10^h 6^m 10^s$, un beau bolide rouge part de la Petite Ourse, à environ 3 degrés du pôle nord, et va s'éteindre près α Bouvier en laissant une faible traînée; à $10^h 37^m$, un autre beau bolide se montre près ζ Grande Ourse et, *après être resté pendant cinq secondes comme immobile,* part avec une grande rapidité, traverse le Bouvier en passant par Arcturus et va se perdre à l'horizon entre le sud-ouest et le sud-sud-ouest. Ce bolide laisse une très-belle traînée d'environ 1 degré de largeur, au milieu de laquelle se trouve α Bouvier, dont la scintillation est extraordinaire pendant toute la durée du phénomène. Un autre bolide part à $11^h 7^m$ de près α Dragon, passe entre ρ et ζ Hercule, va effleurer α Ophiuchus et s'éteint entre β et γ de la même constellation. Enfin le plus beau de tous ceux qu'on a vus dans la soirée est parti à $12^h 37^m$ d'entre θ et ι d'Andromède, a traversé Pégase et est allé s'éteindre près υ Poissons, laissant une belle traînée.

M. l'abbé Pujo écrit aux *Mondes* qu'il a observé ce même soir (dans quel pays?) deux beaux bolides. Le premier, à $9^h 55^m$ (heure de Paris), partit du voisinage de δ de la Grande Ourse et se dirigea en ligne droite vers le Cœur de Charles, en produisant une vive lumière bleue et laissant une longue traînée lumineuse. 10 minutes après, un second, moins brillant, mais remarquable par l'immense étendue de ciel qu'il a parcourue, s'est détaché de γ de la Lyre et s'est dirigé vers l'horizon en suivant presque la direction du méridien. L'observateur demande si ces deux bolides ont été vus d'ailleurs, afin d'indiquer les coordonnées avec plus de précision et de calculer la trajectoire. M. Coggia pourrait peut-être répondre.

§ 25.

M. V. Laporte écrit de Latuque, près Mézin (Lot-et-Garonne) : « Un bolide de la grosseur d'une orange, se dirigeant de l'ouest à l'est, a paru dans le voisinage de la Girafe, le 30 août, à 8 heures du soir, et a disparu dans la constellation de Persée après un trajet de 4 secondes environ. La direction qu'il suivait, et qui était celle de notre axe visuel, nous a empêché d'apprécier ou de déterminer la longueur de son appendice. L'éclat de ce bolide, bien qu'un peu de couleur tuilée, était cependant fort beau. »

De Marseille, il parut bleuâtre, partit d'un peu au-dessus d'Arcturus et s'éteignit près de δ du Capricorne.

§ 26.

De la même ville, un remarquable bolide, de couleur rouge pourpre, d'un éclat surprenant, traverse l'atmosphère, le 2 septembre. Il fait son apparition à $7^h 33^m 9^s$ (temps moyen de Marseille), tout près de α Grande Ourse, par Æ = 165°, D = 26°; il laisse derrière lui une belle traînée. Il marche lentement du sud-ouest au nord-est, traverse le méridien, continue sa route et enfin disparaît, après une durée de seize secondes, à la hauteur de γ Persée. Le météore avait un diamètre de 5 à 6 minutes; il s'est éteint sans bruit.

M. le Dr Plarr écrit, à la même date, de Strasbourg :

« Ce soir j'ai observé un météore qui m'a semblé assez important pour que je vous en donne quelques détails. Je me trouvais dans le jardin devant mon habitation, située à 2 kilomètres au sud-ouest de Strasbourg, à 2000 mètres de distance de la cathédrale. J'ai vu apparaître le météore à environ 30 degrés vers l'est, à partir du sud, et à une hauteur d'environ 10 degrés; il s'est mû avec lenteur; la traînée en était plus mince que la tête, mais moins persistante et tout au plus d'une longueur de 2 à 3 degrés. Le chemin parcouru était un arc plan d'environ 30 degrés en azimut, incliné vers l'horizon, de manière que, lors de l'extinction du météore, la hauteur n'en était plus que de 7 degrés environ. La disparition eut lieu sans bruit, bien que, m'attendant à une détonation, je tendisse l'oreille pendant quelque temps.

» La durée de l'apparition m'a semblé être de trois à quatre secondes. »

§ 27.

Le 19 septembre 1869, un aérolithe est tombé dans l'île de Java, à Tjabé, district de Padangan. Nous n'avons pas d'autres renseignements sur cette chute, si ce n'est que le gouverneur général de l'Inde néerlandaise, M. Loudon, en a envoyé un échantillon au Muséum de Paris.

§ 28.

Bolide du 1er octobre 1869. Calcul de sa trajectoire.

D'après différentes Communications reçues à l'Observatoire royal de Bruxelles, un bolide remarquable a traversé l'horizon ouest du ciel, le vendredi 1er octobre, à 8h30m du soir.

Il a été aperçu à Bruxelles, à Malines, à Entre-Monts et à Kain, près de Tournai.

Ce météore aurait pris naissance sur la voie lactée, à environ 45 degrés de hauteur, entre Altaïr et Wéga. Il se dirigea assez exactement de l'ouest vers l'est, et s'éteignit vers Ophiuchus, après un trajet d'environ 30 degrés, qui dura une seconde et demie.

D'après la relation de M. Fl. Desrumeaux, « le bolide, lorsqu'il a été vu à Kain, s'est brisé en trois ou quatre fragments, après avoir parcouru un peu plus de la moitié du ciel. Son volume apparent était peu considérable, beaucoup plus grand que Jupiter cependant. Il brillait d'une vive lumière blanche et laissait sur tout son parcours une éclatante traînée; les fragments, qui se sont détachés par suite de l'explosion étaient d'un rouge vif. Le bruit ne s'est fait entendre que trente à quarante secondes après l'apparition des éclats. »

Ce bolide a été vu également dans le nord et le nord-ouest de la France. Son apparition a été signalée par M. l'ingénieur ordinaire des Ponts et Chaussées à Lille, par M. David, vérificateur de l'enregistrement, à Bernay, et par d'autres observateurs. Voici les relations principales :

Lettre de M. l'ingénieur ordinaire des Ponts et Chaussées, à Lille.

Hier, 1er octobre, vers 8h 12m du soir (heure de Paris), j'ai vu un bolide traverser le ciel au-dessus de ma tête.

Je me trouvais dans la partie nord-ouest de la ville de Lille, c'est-à-dire par 0° 43′ longitude est, et par 50° 38′ 35″ latitude nord. La rue dans laquelle j'étais ne me laissait voir qu'une partie du ciel. Le bolide m'apparut près de l'étoile ζ de la Grande Ourse, et je le perdis de vue près de l'étoile α du Cygne, qui se trouvait presque à mon zénith. Il se dirigeait donc du nord-nord-ouest au sud-sud-est, et sa trajectoire faisait avec le méridien un angle de 30 degrés environ.

Environ *deux minutes et demie* après l'avoir vu, j'entendis une forte détonation vers le sud-sud-est.

Ce bolide m'a paru avoir un diamètre apparent d'environ moitié de celui de la Lune. Il n'était pas parfaitement rond, mais il avait la forme d'une poire dont la partie la plus grosse se trouvait en avant. Il laissait derrière lui une traînée de feu et d'étincelles.

J'ai l'espoir que ces renseignements grossiers, recueillis à la hâte, pourront vous être de quelque utilité pour déterminer la trajectoire de ce bolide.

Lettre de M. David, vérificateur de l'enregistrement, à Bernay (Eure).

Dans l'intérêt des recherches scientifiques, j'ai l'honneur de vous informer que hier, 1er octobre, à Broglie, à 8h 15m du soir, j'ai aperçu un magnifique bolide, dont la grandeur apparente approchait de celle de la Lune en son plein, d'une vitesse modérée, bien plus lente que celle des étoiles filantes; sa direction était du nord-ouest au sud-est; il a passé au-dessous de l'étoile polaire, à une inclinaison de 15 à 20 degrés. Le centre était d'une lumière jaunâtre, et la périphérie d'une couleur violacée. Je n'ai entendu aucune explosion et n'ai aperçu aucune traînée lumineuse après le passage du bolide, que j'ai perdu de vue derrière des maisons. Le ciel était nuageux et peu d'étoiles brillaient au firmament; j'en ai cependant remarqué une assez brillante au nord de l'étoile polaire : le bolide a passé près d'elle.

Lettre de M. Émile Delhomel, maire de Montreuil.

Dimanche dernier, 26 septembre, vers 5 heures de l'après-midi, étant à la chasse, à Sorreer, commune située à 6 kilomètres de cette ville, j'ai vu passer du nord au midi un météore lumineux dont l'éclat, malgré la clarté du jour, a attiré nos regards.

Le vendredi 1er octobre, me promenant avec ma famille dans les rues de cette ville, vers 8 heures du soir, nous avons été tout à coup éclairés d'une vive lumière et nous avons vu un autre météore magnifique traverser le ciel, cette fois du couchant au levant, décrivant une ligne comme les étoiles filantes, mais se rapprochant plus rapidement de la Terre.

Ce globe pouvait avoir 15 à 20 centimètres de diamètre. La boule était de couleur jaune, mais suivie d'une espèce de pointe d'une nuance se rapprochant du violet.

Voici la direction qu'elle paraissait suivre. (M. Delhomel trace ici une ligne partant du couchant, inclinée de 13 degrés à l'horizon et allant vers le levant en s'abaissant.)

Le samedi 20 octobre, par un temps orageux, nous avons encore vu, vers 4 heures de l'après-midi, un nouveau météore qui a sillonné le ciel, mais cette fois en faisant une détonation comme un coup de tonnerre assez éloigné.

Si je n'avais vu qu'un seul de ces météores, je n'aurais pas songé à vous le signaler; mais en ayant remarqué personnellement trois et des plus lumineux en moins d'une semaine, j'ai pensé qu'il vous serait peut-être agréable et utile d'en avoir connaissance, et c'est ce qui m'a engagé à vous adresser ces détails.

De Clermont (Oise), M. le Dr Rotte écrit qu'il a observé le même bolide, passant au-dessus de la ville et se dirigeant vers l'est. Il s'est éteint sans explosion.

De Vendôme, M. Hardillier, instituteur, écrit que, se rendant à la gare du chemin de fer, il aperçut au nord un magnifique bolide qui traversait lentement le ciel de la gauche à la droite en projetant une vive lumière en même temps que de nombreuses étincelles; les couleurs dominantes de cette apparition étaient le rose et le bleu ; le diamètre du bolide, qui paraissait sphérique, était au moins égal à la moitié de celui de la Lune.

M. Renou, rapportant ce fait à la Société météorologique, ajoute que, s'étant transporté, le 6 octobre, avec M. Hardillier, au point où celui-ci avait observé le bolide, reconnut que ce bolide n'avait pu être aperçu qu'au moment où il traversait le méridien, vers 15 degrés de hauteur, et qu'il a été perdu de vue à quelques degrés au-dessus de l'horizon, au-dessous de la Chèvre ; il a mis peut-être trois secondes à parcourir les 40 degrés visibles de sa course ; ce corps aurait atteint l'horizon au nord-est ; on peut dire qu'il allait de β de la Grande Ourse à β du Taureau.

Ce lieu de l'observation est à 47°48′ de latitude et à 5′5″ à l'ouest de Paris.

En réunissant et comparant tous ces documents, M. Tissot a pu trouver la *trajectoire suivante* pour ce curieux bolide.

Le plan passant par cette trajectoire et par le centre de la Terre coupe le méridien de Paris près de la verticale du lieu qui se trouve à 51 degrés de latitude, et les deux plans font entre eux un angle de 33 degrés. Le bolide a dû passer au-dessus des environs de Dunkerque, Lille, Cambrai, Reims, Châlons-sur-Marne, Langres, Besançon, Pontarlier, etc. Quant à sa hauteur dans le méridien de Paris, tout ce que l'on peut en dire avec quelque certitude, c'est qu'elle était *au moins de 10 lieues et au plus de 40* ; la valeur la plus probable de cet élément serait de 30 lieues. Il semble aussi, mais sans qu'il soit possible de rien affirmer à cet égard, que le bolide continuait à se rapprocher de la Terre quand il est passé au-dessus des localités que nous avons citées tout à l'heure. Sa plus courte distance à la surface aurait été de 15 lieues.

La vitesse relativement à la Terre aurait été de 4 à 5 lieues par seconde. Par rapport au Soleil, la vitesse serait plus considérable; le mobile décrirait autour de cet astre une ellipse très-allongée.

§ 20.

Bolides divers et secondaires du mois d'octobre.

Le 4 octobre, à 10 heures du soir, un autre bolide a été vu à Avranches (Manche) par M. Brière, horloger.

Le 5 octobre, à 6 heures du soir, un bolide a été vu à Monflanquin (Lot-et-Garonne) par M. Brunel.

M. le Dr Grüby, passant sur le pont au Change, vers $11^h 50^m$ du soir, vit dans la partie orientale du ciel une étoile filante bleuâtre, dont l'éclat était un peu supérieur à celui de Jupiter. Elle marchait très-lentement du sud au nord; sa trajectoire était à 30 degrés environ au-dessus de l'horizon est. L'étoile décrivit sur toute la partie visible du ciel sa trajectoire rectiligne en gardant le même éclat.

M. Silbermann a émis la conjecture que ce bolide pourrait être le même que celui qu'il a observé le 8 avril (*voir* p. 11) et que celui qui a été vu le 15 juillet par M. Arnoult (*voir* p. 28), et ajoute que ce pourrait être *un satellite de la Terre*, tournant dans un plan presque perpendiculaire à l'écliptique.

Un bolide a été vu d'un grand nombre de points éloignés, le 12 octobre au soir. Il a été signalé, de la Châtres (Sarthe), par M. Lecomte, instituteur; de Paris, par MM. Henry, astronomes à l'Observatoire; de Nogent (Haute-Marne), par M. Brocard, architecte à Langres, qui ont remarqué un météore très-brillant, suivant un long parcours et dont l'apparition a été fort longue; de Mézières, par M. Helguyot, sous-inspecteur du télégraphe; de Balignicourt (Aube), par M. Fèvre, instituteur; d'Épehy (Somme), par M. Lempereur, maire; de Rorbach (Moselle), par M. Hamant, instituteur; de Marvejols (Lozère), par M. le Dr Prunières.

Le 15 octobre, M. le Dr Fines, à Perpignan, en signale un nouveau.

Le 31 octobre, à $5^h 21^m$ du matin, un autre est signalé par M. Courbebaisse, à Rochefort.

Le même jour, à 8 heures du soir, M. Coumbary remarqua un magnifique bolide, qui apparut dans la partie nord-est de l'horizon. Ce bolide, en éclatant, prit la forme d'une cloche, de la base de laquelle s'échappa une pluie de brillantes étincelles qui tombèrent sur le Bosphore, en répandant une très-vive lumière bleue. Le bolide a éclaté sans aucun bruit. Son diamètre apparent, alors que ce corps était très-rapproché de la Terre, était à peu près égal à celui de la Lune.

§ 30.

Bolides divers et secondaires du mois de novembre.

L'Association scientifique a reçu les relations suivantes sur les bolides de ce mois :

1er novembre, $6^h 11^m$ du soir. — Grenoble, observation transmise par M. l'ingénieur en chef Breton.

4 novembre, vers 8 heures du soir. — Hautes-Alpes, M. Desgeorges, capitaine au 53e de ligne, à Briançon. — Loiret, M. Gault, à Neuville-aux-Bois.

5 novembre, 4 heures du matin. — M. Flon, conducteur des Ponts et Chaussées, à Mormant (Seine-et-Marne). — $5^h 30^m$ du soir, M. Foë, à Marseille. — $11^h 55^m$ du soir, M. Toulon, instituteur, à Fayence (Var).

6 novembre, 6 heures du soir. — Angleterre, dans l'ouest et à Penzance, par M. Senior. — Morbihan, M. Dumas, conducteur des travaux hydrauliques. — Ille-et-Vilaine, M. Cheminel, instituteur, au Sel-de-Bretagne; M. Lefort, à Saint-Servan. — Mayenne, M. Frixon, instituteur, à Gorron. — Manche, M. Rocard, ingénieur, à Saint-Lô; M. Gouville, à Carentan; M. Helland, avocat, à Mortain; M. Perrodin, instituteur, au Grand-Celland. — Seine-Inférieure, Note de M. l'ingénieur en chef Tarbé. — Somme, M. Ed. Gand, à Amiens. — Paris, M. Chapelas Coulvier-Gravier a observé à $10^h 28^m$ du soir un bolide qui doit être différent du premier. Parti de γ Éridan et allant au sud-est, sept fois plus large que Jupiter, il s'est brisé en plusieurs fragments en produisant une vive lumière. Il était accompagné d'une traînée compacte, qui passa du bleu à l'orangé et au rouge; il persista environ 6 secondes.

7 novembre, $7^h 13^m$ du soir. — Finistère, M. E. de Goy, à Quimper.

Un bolide est signalé le 19 novembre à 9 heures du

soir, d'une part dans le département de la Vienne, à Poitiers, par M. le comte de Touchimbert; d'autre part dans le département d'Indre-et-Loire, à Betz, par l'instituteur de cette commune.

§ 31.

M. Lartigues, se trouvant dans le voisinage de l'Arc de Triomphe à Paris, observa le jeudi 11 novembre, à $9^h 45^m$ du soir, un assez gros bolide. Sa trajectoire s'est étendue de la Polaire à γ de la Grande Ourse; cet espace, de 35 degrés environ, a été parcouru en quatre secondes.

Une bande de cirrho-strati, au-dessus de laquelle le bolide est passé, n'a pas beaucoup diminué son éclat, qui était bien supérieur à celui de Jupiter.

Au moment de disparaître, il s'est divisé en une vingtaine de fragments, ressemblant aux étoiles d'une bombe d'artifice, et parmi lesquels aucun ne parut coloré. Une légère traînée lumineuse a persisté une ou deux secondes après la disparition du bolide.

On n'a constaté aucun bruit.

C'est probablement le même bolide, quoique les heures ne s'accordent pas, qui a été observé par M. Silbermann et a été l'objet de la Communication suivante à l'Académie des Sciences et à la Société météorologique.

Le jeudi 11 novembre, à $10^h 55^m$ du soir, dans la constellation de la Grande Ourse, s'est montré un bolide d'un blanc jaunâtre, de la grandeur apparente de Jupiter; il descendait obliquement vers l'horizon nord-nord-est de Paris, en traversant d'abord par le milieu le petit triangle isoscèle formé par les étoiles θ, ι, χ, puis en passant entre ψ et ω, où a eu lieu une brillante *explosion partielle*. La trajectoire avait environ 34 degrés d'étendue. Une explosion a eu lieu lorsque le bolide avait parcouru les deux tiers de sa trajectoire visible, c'est-à-dire 22 à 24 degrés. La durée de l'apparition a été comprise entre une seconde et demie et une seconde trois quarts.

Le phénomène a présenté des particularités extrêmement curieuses :

1° Comme forme, la trajectoire, à peu près rectiligne au début, est devenue de plus en plus sinueuse ou serpentante (hélicoïdale sans doute) jusqu'au lieu de l'explosion, après laquelle sa course est redevenue parfaitement rectiligne (*fig.* 1).

2° La vitesse apparente de translation a diminué rapidement jusqu'au moment de l'explosion; après quoi cette vitesse a plus que triplé et paraissait uniforme. Au moment de l'explosion, on eût dit que le bolide éprouvait un court arrêt.

3° Le bolide a considérablement augmenté, comme volume et comme éclat, jusqu'au point de l'explosion, comme s'il subissait un boursouflement. Au début, son volume était égal à Jupiter. Près du point d'explosion, la grosseur apparente et l'éclat dépassaient trois fois Vénus en quadrature; après l'explosion, comme grosseur et comme éclat, le bolide était à peine comparable à Mars.

4° L'explosion a été très-brillante, mais sans changement de couleur; des étincelles incandescentes étaient projetées dans toutes les directions.

Toutes les personnes qui ont observé avec quelque

Fig. 1.

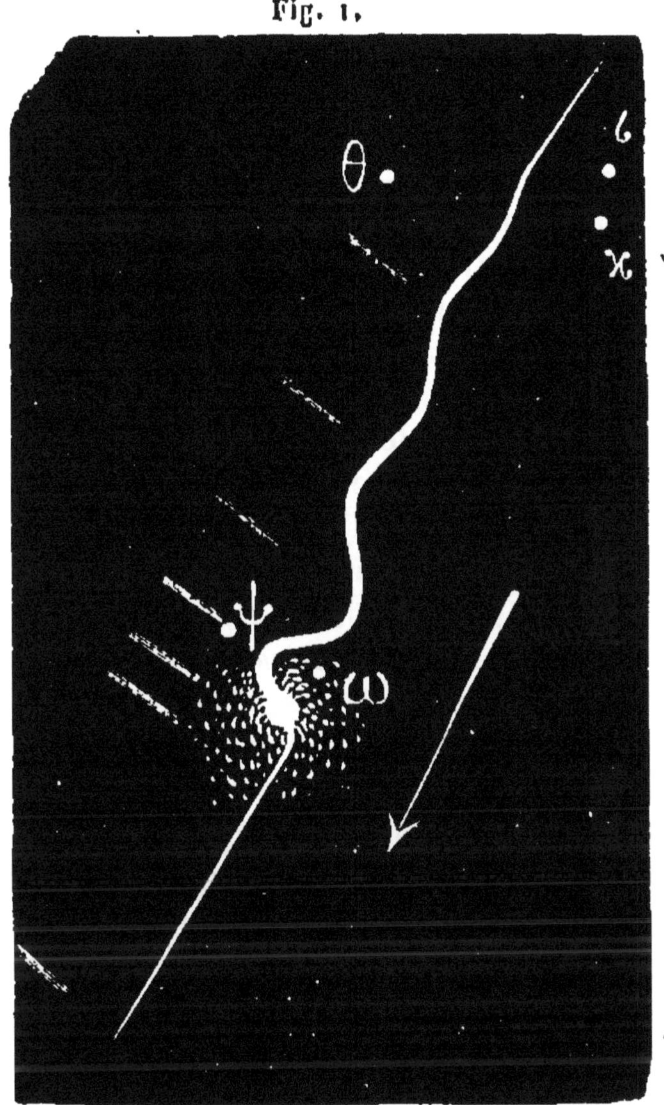

Bolide du 11 novembre 1869, vu par M. Silbermann. Les lignes transversales représentent les espaces parcourus de quart en quart de seconde.

attention les étoiles filantes et les bolides savent que

d'ordinaire ces corps se présentent sous l'aspect d'une masse incandescente, laissant le plus souvent derrière elle une traînée d'étincelles. Un fort petit nombre d'entre eux présentent, au bout de la trajectoire lumineuse, le spectacle d'une explosion projetant des éclats ou fragments incandescents en tous sens, après quoi on ne voit plus rien : le bolide semble complétement anéanti. Si le petit astre, dépouillé de son enveloppe lumineuse, continue obscurément sa route, rien du moins ne nous permet d'affirmer d'une manière absolue qu'il n'y a pas eu destruction totale. Le bolide du 11 novembre 1869 est le premier, de tous ceux observés par l'auteur, qui ait présenté nettement et indubitablement le fait intéressant d'une explosion partielle.

Ce fait est une confirmation de la justesse de l'hypothèse des explosions partielles, émise par M. Daubrée dans ses *Expériences synthétiques relatives aux météorites*. On y lit, p. 5 : « Il ne serait pas impossible que les fragments qui arrivent à la surface de notre globe ne représentassent qu'une petite partie de la masse météorique; celle-ci ressortirait de l'atmosphère pour continuer sa trajectoire, n'abandonnant que quelques parcelles dont la vitesse, à la suite de l'explosion, se trouverait amortie. La chute d'Orgueil fournirait un argument en faveur de cette dernière hypothèse. »

§ 32.

Mouvement de recul présenté par un bolide.

Pendant la nuit d'observation des étoiles filantes, du 13 au 14 novembre, à Valence, M. Tremeschini a fait une curieuse observation, pour laquelle il nous a envoyé le résumé suivant :

« De la partie la plus méridionale de la Grande Ourse partit un magnifique astéroïde se dirigeant vers l'ouest, en laissant après lui une traînée lumineuse rouge qui persista dans la plénitude de son éclat pendant l'énorme période de sept minutes.

» Après ce laps de temps, cette traînée lumineuse commença à disparaître, ce qui ne l'empêcha pas de laisser des traces visibles pendant cinq minutes encore.

» Deux secondes après la disparition du noyau, ou en d'autres termes aux premiers instants qu'apparut la traînée lumineuse, l'extrémité ouest de celle-ci (le côté par lequel venait de disparaître l'astéroïde), obéissant apparemment à l'impulsion d'une force étrangère, *recula et se replia brusquement sur elle-même*, de manière à décrire un angle droit au point correspondant à l'étoile γ de Persée, le sommet tourné dans le sens de Cassiopée.

» Chose très-remarquable ! c'est en conservant intégralement cette forme que cette traînée lumineuse persista dans son éclat et à la même place pendant la durée totale de sept minutes ; il y eut à la rigueur un tout petit mouvement de translation d'ensemble, mais à peine sensible, dans la direction de Cassiopée.

» Et pour enlever toute sorte de doute qui pourrait faire croire à une illusion ou à un effet de l'imagination, il est important d'ajouter que l'appréciation de ce phénomène, dans les termes indiqués, fut identique pour toutes les personnes présentes à la station de

Valence au moment de l'apparition, entre autres par M. Borrelly, de Marseille. »

A propos de ce phénomène de recul bien caractérisé, notre laborieux ami rappelle une observation du professeur Govi, publiée en 1868, se rapportant à un bolide apparu la nuit du 25 au 26 mars 1868, dont la traînée lumineuse persista pendant six minutes et dont la disparition s'effectua en sens inverse de sa production, c'est-à-dire qu'elle commença du côté par où elle avait fini de paraître et finit par son point de départ. On aurait dit (c'est l'expression de M. Govi) qu'elle rentrait en elle-même en reculant.

Voici maintenant, continue M. Tremeschini, l'explication probable de ce phénomène de recul :

« Toutes les fois que la trajectoire d'un astéroïde, entré dans l'enveloppe atmosphérique terrestre, affecte une direction sensiblement parallèle à la tangente de la même enveloppe, ou, en d'autres termes, toutes les fois qu'un astéroïde vient effleurer les dernières couches atmosphériques, seulement pour les traverser, il doit s'ensuivre par nécessité que ce corps céleste dans son trajet et par son extrême vitesse devra repousser ou chasser devant lui une quantité donnée de molécules atmosphériques et les refouler en dehors et à une certaine distance des limites normales de la même enveloppe atmosphérique, jusqu'au moment où ces molécules, en cessant de subir l'impulsion étrangère, se trouveront ramenées, par la force d'attraction terrestre initiale, à la masse principale et seront obligées de se ranger à l'état normal d'équilibre. »

La traînée lumineuse de la nuit du 13 au 14 novembre observée et décrite par M. Tremeschini et celle communiquée par M. Govi, l'année précédente, devraient donc être considérées comme le tracé géométrique de certains cas particuliers des phénomènes cosmiques.

§ 33.

Le soir du 23 novembre, à $7^h 38^m$, on vit à Bergame un magnifique bolide, durant le peu de temps qui se montra serein. Il partit du point du ciel qui a pour coordonnées :

$$\text{Asc. dr.} = 58^\circ 30', \quad \text{déclin.} = +12^\circ.$$

Il se dirigea lentement vers l'est d'Éridan, jusqu'au point qui a pour position

$$\text{Asc. dr.} = 55^\circ, \quad \text{déclin.} = +5^\circ.$$

Il était presque blanc ; dès le commencement il laissa jaillir des étincelles toujours croissantes. Puis on le vit éclater à la position indiquée, en projetant des rayons et des étincelles. Beaucoup de ces rayons s'approchaient de la couleur *verte* et se trouvaient en même temps mêlés à d'autres rayons presque blancs. Le météore suivit sa trajectoire colorée dès lors en *vert* lumineux, jusqu'au point céleste :

$$\text{Asc. dr.} = 51^\circ 30', \quad \text{déclin.} = +10^\circ,$$

où il disparut.

Au moment où il s'alluma, il était beaucoup plus grand que Jupiter ; après son éclat il tripla encore de grandeur. La fin ne fut plus remarquée à cause des sombres nuages qui vinrent couvrir l'horizon.

§ 34.

Le 1er décembre, à 6h 55m du soir (temps moyen local), on vit passer de l'ouest vers l'est, sur la ville d'Alexandrie en Piémont, un bolide de grandeur égale à deux fois celle de Jupiter. Il était suivi d'une longue traînée de couleur rougeâtre. Sa marche était lente et plutôt élevée. Il disparut sans éclat; à l'instant de son apparition le ciel était serein, mais il se couvrit aussitôt de nuages, comme il l'avait fait tout le jour.

§ 35.

Le 11 décembre, à Lyon, à 8h 20m, M. Didelot, commandant de recrutement, annonce que, dans une partie du ciel alors parfaitement pure, il a été à même de voir naître et finir un bolide.

Le météore est né aux deux tiers de la distance apparente qui séparait Jupiter et Rigel; il s'est dirigé droit vers Rigel et s'est éteint à moitié chemin, le tout dans l'espace d'environ deux secondes.

§ 36.

Un bolide fut observé à Aoste le 12 décembre, à 11h 20m du soir (temps moyen local). Il apparut à une hauteur d'environ 30 degrés sur l'horizon visible dans cette vallée, entre la Grande Ourse et le Petit Lion. Il s'avança vers le zénith en parcourant une trajectoire d'environ 20 degrés. Ce météore était suivi d'une traînée lumineuse de *couleur jaunâtre;* au terme de sa course il *éclata sans bruit, lançant* tout autour *des rayons lumineux de même couleur.*

§ 37.

Le 18 décembre, le soir, à 9h 35m (temps moyen local), le professeur Sachetti, de l'Université de Bologne, observa un magnifique bolide, qui parcourut un grand arc de la voûte céleste dans la direction de l'est à l'ouest avec une vitesse modérée. Sa trajectoire semblait très-rapprochée du sol et dirigée suivant la route que tenait la Lune ce soir-là. Comme l'observateur se trouvait au milieu des maisons, il ne put être témoin ni de la première, ni de la dernière phase du phénomène, et commença seulement à voir le météore lorsque celui-ci passa près de la Lune, dont la vive lumière n'empêcha point le bolide de montrer, dans tout son éclat, sa lumière blanche. A son début, le météore sembla plus gros que Vénus ; il s'agrandit, au fur et à mesure qu'il avança, jusqu'au moment où son noyau s'épanouit. Alors ses contours prirent une teinte *violet foncé* à l'intérieur et plus légère à l'extérieur, tirant presque sur le *rose.* Ce bolide laissa sur sa route un nuage blanchâtre qui dura plusieurs secondes et dont la largeur différait peu de celle du diamètre de la Lune. Il s'éloignit peu à peu.

§ 38.

Chute d'un aérolithe dans l'Afrique du Nord.

M. Coumbary a communiqué à la Société météorologique quelques détails sur la chute d'un aérolithe, qui eut lieu à Mourzouk (Fezzan), latitude 26 degrés nord, longitude 12 degrés est du méridien de Paris, le 25 décembre 1869 au soir. Il est tombé à l'est de cette ville un immense globe de feu de 1 mètre à peu près de diamètre. Au moment où il a touché la terre, de nombreuses étoiles se produisirent suivies de fortes détonations et répandant une odeur que l'on n'a pu spécifier. M. Coumbary ajoute que cet immense aérolithe est tombé à peu de distance d'un groupe de plusieurs Arabes parmi lesquels se trouvait le cheik Elbeled de Mourzouk. Ceux-ci en ont été tellement effrayés qu'ils ont immédiatement déchargé leurs fusils sur ce *monstre incompréhensible*. Cette intéressante Communication se termine comme il suit :

« Il peut être de quelque intérêt pour vous d'ajouter que quelques voyageurs de Ouaday, que j'interrogeais minutieusement, m'ont dit que le sultan du Ouaday et tous les grands personnages de sa cour ont des poignards, des sabres et des lances faits avec du *fer tombé du ciel*, et qu'il en tombe aussi de grandes quantités dans ce pays-là. »

Il résulte de la relation de M. Coumbary que cet aérolithe, qui a eu des témoins, est un des plus grands échantillons que l'on possède des corps qui circulent dans l'espace.

Ce bolide serait-il le même que celui qui a été vu à Sainte-Honorine-du-Fay (Calvados) par M. Le Breton et qu'il a signalé dans les termes suivants?

« Le 25 décembre 1869, le jour de Noël, à $6^h 52^m$ du soir (temps moyen de Paris), j'ai vu un météore qui a dû être très-brillant quelque part. Le brouillard était très-épais jusqu'à une hauteur de 25 degrés; le zénith était clair, Vénus était visible, mais nullement brillante. L'étoile β de la Baleine, à droite de laquelle et tout près de laquelle le météore apparut, n'était qu'un point à peu près imperceptible, et je ne l'aurais pas reconnue si le brouillard ne se fût bientôt dissipé dans cette région et si d'ailleurs je n'avais pas pris avec soin un alignement sûr au moyen d'étoiles voisines et plus visibles.

» Le météore, déjà dans le brouillard, descendait à peu près parallèlement à la ligne menée de η vers β de la Baleine, mais un peu à droite de ces deux étoiles; la durée de l'apparition fut longue (deux secondes environ) et la lumière croissante jusqu'à un éclat semblable à celui d'une belle étoile de première grandeur, puis tout disparut instantanément. La trajectoire fut très-peu étendue; tout au plus eut-elle 2 degrés de développement. »

§ 39.

Enfin, à la dernière heure de l'année, dans la nuit du 31 décembre 1869 à $11^h 45^m$ (temps moyen local), on vit apparaître, à l'est de Volpeglino (près Tortone en Piémont), un bolide magnifique qui s'avança d'un pas plutôt rapide vers l'ouest. Le noyau du météore avait un diamètre apparent égal à la moitié du diamètre lunaire, et même plus grand. Il était d'une couleur rouge vif; il était aussi suivi d'une traînée lumineuse d'une largeur apparente d'environ 24 minutes et d'une longueur d'environ 20 degrés. Après avoir décrit un arc d'une circonférence d'environ 90 degrés, ce bolide s'ouvrit sans bruit, se défit en étincelles d'un rouge igné semblables à celles que laissent jaillir les feux d'artifice. Il paraissait peu distant du sol, tellement que quelques spectateurs crurent que son élévation apparente n'outre-passa pas 100 mètres.

Telles sont les observations de bolides et d'aérolithes faites pendant l'année 1869; chacune offre pour ainsi dire un caractère spécial. On voit qu'il y a là une ample moisson, et matière à exercer la sagacité de bien des chercheurs. Le problème des orbites des bolides et aérolithes et de leur origine est, en effet, à peu près le dernier qui reste à résoudre dans les éléments du système planétaire.

AÉROLITHES ET BOLIDES DE L'ANNÉE 1870.

Grâce à l'accroissement du nombre des observations, l'étude de ces météores extra-terrestres se complète de plus en plus chaque année. Toutefois l'année 1870, si éprouvée d'ailleurs, n'a pas été aussi riche que les précédentes. Nous avons vingt-sept observations de bolides; mais, quant aux aérolithes, on n'en a pas eu un seul à enregistrer.

§ 1.

6 janvier 1870.

Le premier bolide observé pendant l'année 1870 a été vu à Annecy, par M. J. Philippe, secrétaire de la Société Florimontane, dont voici la lettre :

« Ce matin, 6 janvier 1870, à $5^h 30^m$ (méridien

d'Annecy, 20 minutes en avance sur Paris), un magnifique bolide, de la grosseur d'une forte boule à jouer, a été vu se dirigeant du sud-ouest au nord-est. Couleur blanc éclatant, légèrement teinté de rouge, il laissait après lui une longue traînée blanche à laquelle succédait une légère vapeur bleuâtre. On a entendu une faible explosion. »

§ 2.

14 janvier.

M. Lespiault écrit qu'un bolide a été aperçu à Bordeaux, à $5^h 15^m$ du soir, par M. le Dr Larivière et par M. Léon Souriaux. Ce météore était blanc et d'un éclat tout à fait comparable à celui de Vénus. Il fut suivi d'une traînée qui s'est bientôt effacée.

Sur les indications que M. Souriaux a données, de la place même où il a aperçu le bolide, M. Lespiault, à l'aide d'un planisphère mobile, a déterminé sa marche par rapport aux étoiles. Le bolide aurait marché de γ vers τ de l'Éridan. Longueur de la trajectoire visible, 20 degrés environ. Disparu derrière les maisons.

§ 3.

21 janvier.

Un bolide fut aperçu par les observateurs de Moncalieri à $10^h 32^m$ du soir (temps moyen local) ; il apparut près du p de Persée et s'éteignit dans l'η des Poissons. Ce météore avait un noyau égal à celui de Jupiter. Sa couleur était rougeâtre, *il était suivi d'une queue de même couleur*. Après avoir parcouru plutôt lentement l'arc apparent du plus grand cercle compris entre les deux points indiqués plus haut, il éclata sans produire aucun bruit. Les coordonnées des deux points extrêmes de la trajectoire sont :

Commencement. Asc.dr. = 40° 7', décl. = + 37° 39';
Fin............ Asc.dr. = 20° 44', décl. = + 14° 31'.

§ 4.

20 février.

Le soir du 20 février, tandis qu'ils étaient déjà livrés à leurs observations habituelles sur les étoiles filantes, les observateurs de Moncalieri virent tout à coup une lumière très-resplendissante et inaccoutumée qui éclaira la terrasse où ils se trouvaient; aussitôt après se fit entendre dans l'air un *sifflement sourd* qui fut distingué par deux de ces observateurs et seulement soupçonné par les autres, qui avaient été saisis à l'improviste.

Tous s'aperçurent incontinent que ces faits dérivaient d'un météore très-brillant qui s'alluma dans le voisinage du pôle près de ω de Céphée, et qui, après avoir traversé les constellations de la Girafe, du Lynx et du Télescope, alla s'éteindre près du Δ des Gémeaux. Le commencement et la fin de la trajectoire furent observés attentivement : le commencement par les observateurs tournés vers le nord ; la fin par ceux tournés vers le sud. Les coordonnées sont :

Commencement.... Asc. dr. = 10°, décl. = + 86°;
Fin.............. Asc. dr. = 108°, décl. = + 22°.

Le noyau, qui au début était petit et d'un blanc argenté, grossit peu à peu, prenant en même temps une teinte *jaune d'or*, qui se changea en *bleu de ciel* vers la fin de l'apparition. Son plus grand diamètre apparent fut évalué à environ 6 minutes, c'est-à-dire $\frac{1}{5}$ de la Lune. La traînée lumineuse se divisait en plusieurs bandes à la manière d'un *éventail;* elle subit les mêmes variations de couleur et de lumière que le noyau lui-même. Le bolide marchait avec une vitesse modérée, comme avec peine et *en tremblant*. Il s'éteignit sans s'ouvrir ni éclater. L'apparition dura trois secondes.

Le même météore fut également observé à Volpeglino (près Tortone), à la même heure, $10^h 10^m$, temps moyen de Volpeglino, qui se trouve à 5 kilomètres à l'est de Moncalieri. Les circonstances physiques notées à cette seconde station s'accordent la plupart avec celles qui ont été décrites plus haut; et, ce qui importe davantage, les positions des points extrêmes de la trajectoire furent également déterminées avec la plus grande exactitude possible par le R. P. Maggi, qui était, lui aussi, attentif à ses observations sur les étoiles filantes. Là, la lumière apparut plus vive et le diamètre du noyau plus grand, c'est-à-dire qu'il était de 4 degrés au commencement et d'environ le double vers la fin de l'apparition. Le météore commença à se laisser voir à Volpeglino près de β de Cassiopée, et après avoir traversé Andromède, le Triangle, il s'éteignit près de β du Bélier. Les coordonnées des points extrêmes sont :

Commencement.....	Asc. dr. = 0°,	décl. = + 58°;
Fin...............	Asc. dr. = 26°,	décl. = + 20°.

C'est là le premier bolide observé simultanément en deux différentes stations du Piémont et dont jusqu'à présent on a pu déterminer avec précision les éléments astronomiques.

§ 5.

26 février.

Le samedi 26 février, à 9^h45^m du soir, l'horizon de Paris a été brillamment éclairé par un magnifique bolide dont l'éclat dépassait grandement celui de Jupiter. Venant du nord-nord-est il décrivit, dans l'espace de trois secondes environ, une trajectoire de 25 degrés, de la constellation de la Licorne jusqu'à l'étoile β du Grand Chien ; fit explosion *sans se fragmenter* et sans bruit, mais en émettant une lumière rouge éblouissante ; parcourut encore environ 10 degrés et disparut complétement. Sa nuance était jaune orangé ; il était suivi d'une légère traînée diaphane et phosphorescente qui, *se repliant sur elle-même*, forma un petit nuage et se dissipa deux ou trois minutes après la disparition du météore. (Observation de M. Chapelas.)

Le même bolide a été observé à l'Observatoire de Paris par MM. Wolf, André et Capitaneano. Voici leur relation.

Ce soir 26 février 1870, à $9^h45^m20^s$ (la seconde approchée) de temps moyen, magnifique bolide partant du Petit Chien, entre α et β sous forme d'une traînée jaune, d'abord peu brillante ; puis, passant entre Sirius et β, du Grand Chien, il prend la forme d'une boule extrêmement brillante, blanc bleuâtre, d'un diamètre d'environ 5 minutes, suivie d'une *large queue* jaunâtre ; et immédiatement après vers ν Grand Chien, il *éclate en plusieurs morceaux* et disparaît immédiatement.

La durée du phénomène a été d'environ trois secondes. Nous avons attendu en vain le bruit de l'explosion : les bruits du chemin de fer et des voitures nous ont empêchés de l'entendre.

A Paris encore le même bolide a été observé sur le pont des Arts par un membre de l'Association scientifique de France, qui écrit : « A 9h 50m du soir, j'ai aperçu un bolide très-brillant avec une flamme blanche qui éclairait l'horizon ; il descendait du zénith vers l'horizon, et a disparu à droite du dôme du palais de l'Institut avant d'être caché par les maisons ; sa trajectoire était peu marquée et *non persistante*, sa marche du nord au sud ; il a longé le côté est du parallélogramme d'Orion à une distance qui est environ les deux tiers de celle qui sépare l'étoile inférieure de ce côté de l'étoile de première grandeur, et qui est située à peu près à la même hauteur et plus à l'est.

Ces trois observations de Paris ne concordent pas autant qu'on pourrait le désirer. J'ai souligné les divergences principales pour montrer combien ces impressions subites diffèrent les unes des autres.

Est-ce le même bolide qui a été aperçu à Mâcon, par M. Lemosy, à 9h 43m, heure de la gare, 9h 33m, heure de la ville? Son éclat surpassait celui de Jupiter, sa lumière était d'un très-beau vert d'émeraude ; il ne laissait pas ou presque pas de traînée. Ce bolide partit d'un point du ciel voisin de γ d'Andromède et descendit en ligne droite vers l'horizon ouest. Il décrivit un arc de 20 à 25 degrés, à peu près parallèlement à la droite γ, β, α d'Andromède, s'alluma à la hauteur de l'étoile γ, et s'éteignit au tiers environ de la distance de β à α à partir de l'étoile α. Il passa très-près de l'étoile μ d'Andromède. En s'éteignant il paraissait augmenter un peu de volume changeant, brusquement de couleur et passant au rouge violet vif. Durée d'apparition, trois à quatre secondes. Vitesse moyenne. Pas de bruit sensible après la disparition. Il semblait descendre vers la Terre en suivant une verticale.

§ 6.

4 mars.

A $10^h 14^m$, un bolide d'un diamètre apparent égal à quatre fois celui de Jupiter passe au-dessus de β de Bouvier, et va s'éteindre près de π de la Couronne, après avoir parcouru un arc de 30 degrés environ, dans la direction sud-ouest au nord-est. Bleu d'abord, rouge ensuite, il s'est épanoui à un moment donné, en répandant une vive lumière blanche; superbe traînée compacte et phosphorescente, non persistante. (Chapelas.)

§ 7.

5 mars.

A $12^h 21^m$ du soir, M. Coggia aperçut un beau bolide de 7 à 8 minutes de diamètre. Il partit de l'amas de Persée et disparut à l'horizon au nord en laissant une magnifique traînée, qui dura près de dix secondes. (Observation de Marseille.)

§ 8.

9 mars.

Le soir $11^h 15^m$ (temps moyen local), un astronome de Moncalieri, sur le point de se retirer de ses observations habituelles sur les étoiles filantes, vit tout à coup jaillir de α de la Lyre un magnifique bolide, qui alla s'éteindre dans φ du Cygne, parcourant ainsi, en ligne oblique, environ 15 degrés d'ascension droite.

Les coordonnées des deux points extrêmes de la trajectoire sont :

Commencement. Asc. dr. = 277° 53′, décl. = + 38° 38′;
Fin........... Asc. dr. = 293° 16′, décl. = + 29° 47′.

La grosseur et l'éclat du bolide étaient tout à fait extraordinaires, car sa lumière d'un blanc incandescent *éclipsa les lueurs des rayons lunaires;* vers la fin de la trajectoire, il avait un diamètre apparent d'environ *deux fois et demie le diamètre de la Lune.* Le météore marchait plutôt rapidement de l'est vers l'ouest. Il était suivi d'une traînée d'une couleur changeant entre le rouge, le jaunâtre et l'azur, et peu persistante. Le noyau avait une forme allongée semblable à celle d'une poire; sur la fin de l'apparition il laissa tomber quelques étincelles, mais sans faire entendre aucune détonation. (P. Maggi. Observat. Moncalieri.)

§ 9.

10 mars.

La même nuit du 9 au 10 mars, à $4^b 5^m$ du matin

(temps moyen local), on observa à Moncalieri un autre beau bolide de grandeur égale à celle de Jupiter. Il apparut près α du Bouvier et s'éteignit sur ε de la Grande Ourse; sa marche était très-lente et dura trois secondes. Le météore avait un *noyau distinct* suivi d'une *traînée lumineuse;* l'un et l'autre étaient d'une couleur blanche qui se changea ensuite en rouge. Les positions du début et de la fin de la trajectoire sont :

Commencement. Asc. dr. $= 312^\circ\ 5'$, décl. $= +20^\circ\ 1'$;
Fin........... Asc. dr. $= 191^\circ 44'$, décl. $= +56^\circ 50'$.

Le soir du 10 mars à $6^h 44^m 52^s$ (temps moyen local de Gênes), le professeur Romanone vit à Gênes un bolide qui apparut près Aldébaran, dans l'œil du Taureau, au point qui a pour coordonnées :

$$\text{Asc. dr.} = 64^\circ, \quad \text{décl.} = +12^\circ.$$

Il passa ensuite au-dessus de Rigel, et s'éteignit au point qui a pour position :

$$\text{Asc. dr.} = 84^\circ, \quad \text{décl.} = +18^\circ.$$

Ce bolide était accompagné d'une magnifique traînée rougeâtre; son apparition dura deux secondes.

§ 10.

26 mars.

M. Arcimis écrit, de Cadix, qu'on y a observé un bolide, le 26 mars, à $9^h 13^m 20^s$, temps moyen de Cadix; il était blanc, d'un éclat supérieur à Jupiter et à Sirius; il illumina l'atmosphère et les maisons pendant deux secondes. Tombant du zénith à l'horizon, il partit de δ Aurigæ et se termina tout près de π Persée.

§ 11.

3 avril.

Un bolide a été observé par M. Lebreton, à Sainte-Honorine-du-Fay (Calvados); ce bolide parut à $7^h 50^m$, surpassant notablement Arcturus en éclat. Le météore descend dans le vertical qui occupait alors le milieu entre ε de la Vierge et Arcturus. Le point d'apparition était à 40 degrés de hauteur, et la disparition eut lieu environ à une hauteur de 20 degrés. On eût dit une belle pièce d'artifice retombant et laissant quelques étincelles en arrière. La durée de l'apparition fut au moins de deux secondes.

§ 12.

19 avril.

Du Luxembourg, M. Chapelas vit à $11^h 2^m$ l'horizon brillamment illuminé par le passage d'un bolide extrêmement remarquable. Ce météore, prenant naissance près de β d'Hercule, vint s'éteindre auprès du groupe (δ, ε, ζ) de Céphée, décrivant ainsi du sud au nord une trajectoire de 48 degrés.

D'une belle nuance verte, il était accompagné d'une large traînée phosphorescente, à la fois compacte et détachée, bleuâtre à son extrémité antérieure et d'un rouge vif dans sa partie avoisinant le noyau météorique.

La disparition de ce bolide a été précédée de *trois*

explosions successives, ne laissant percevoir aucun bruit, mais produisant des éclairs assez vifs pour permettre de distinguer les collines qui entourent Paris. Enfin son diamètre apparent, égal à six ou sept fois celui de Jupiter, a permis de le classer aisément parmi les premières grandeurs des globes filants.

Les coordonnées des points d'apparition et de disparition sont :

Pour l'apparition :

Déclinaison.. + 46, Ascension droite. 247°;

Pour le point de disparition :

Ascension droite. 330°, Déclinaison. + 57

§ 13.

20 avril.

M. Sausseret écrit à l'Association scientifique, sans lieu de date, que, le soir, à $9^h 10^m$, il aperçut à l'ouest un météore très-lumineux qui, partant du centre et au-dessous d'une ligne tirée de Régulus à Procyon, se dirigea obliquement vers le centre d'une autre ligne qui joindrait Procyon à Sirius.

Ce météore avait une intensité de lumière égale, si ce n'est supérieure à celle de Vénus dans son plus grand éclat, et sa couleur était bleuâtre comme celle de Jupiter; il s'est éteint sans le moindre bruit et n'a pas mis plus de deux ou trois secondes pour fournir sa course.

M. Doyère fils écrit de Bonnebosq (Calvados) qu'il aperçut le même bolide, à $9^h 5^m$, temps vrai. Il apparut à 1 degré environ au sud de δ de la Vierge, passa à 2 degrés au-dessous de α de l'Hydre, et se déroba derrière des nuages qu'il éclaira fortement par transparence pendant quelques secondes.

D'abord très-petit, ce bolide, lors de sa disparition, avait un diamètre de 15 minutes environ. Il laissait derrière lui une longue traînée lumineuse, et *lançait des globes* de la grosseur de Sirius.

Sa couleur était très-vive et bleue, son éclat allait en augmentant jusqu'au moment où il a disparu derrière les nuages, qui s'étendaient jusqu'à l'horizon et ont empêché de suivre sa marche au delà du point où il s'est caché.

La longitude de Bonnebosq est 2°9′9″ ouest.

Aucune explosion ne s'est fait entendre, du moins dans les cinq minutes qui ont suivi son apparition. Il a été visible pendant environ trois secondes.

Pendant la soirée beaucoup d'étoiles filantes se sont montrées partant de la région du Lion et se dirigeant dans tous les sens.

C'est toujours ce même bolide du 20 qui fut aperçu par M. Marquès di Braga, qui était alors à Chevreuse (département de Seine-et-Oise) ; ce bolide lui parut se diriger vers l'ouest. Il était $9^h 13^m$ du soir. Son plan faisait avec l'horizon un angle de 30 degrés.

Il s'est éteint en un point du ciel dont la hauteur au-dessus de l'horizon était de 7 degrés et dont la verticale faisait avec le méridien (du côté de l'ouest) un angle de 108 degrés. Sa couleur et celle de la traînée d'étincelles qu'il laissait après lui étaient blanc bleuâtre. On n'a entendu aucune détonation.

Ce bolide a été aussi observé à Paris par M. Janssen, à $9^h 10^m$, partant du milieu de la distance de Régulus à Procyon, un peu au-dessous.

§ 14.

9 mai.

M. Arrondeau écrit de Vannes qu'un bolide y a été observé par M. Gonésel, au Palais (Belle-Isle, Morbihan). Il était $7^h 15^m$ du soir et il allait du nord-est dans le sud-ouest. Ce bolide a produit à la limite de sa course un éclat lumineux assez intense, mais sans détonation.

§ 15.

13 mai.

M. Prud'homme, élève à Poitiers, écrit qu'il a vu un bolide éclatant dans la soirée du 13 mai, à $11^h 25^m$. Ce globe de feu, d'un diamètre d'environ 10 centimètres, se trouvait dans la direction du sud-sud-ouest, marchait avec rapidité et assez perpendiculairement à la Terre. Un corps lumineux sembla se séparer du premier, et tout s'éteignit à l'instant même.

§ 16.

18 mai.

A $11^h 10^m$, M. Simon, professeur à Rochefort, vit apparaître un magnifique bolide près de θ d'Hercule, qui se dirigea vers l'est, presque verticalement, inclinant un peu au sud, pour disparaître près de δ de l'Aigle, dans les vapeurs de l'horizon, sans laisser de traînée lumineuse. Il parcourut ainsi un arc d'environ 40 degrés en trois secondes. D'abord globe bleu, du plus vif, du plus brillant éclat, *lançant des étincelles*, l'intensité de sa lumière était faible pendant qu'il décrivait le dernier tiers de sa trajectoire. Il présenta alors l'aspect d'un disque parfait, d'un blanc pâle, de 8 minutes au moins de diamètre apparent. Six *minutes* après, alors que le calme le plus complet régnait autour de lui, M. Simon entendit très-distinctement, dans la même direction, une forte détonation lointaine, suivie d'une autre beaucoup plus faible.

Le même jour, à 11^h20^m du soir, M. Mignot, de Limoges, a vu un magnifique bolide, qui semblait gros comme la tête d'un enfant, parcourir l'espace d'environ 25 à 30 degrés dans la direction du zénith à l'*horizon ouest;* ce globe de feu a semblé se détacher de la voûte céleste à environ 20 degrés de α de la Grande Ourse. (Cette étoile se trouvait en ce moment à peu près au zénith.)

Il a éclairé l'espace pendant environ quatre ou cinq secondes, et a disparu en laissant une traînée de lumière bleue qui n'a persisté guère plus de trois secondes.

La lumière semblait émaner des cônes de charbon d'une pile de Bunsen, tant elle était vive. Son chien, qui rentrait avec lui, s'est *tout à coup arrêté en hurlant* et s'est serré en tremblant contre lui.

Ce curieux bolide a été vu à Paris, mais nous n'avons reçu aucun détail circonstancié sur les observations qu'on y a pu faire.

§ 17.

22 mai.

M. le capitaine Amand Vigié, écrit de Marseille :

« Rentrant de Saint-Julien à Marseille et nous trouvant à 4 kilomètres de la ville, nous aperçûmes, le 22 mai dernier, à $9^{h}30^{m}$ du soir, le plus magnifique bolide que j'aie vu de ma vie. Il venait de la direction sud-est et allait vers le nord-ouest. Il nous apparut par-dessus un mur et semblait glisser comme une fusée énorme. Il était dans la constellation de la Balance et de la Vierge. Il semblait être très-près de nous; sa forme était ronde, ayant une grosseur apparente analogue à celle de la Lune au zénith. La lumière était blanche. Vers la fin de sa course il projetait des étincelles qui durèrent peu. Il s'éteignit doucement sans laisser de traces et sans que nous eussions entendu le moindre bruit. Sa projection paraissait horizontale. »

§ 18.

23 mai.

M. Coggia observa, à Marseille, à $1^{h}55^{m}$ du matin, un bolide très-brillant parti d'un peu au-dessous de η de l'Hydre, en laissant une belle traînée. Les renseignements sur ce météore se bornent à cette indication.

§ 19.

4 juin.

M. H. Sclafer écrit de Sallebœuf (Gironde) :

« Hier, 3 juin, à $8^{h}31^{m}$, temps moyen de Bordeaux, j'ai aperçu un fort bolide filant du nord-ouest au sud-est, presque au zénith, mais déclinant au nord. Le crépuscule était grand : à peine voyait-on quelques premières étoiles ; malgré cela, la *flamme* du bolide fut très-visible, elle faisait aigrette et ce qu'il y eut de particulier, c'est que ce bolide apparut pendant une demi-seconde, puis *s'éteignit pour se rallumer* pendant une demi-seconde, après quoi il s'éteignit définitivement en produisant une gerbe d'étincelles. Ce bolide paraissait très-élevé. S'il eût été nuit close et qu'il n'y eût pas eu de Lune, nul doute que cette apparition n'eût été des plus remarquables. »

§ 20.

12 juin.

M. P. Jager (Paris-Montmartre) nous écrit qu'il a vu, à $10^h 11^m 15$ à 20^s, un magnifique bolide apparaître entre β et ε du Dauphin ; il traversa la constellation de l'Aigle, au-dessus de γ, la voie lactée entre ε et ζ de l'Aigle, passa sur α d'Ophiuchus, près α d'Hercule, entre γ et $\varkappa$ du Serpent, et vint s'éteindre près de l'étoile ν de la constellation du Bouvier. La durée du phénomène fut de quelques secondes, l'arc parcouru de 100 degrés environ.

Le météore était d'un blanc très-vif, sa lumière supérieure à celle que nous envoie Sirius ; mais ce qui parut le plus remarquable, ce fut la traînée lumineuse d'un bleu clair qui l'accompagnait et dont la lumière illuminait le ciel comme une fusée, la disparition n'ayant eu lieu qu'avec le bolide. Aucun bruit ni aucun éclat n'a été observé.

§ 21.

17 juin.

M. Crouzat rapporte qu'il a observé à Béziers le 17 juin 1870, à 9 heures du soir, un bolide marchant du nord au sud, parti des environs de Wéga et se dirigeant vers Saturne, qu'il a un peu dépassé. L'apparition a été très-courte, le météore ayant fait explosion au-dessous de la planète, à 3 ou 4 degrés tout au plus. La clarté rougeâtre du bolide a illuminé le sol au moment où il s'est divisé, comme les fusées dites *chandelles romaines*.

Il a été aperçu, non-seulement de Béziers, mais des communes voisines, notamment de Puisserguier. Il était moins beau que celui du 17 juin 1869 (*voir* plus haut, p. 24).

§ 22.

22 juin.

Vers $10^h 17^m$ du matin, temps du lieu, écrit M. Narjot, lieutenant de vaisseau, à Lorient, me trouvant en rade de Lorient par 47°43′40″ lat. nord et 5°41′45″ long. ouest, un bolide m'apparut dans le 11e degré sud-ouest du monde, à environ 25 à 30 degrés de hauteur. Ce météore lumineux affectait la forme d'une *traînée verticale assez longue*, s'évasant légèrement vers le haut.

» Le bas était *blanc*, très-légèrement jaunâtre ; au-dessus apparaissait une bande *rose* vif, et plus haut du *vert émeraude* vif aussi, diminuant d'éclat vers la partie la plus élevée et se perdant, sans terminaison bien définie, au contraire, du bas qui avait nettement la forme arrondie. La proportion des couleurs dans le sens vertical était à peu près ainsi : le vert y compris la portion visible de la partie confuse quatre fois le rose dont le blanc n'était que le tiers (du rose). Le ciel était parfaitement pur, et, malgré les torrents de lumière versés par le Soleil, le météore avait un éclat très-sensible. Il s'abaissait verticalement et rapidement sur l'horizon et il a disparu brusquement de mes yeux comme il était apparu. Autant que ma mémoire peut me servir, je crois pouvoir avancer que l'apparition, quelque rapide qu'elle ait été, a été légèrement successive, c'est-à-dire que le blanc est apparu le premier. La disparition n'a été accompagnée d'aucun bruit perceptible.

» Je ne puis apprécier même approximativement la durée de l'apparition ; mais je puis affirmer qu'elle a été suffisante pour que je puisse bien juger la forme et les couleurs. Je considère comme ayant une grande exactitude l'heure de l'apparition et ma position longitude et latitude, et comme très-approché le relèvement du vertical du phénomène et la hauteur à laquelle il s'est produit.

§ 23.

24 juin.

A $10^h 15^m$ du soir, un bolide parut au-dessus de la ville de Nancy. Parti du sud-ouest, il se dirigea vers le nord-est. Le chemin parcouru a été éclairé par une traînée rosâtre, très-rosâtre, très-lumineuse. Le bolide éclata enfin, en produisant une lumière bleue éblouissanto. Ce phénomène fut visible pendant au moins deux secondes.

§ 24.

24 juillet.

M. Zürcher, capitaine de port à Toulon, écrit que le dimanche 24 juillet, à $8^{h}40^{m}$ du soir, il a observé de sa terrasse, sur le bord de la mer, un magnifique bolide, dont le diamètre était presque double de celui de Jupiter ; il se dirigeait lentement de l'ouest à l'est, en suivant une ligne à peu près *horizontale*, et laissait derrière lui une brillante traînée. Il apparut au-dessous d'Antarès, passa près de l'étoile μ de la constellation du Scorpion et disparut dans celle du Sagittaire.

§ 25.

26 juillet.

M. Allenrath a communiqué à l'Académie royale de Bruxelles des observations sur un bolide aperçu à Anvers le 26 juillet 1870, vers $10^{h}4^{m}$ du soir. L'Académie n'a donné aucun détail de ces observations.

§ 26.

24 août.

Notre ami regretté P. Jager, mort à Paris pendant la guerre, observant pendant la nuit du 24, vit apparaître dans la région ouest un magnifique bolide. A $11^{h}54^{m}40^{s}$, ce météore partit de ζ de la Lyre :

$$\text{Asc. droite} = 18^{h}40^{m}, \quad \text{décl.} = 42^{\circ}30',$$

traversa Hercule entre les étoiles o et ξ, passa entre α d'Hercule et α d'Ophiuchus, et vint s'éteindre près de κ de cette dernière constellation :

$$\text{Æ} = 17^h 4^m; \quad \text{Ɗ} = 6^\circ 0'.$$

La trajectoire, curviligne, laissa une traînée bleue. Le bolide était blanc, comparable à un globe de mercure ou d'argent fondu, double de Vénus. La traînée lumineuse a persisté pendant presque toute la durée du phénomène, c'est-à-dire après l'explosion du bolide, dont la division s'est effectuée sans bruit en laissant une grande quantité de fragments.

AÉROLITHES ET BOLIDES DE L'ANNÉE 1871.

L'infâme et sanglante folie qui agita deux peuples civilisés de cette planète, depuis l'été de 1870 jusqu'à la fin de l'hiver de 1871, et se couronna même au printemps de cette année d'un autre genre de délire, nous a montré des bolides et des aérolithes créés de main d'homme et incomparablement plus destructifs que ceux du ciel. Les savants des deux camps étaient déguisés en militaires, et plus d'un est resté sur les champs de bataille. Si l'observation des étoiles a été négligée, en revanche, les longues nuits de janvier offraient un intéressant et odieux tableau de projectiles sillonnant dans tous les sens le ciel de Paris bombardé. Il n'est pas étonnant que notre récolte astronomique de cette époque soit légère, quoique, dès les premiers moments d'apaisement, les études scientifiques aient repris partout avec une nouvelle ardeur.

Nous avons pu enregistrer, en 1871, vingt-deux observations de bolides et une seulement d'aérolithe. Parmi les bolides, plusieurs ont fourni le sujet d'observations nouvelles, singulières et tout à fait inattendues.

§ 1.

13 février 1871.

Le premier bolide de l'année 1871 nous est offert à la date du 13 février par les observateurs d'outre-Manche. Le Rapport du Comité des météores lumineux énonce qu'il se montra dans le sud de l'Angleterre et parut aussi brillant que la pleine Lune. Il a donné lieu à des observations précises et nombreuses, de telle sorte qu'on a pu arriver à calculer sa *hauteur réelle*. On l'évalue à 115 kilomètres au-dessus de la Manche, au nord de Cherbourg, et à 80 kilomètres au-dessus des comtés de Devonshire et de Cornouailles.

§ 2.

17 mars. — Bolide traversant l'Angleterre, la France et l'Italie.

Un bolide très-remarquable par la longueur de son trajet et la durée de son apparition a été visible dans la nuit du 17 au 18 mars (veille de la déclaration de la Commune) sur toute l'étendue de la France. Voici les curieuses observations auxquelles il a donné lieu :

Lettre de M. Xambon, professeur à Saintes (Charente-Inférieure). — « Le 17 mars, à $10^h 40^m$ du soir, j'ai vu un bolide laissant après lui une traînée lumineuse qui a persisté pendant plus d'une demi-heure. Le globe lumineux a paru se détacher de la partie supérieure d'un groupe de nuages touchant l'horizon dans la région nord-nord-ouest; il s'est dirigé en ligne droite horizontale et, avant d'arriver à un second groupe nuageux placé près de l'horizon dans la région sud-sud-est, il a présenté une brillante coloration bleu verdâtre, a éclaté comme une fusée sans détonation et a projeté dans l'espace vers le sol de nombreuses étincelles.

» La vitesse du mobile était très-lente, et j'ai pu compter vingt secondes depuis le commencement jusqu'au moment où il a atteint la région sud-sud-est.

» Tout le chemin parcouru par le globe de feu a été marqué par une bande lumineuse horizontale immobile. A 11 heures (*vingt minutes après*), la traînée a présenté en son milieu de légers renflements, et la courbe sinueuse paraissait encore se maintenir immobile; à partir de ce moment, l'intensité de la lumière alla en décroissant et, à $11^h 12^m$, la traînée disparut lentement dans la région nord-nord-ouest d'où elle était partie. »

De Chatellerault M. le Dr Crevaux écrit de son côté:

« Vendredi, à $10^h 55^m$ du soir (heure de Paris), averti qu'une masse lumineuse s'avançait comme un obus dans le ciel, j'observai à $10^h 58^m$ sa traînée lumineuse ayant quelque analogie avec la voie lactée. Au nord, le phénomène se perdit sous l'horizon. Au sud, terminaison brusque, pour ainsi dire *en moignon*. C'est à ce point qu'on a vu le corps lumineux lancer des éclats très-brillants et disparaître. La traînée se dissipa lentement, du nord au sud; à minuit, elle était à peu près effacée. »

Un croquis joint à la Lettre de M. Crevaux montre que cette traînée passait près de la Polaire et traversait la queue de la Grande Ourse, entre ϵ et ζ.

Le même bolide a été observé à Tours par M. Briffault, dont voici la relation :

Le 17 mars, à $10^h 45^m$ du soir environ, le ciel s'éclaira tout à coup d'une vive lumière, et un météore très-brillant passa au-dessus de la ville. Il se montra à l'horizon, au nord, comme une splendide fusée d'artifice et traversa l'hémisphère en cinquante ou cinquante-cinq secondes, laissant derrière lui une traînée lumineuse qui demeura visible avec diverses transformations, pendant *vingt-cinq minutes* environ ; le plan de cette ligne de feu ne faisait pas avec le plan méridien un angle de plus de 3 degrés.

Le diamètre apparent de ce bolide était, lorsqu'il passa au zénith, environ moitié de celui de la Lune ; mais il parut augmenter et en devint les deux tiers. Quant à la traînée lumineuse, sa longueur était, dans les premiers instants, double du diamètre du météore. Le bolide *semblait brûler* avec une belle flamme bleue, abandonnant derrière lui des particules en combustion.

Mais ce qui frappa le plus vivement dans le phénomène, ce fut la métamorphose que subit la trace laissée par ce corps. Tout d'abord large comme deux fois le diamètre apparent du bolide et très-brillante, elle s'élargit, devint en largeur double de ce qu'elle était et perdit un peu de son éclat ; elle se sépara alors, dans toute sa longueur, en deux parties, et, le ciel étant très-pur à ce moment, on put voir briller les étoiles, d'une lueur moins rouge, entre les *deux rubans de feu.* Cela dura plus de cinq minutes, puis l'éclat diminua sensiblement, le double ruban se coupa en plusieurs parties, les particules lumineuses disparurent peu à peu, et bientôt il ne resta plus qu'une immense banderole de matière vaporeuse éclairée d'une lumière pâle. A 11^{h}10^{m}, on put encore voir quelques traces de ce nuage qu'on put comparer à la fumée éclairée par la lumière lunaire. La trace laissée par le bolide fut d'abord plane ; mais, trois minutes après, quelques ondulations eurent lieu, entraînant le ruban vers l'est ; elles devinrent beaucoup plus nombreuses, lorsque ce ne fut qu'une masse vaporeuse qui marchait lentement vers l'est. Pendant toute la durée du phénomène, on ne put saisir aucun bruit. A 8 heures, le même soir, on avait vu une étoile filante se mouvoir dans une direction sensiblement la même que celle du brillant météore dont il s'agit ici.

M. A. Pâquenée écrit, de Castillon-sur-Dordogne, sur le même phénomène :

« Je n'ai pas vu ce météore ; mais, averti aussitôt après son apparition, je suis sorti, et j'ai pu examiner tout à loisir l'immense traînée lumineuse qui marquait son passage.

» La trace du bolide, commençant à l'horizon, un peu à l'ouest du méridien de la constellation de Cassiopée, traversait celle du Bouvier et se prolongeait vers le sud-sud-est jusqu'à 40 degrés environ au-dessus de l'horizon.

» Cette trace, d'abord droite et d'une faible largeur, s'infléchissait ensuite sur plusieurs points et s'élargissait inégalement. Cinq minutes après, elle présentait l'aspect d'un long nuage lumineux, de forme légèrement ondulée, dont la largeur variait entre 1 et 5 degrés. Pendant vingt-cinq minutes, son éclat sembla peu diminuer; mais ses contours continuèrent à se modifier; puis ce nuage commença à disparaître lentement. On en voyait encore quelques traces vers le nord, près d'une heure après l'apparition du météore.

Nous avons encore sur ce curieux bolide les observations suivantes. La première est de M. Lespiault.

Vendredi soir, 17 mars, à 10^{h}30^{m} environ, a paru un magnifique bolide sur l'horizon de Nérac. Il a paru commencer sa course à 15 degrés au-dessus de l'horizon, perpendiculairement au-dessous de la Polaire, et s'est dirigé, en suivant la courbe du ciel, vers la planète Mars qu'il a dépassée.

Sa lumière était blanche, elle éclairait le sol; ce n'est que vers la fin de sa course que le bolide a paru se diviser en gerbe : on n'a pas entendu de déflagration. Le sillon immense qu'a laissé le bolide a persisté pendant plus de trois quarts d'heure; sa couleur était blanche, phosphorescente et tout à fait pareille à la lueur des queues de comètes, mais infiniment plus brillante et mieux limitée. Très-mince et rectiligne dans les premiers moments, cette trace est devenue peu à peu sinueuse; elle s'est rompue enfin sur plusieurs points en se diffusant et formant divers centres lumineux. Les étoiles paraissaient au travers. Vers 11^{h}30^{m}, elle a disparu peu à peu.

Le même météore a été observé à Carcassonne et dans le nord de la France.

M. Vauquelin écrit, d'autre part, de la Côte-d'Or :

« Vendredi, 17 du courant, à 11h 15m environ du soir, la nuit était noire, quoique le ciel fût étoilé et que la terre fût couverte de neige; j'étais en route pour me rendre à pied de Lamargelle à Frénois, canton de Saint-Seine (Côte-d'Or), lorsque mon attention fut éveillée par un corps lumineux, que je suppose être un bolide, traversant l'espace du nord-nord-est au sud-sud-ouest (suivant mon appréciation), décrivant avec une vitesse extraordinaire et égale une trajectoire très-lumineuse et horizontale, par rapport à l'endroit où je me trouvais et à la ligne de mes yeux; la durée de la course fut d'environ quinze secondes: le temps était trop sombre pour que je pusse consulter ma montre; mais, depuis le moment où j'aperçus le corps jusqu'au moment où je le perdis de vue, je pus compter jusqu'à 30, sans me presser. Ce corps laissa dans l'espace la trace de son passage pendant au moins vingt minutes, avec cette particularité que cette trace était plus large au milieu, moins dense qu'à son point de départ et qu'à son point d'arrivée.

» Il n'y eut pas d'explosion, car je ne remarquai aucune dissémination de la traînée lumineuse; le corps a dû, ce me semble, continuer sa course dans l'espace, en cessant d'être visible pour moi. Il ressemblait à un immense obus à fusée, moins le bruit de la course et l'explosion. »

Le *Journal officiel* du 18 mars publie de son côté la relation suivante :

« Hier soir (17 mars), à 11 heures moins 13 minutes et demie, sur la place du Palais-Bourbon, les passants ont pu observer un magnifique bolide dont la trajectoire paraissait fort rapprochée de la Terre. L'arc parabolique était parallèle à la surface terrestre et sensiblement dirigé de nord-est à sud-ouest. Le corps lumineux, de la grosseur apparente d'une orange, cheminait assez lentement et présentait une lumière blanche étincelante. Ce qu'il y avait de très-digne de remarque dans le phénomène, c'est que le bolide laissait derrière lui une immense traînée lumineuse, d'un rouge presque sombre, longtemps persistante, de manière qu'elle embrassait une grande partie de l'horizon céleste. »

On lit également dans le *Moniteur universel* du 20 mars : « Entre Vitré et Rennes, pendant la nuit de vendredi (17) à samedi (18 mars), à 11 heures moins 15 minutes, est apparu sur l'horizon, à la hauteur de 45 degrés, un bolide énorme. Sa traînée lumineuse a persisté pendant quinze minutes. »

Ce bolide a été également observé en Italie, et voici ce qu'écrit à cet égard le P. Denza :

C'est à minuit 20 minutes, temps moyen de Turin, qu'il apparut éclairant tout l'horizon. Sa direction approchée était ouest-nord-ouest vers est-sud-est. Son noyau était oblong et d'un diamètre apparent, presque aussi grand que le diamètre lunaire. Une intelligente observatrice, qui en observa toutes les phases, l'a comparé à un amas de petites étoiles ; il était orné d'une traînée de lumière très-vive et majestueuse d'une persistance inusitée. Le chemin du météore parut à tous les observateurs rectiligne et horizontal.

Mais ce qui fut admirable dans ce bolide, ce fut la

lenteur extrême avec laquelle il a parcouru la voûte céleste; tous ceux qui l'ont vu s'accordent à affirmer que le noyau ne s'éteignit qu'une ou deux minutes après, et que la *traînée* lumineuse pâlissant peu à peu fut visible pendant dix ou quinze minutes environ. La persistance du noyau est peut-être un peu exagérée; mais celle de la traînée de lumière n'est point excessive, parce que d'intelligents observateurs en ont vu d'une durée beaucoup plus longue.

La réunion de l'Association Britannique de 1871 nous apprend que ce bolide a encore été observé en Angleterre, où on le vit descendre, à Chichester, d'un point voisin du zénith et se dirigeant jusque vers l'horizon sud-ouest. Il était plus éclatant que Vénus et brillait d'une couleur jaune d'or, après avoir passé derrière un nuage à la fin d'une course lente et longue.

Les circonstances de toutes ces apparitions sont à peu près identiques et remarquables particulièrement par l'étendue et la longue persistance de la traînée lumineuse que le bolide a laissée sur son passage. Elles conduisent naturellement à penser qu'on a vu, dans toutes les localités citées, un *seul et même bolide*. Ce bolide, observé ainsi depuis la Bretagne jusqu'en Italie, mérite de fixer l'attention par la *longueur de la trajectoire* qu'il a parcourue à portée de la vue des habitants de la Terre.

§ 3.

24 mars.

Un météore splendide et lumineux fut observé à Volpeglino, par M. l'abbé Maggi (Observatoire de Moncalieri), dans la nuit du 24. Il apparut à $4^h 25^m$ du matin (temps moyen local), s'allumant près de l'étoile α du Cygne, et après qu'il eut passé par α d'Andromède, il disparut près de l'horizon, non loin de ζ des Poissons, parcourant en cette manière un espace de 70 degrés environ.

Les coordonnées des deux points extrêmes du chemin parcouru par le météore sont

Comm.: Æ = 309°; Ⓓ = 45°. Fin: Æ = 10°; Ⓓ = 70°.

Le bolide était d'une splendeur inusitée. Son noyau avait un diamètre apparent de 25 minutes d'arc, c'est-à-dire les $\frac{5}{6}$ du diamètre lunaire; il était d'une couleur éblouissante, blanc incandescent. Il était suivi par une traînée de lumière très-longue, brillante et d'une couleur cendrée peu différente de celle de la vapeur d'eau condensée qui sort de nos locomotives. Le météore s'avançait dans l'atmosphère avec une lenteur majestueuse et laissait à tous moments des étincelles d'une couleur rouge très-vive. Par une relation que le P. Maggi reçut du P. Serpieri, directeur de l'Observatoire d'Urbin, il put inférer que ce même météore fut observé aussi dans cette ville. Il a été précédé par un autre, qui n'était pas moins brillant, vers les 2 heures du matin.

L'un et l'autre avaient un noyau éblouissant, un peu plus petit que celui de la Lune, suivi d'une large traînée; ils éclatèrent enfin avec une forte détonation que l'on a entendue une demi-minute après qu'il eut disparu.

§ 4.

11 avril.

Plusieurs Observatoires d'Italie ont signalé ce soir-là un brillant bolide, à $9^h 46^m$, temps moyen de Turin. Les coordonnées de l'espace parcouru par le bolide ont été, pour chaque station, les suivantes :

		Æ	ⅅ		Æ	ⅅ
		°	°		°	°
Moncalieri..	Comm.	210	— 10	Fin..	223	+ 28
Alexandrie..	Comm.	221	— 11	Fin..	111	+ 28
Volpeglino..	Comm.	175	+ 15	Fin..	111	+ 32

Le météore était partout orné d'un noyau luisant et d'une traînée lumineuse, large et persistante. A Moncalieri et à Volpeglino, le noyau apparut d'une couleur blanc azuré, éblouissante, et d'un diamètre de 10 minutes, c'est-à-dire $\frac{1}{3}$ du diamètre lunaire. A Alexandrie, il a été plus grand, presque comme la Lune; à son passage, on a entendu un sifflement semblable à celui d'un feu d'artifice. A Moncalieri, le météore s'arrêta, pour quelques instants, près de l'étoile δ du Bouvier, et après il continua sa marche en sautillant.

§ 5.

12 avril.

Le soir suivant, un autre bolide a été vu à Lodi, à $8^h 15^m$. Lorsqu'on l'a aperçu, il était déjà allumé. Les points extrêmes de son chemin qu'on a observés sont les suivants :

Comm.: Æ = 111° ; ⅅ = + 7°. Fin: Æ = 105° ; ⅅ = + 2°.

Le météore, à la fin de sa course, éclata avec une détonation si forte, qu'elle fut entendue par plusieurs personnes qui se trouvaient dans les maisons avec les fenêtres fermées. Avant l'éclat, sa lumière était rougeâtre; après, elle devint d'une couleur azurée très-vive.

De l'Observatoire royal de Naples, le soir du même jour, à $11^h 23^m$, on a observé un autre bolide; son noyau semblait égal en grandeur à Jupiter; la couleur en était blanche; il a été suivi par une traînée lumineuse rougeâtre, qui persista vingt minutes. L'espace qu'il a parcouru fut très-long; en voici la position :

Comm. : Æ = 98°; Ⓓ + 70°. Fin : Æ = 15°; Ⓓ + 39°.

Le professeur de Gasparis, directeur de l'Observatoire, pense que ce bolide a dû tomber sur la Terre.

§ 6.

22 avril.

Parmi vingt-cinq météores observés à Moncalieri pendant la soirée du 22 avril, il y en a un qui surpassa tous les autres en beauté et en persistance. Il s'alluma à $10^h 37^m$, 5 dans la Couronne boréale, par

Æ 233°, Ⓓ + 23°,

passa entre la Perle et γ de la Couronne, s'approcha de χ d'Hercule, pénétra dans la constellation du Dragon, passant entre η et ν de la même; puis il se dirigea vers γ de la Petite Ourse et alla s'éteindre dans la Polaire, parcourant ainsi un espace de 65 degrés environ. Le noyau du météore était comme celui de Jupiter, et d'une couleur blanc argenté; il était environné d'une splendide auréole de la même couleur. Une traînée blanche et large de 2 degrés environ suivit le noyau et persista $3^m 30^s$, s'éteignant peu à peu. On l'a observé aussi à Volpeglino à la même heure. La position du chemin était :

Comm. : Æ 212°; D + 20°. Fin : Æ 87°; D + 45°.

La traînée lumineuse persista plus d'une minute.

§ 7.

21 mai 1871. Aérolithe.

Le professeur Stephard, du collége d'Amherst (Massachusets), a publié quelques détails sur une pierre météorique tombée à Searmont, Maine (États-Unis), le 21 mai 1871. Vers 8 heures du matin, on entendit une explosion semblable à celle d'une forte pièce d'artillerie et suivie d'un bruit strident, ressemblant au son d'un jet à vapeur. L'aérolithe tomba dans un espace découvert, et une dame qui se trouvait dans une maison voisine vit la terre projetée dans toutes les directions autour du point frappé. Le trou fut aussitôt examiné, et, en le creusant, on trouva les fragments encore chauds de la météorite, dont la surface montrait évidemment qu'elle avait été fondue. Le plus gros fragment pesait 900 grammes, et, réuni à tous les autres, accusait un poids de $5^{kg},44$. Ces fragments exhalaient une odeur de cailloux violemment froissés les uns contre les autres. Le trou fait par le corps tombé avait $0^m,60$ de profondeur, quoique le sol fût un gravier gros et dur. La fracture de la pierre avait été visiblement causée par son choc contre trois gros cailloux, dont chacun pesait environ $1^{kg},80$. Le professeur Stephard a examiné le plus gros fragment de cet aérolithe. La moitié de sa surface était complétement couverte de la croûte formée par la fusion, et la forme semblait indiquer que la masse entière aurait été d'une forme ovale et sous-conoïde, aplatie vers la base, s'approchant de celle de la pierre de Duralla, que l'on voit maintenant dans le Muséum britannique. Parmi les principales matières qui la composaient, on trouva du fer météorique, du peroxyde de fer, de la chladnite, de la troïlite, mêlés avec une masse noirâtre qui paraît être un agrégat de plombagine.

§ 8.

14 juin 1871.

Un bolide a été observé, à cette date, au sémaphore du cap Sicié, par M. Sagols. Vers 8 heures du soir, pendant le crépuscule, une clarté parut dans le ciel et au nord, sous forme d'étoile filante, qui grandit progressivement jusqu'à acquérir un diamètre du tiers environ de celui de la Lune, et laissant une traînée fumeuse qui dura cinq secondes. La marche était dirigée du sud-ouest au nord-est, et quand le météore disparut, il éclata en un grand nombre d'étoiles de couleur variée. Le phénomène était magnifique à voir. L'arc parcouru pouvait avoir de 70 à 80 degrés, et le météore paraissait se mouvoir à 4 ou 5 kilomètres au-dessus des montagnes de la Sainte-Baume.

§ 9.

13 juillet.

Le 13 de ce mois, à Trémont, près Tournus, on a observé un bolide d'un brillant éclat. A $10^h 6^m$, le météore se montra à 5 ou 6 degrés au-dessus de δ Andromède, courut horizontalement en passant à 1°,30 au-dessus de α d'Andromède et alla faire explosion dans le carré de Pégase, une seconde de temps après son apparition.

Le bolide avait l'aspect d'une flamme brillante, entourée d'une nuée phosphorescente; son éclat s'accrut rapidement jusqu'au moment où l'explosion illumina le ciel comme un éclair; cette traînée, large d'environ 25 minutes, avait la forme d'un fuseau très-allongé; le point où le bolide a éclaté fut occupé par la partie la plus large et la plus lumineuse de la traînée. Celle-ci fut plus brillante que la portion de la voie lactée dans le Sagittaire. Elle s'effaça peu à peu et ne disparut complétement qu'au bout de quatre ou cinq minutes. La netteté et la persistance de la traînée permettent de fixer avec exactitude les coordonnées des extrémités de la trajectoire visible du bolide. Les voici :

Comm. : Æ = 5°; Dist. pol. : = 55°.
Fin : Æ = 355°30′; Dist. pol. : = 63°.

L'observation est précise, et, si nous possédions une seconde détermination aussi exacte, il serait possible de calculer la route même suivie par le bolide.

Ce bolide a été aperçu à Moncalieri en Italie, à $10^h 34^m$, temps moyen local, vers le nord, dans la constellation de la Girafe. Le diamètre apparent de son noyau se montra un peu plus petit que celui de la Lune; sa lumière a été si vive qu'elle éclaira comme un éclair les nuages par où le météore passa. Ceux-ci empêchèrent d'en déterminer la trajectoire avec précision.

§ 10.

15 juillet.

M. Chapelas a observé, de son observatoire du Luxembourg, à Paris, un bolide remarquable, à 11^h12^m du soir; ce météore, qui n'a fourni que 25 degrés de course, était spécialement intéressant par sa taille et les diverses nuances qu'il présentait durant le parcours de sa trajectoire. Le diamètre apparent du noyau, qui allait sans cesse en augmentant, égalait six ou sept fois celui de Jupiter, au moment de la disparition du phénomène. D'une blancheur éblouissante à son point de départ, ce globe filant prit successivement une belle couleur *vert émeraude*, puis *rouge vif*. Il était accompagné d'une magnifique traînée large et compacte, présentant, identiquement et dans le même ordre, des couleurs semblables. Ayant pris naissance près de l'étoile ζ de Pégase, le bolide descendit directement à l'horizon et finit au milieu de la brume, non pas en éclatant, mais en s'épanouissant et projetant alors une clarté *rouge* très-intense, qui éclaira un moment toute la partie est de Paris.

Dans le département du Cher, près de la Guerche, M. Habert, instituteur, a observé ce bolide. Il était 11^h5^m, heure du chemin de fer, et l'apparition a duré trois secondes. Le point de départ est à la moitié de la ligne $\epsilon\zeta$ du Cygne, soit Æ = 313°, Ⓓ = 58°. De là, le bolide est descendu vers α de Pégase, sans l'atteindre. Arrivé à la moitié de la ligne $\varkappa\pi$ de Pégase, soit Æ = 328°30′, Ⓓ = 61°30′, il a pris la forme d'un globe dont les dimensions allaient croissant; puis il a diminué de volume et a éclaté en fusant et en illuminant toute la contrée. Le bolide, qui était alors d'un *rouge* vif, avait commencé par la blancheur éclatante.

Ce même bolide a été vu en Italie. Le P. Denza écrit qu'il était si brillant qu'il ne se souvient pas d'en avoir jamais vu de semblable. Comme le soir du 15 était un des soirs combinés pour les observations simultanées, le météore a pu être étudié dans plusieurs stations. Voici les déterminations principales des stations suivantes :

Stations.	Latitude.	Longitude de Paris.
	° ′ ″	h m s
Lodi.............	45.18.34	0.28.39
Plaisance.........	45. 2.44	0.29.26
Moncalieri........	44.59.45	0.21.26
Volpeglino........	44.53.25	0.26.35

Les différentes positions des stations, l'heure de l'apparition, ainsi que la position de la trajectoire, s'accordent parfaitement entre elles. Le bolide a été vu même de quelques maisons placées sur la colline de Turin; mais il n'y a pas été étudié scientifiquement.

Le météore apparut, dans toutes les stations dont nous venons de parler, entre $11^h 33^m$ et $11^h 34^m$, temps moyen de Turin, c'est-à-dire à la même heure qu'on l'observa à Paris.

Voici la position de sa trajectoire, qui a été déterminée dans chaque station :

Stations.		Æ	D		Æ	D
		°	°		°	°
Moncalieri..	Comm.	200	+ 67	Fin..	125	+ 36
Volpeglino..	Comm.	177	+ 54	Fin..	150	+ 35
Plaisance...	Comm.	186	+ 52	Fin..	164	+ 47
Lodi.......	Comm.	178	+ 46	Fin..	169	+ 30

A Moncalieri, le météore se montra, au commencement, comme une étoile ordinaire de première grandeur; il s'alluma au-dessous de γ et β de la Petite Ourse, à 5 degrés environ de ι du Dragon. C'est à cela qu'on doit attribuer la différence entre la position de son commencement déterminé à Moncalieri et celles des autres stations. Lorsqu'il arriva près de υ de la Grande Ourse, c'est-à-dire dans le point céleste qui a pour coordonnées Æ $= 147°$, D $= +57°$, il grossit remarquablement, et son noyau acquit un diamètre égal à la quatrième partie du diamètre lunaire; ce fut alors qu'il commença à se montrer dans les autres stations. Plus tard, pendant qu'il passa entre ι et $\varkappa$ de la même Ourse, il *s'arrêta soudainement,* pour quelques instants, et il devint beaucoup plus grand et resplendissant; son diamètre alors n'était certainement pas plus petit que le diamètre lunaire. A Plaisance, il apparut de la même grandeur; à Lodi, au contraire, le noyau a été estimé la quatrième partie du diamètre lunaire; à Volpeglino, la cinquième partie. Peut-être la grosseur excessive du météore, remarquée à Moncalieri et à Plaisance, doit être attribuée à une atmosphère très-brillante et très-étendue, qui, de tous côtés, environnait le noyau. La couleur du bolide, au commencement, était *blanche;* après, elle devint azurée (*verdâtre,* à Volpeglino), enfin d'une couleur *rouge* très-vive. La partie antérieure parut, à quelques observateurs de Moncalieri, d'un *jaune* très-brillant. La forme du noyau était la forme ordinaire, c'est-à-dire celle d'une poire avec la partie enflée en avant; à Lodi, on l'a vu presque sphérique. Il était suivi d'une longue traînée d'une belle couleur rouge vif. On a vu le bolide éclater, à la fin de sa course, dans toutes les stations; mais c'est seulement à Lodi que l'on a pu entièrement observer le phénomène. Dans cette station, on a remarqué que le météore, avant de s'éteindre, lança en arrière, dans la direction de sa trajectoire, un faisceau de rayons disposés en forme d'éventail, par exemple, de la longueur de 5 degrés environ, d'une couleur blanc rougeâtre. Cette apparence dura plus de deux secondes; ensuite le faisceau de rayons disparut comme soudainement, en se transformant en un centre d'irradiation lumineuse formée par des zones, d'une couleur rouge et noire, larges de plus de $\frac{1}{2}$ degré. La lumière du météore a été tout à fait admirable. Les observateurs de ces trois stations, de Moncalieri, Plaisance, Lodi, qui étaient tournés vers d'autres côtés du ciel, en furent attirés. Dans cette dernière station, le ciel a été si éclairé, que l'observateur, qui s'était tourné vers le midi, c'est-à-dire vers le côté opposé, vit, sur la paroi qu'il avait en face, l'ombre des clochers et des arbres qui s'interposait. L'éclat produit par la détonation du météore n'a été entendu dans aucune station ; seulement, à Plaisance, plusieurs personnes, qui étaient loin de l'Observatoire, ont entendu un bruit fort et simultané à l'apparition du météore.

§ 11.

1er août 1871. — Marche lente et accidentée d'un bolide.

M. Coggia a observé, à Marseille, un bolide dont la durée d'apparition est tout à fait extraordinaire. En voici les circonstances :

Ce magnifique bolide rouge-sang a commencé à briller à $10^h 43^m$, temps moyen de Marseille, vers le point situé à peu près au centre du triangle formé par ζ Serpent, θ et η Ophiuchus. Il a pris avec une majestueuse lenteur la direction est, a passé à $10^h 45^m 30^s$ près de μ Sagittaire, et, à $10^h 46^m 35^s$, a presque effleuré Saturne. Sa marche se ralentissait graduellement. Il a passé à $10^h 49^m 50^s$ un peu au-dessous de o Sagittaire, et à $10^h 50^m 40^s$ au sud de l'étoile f de la même constellation.

A $10^h 52^m 30^s$, il est arrivé entre ι et θ Capricorne, où il est resté un moment stationnaire. Changeant ensuite de direction, il a *remonté vers le nord*, laissant à $1^\circ 30'$ environ à l'ouest l'étoile ν Verseau à $57^m 50^s$, et *s'arrêtant de nouveau* à $59^m 30^s$, un peu au sud-ouest de β Verseau. Reprenant, au bout d'un moment, sa marche primitive vers l'est, il a dépassé β Verseau pour s'arrêter de nouveau vers ζ Verseau et *retomber* ensuite, avec assez de rapidité, *perpendiculairement à l'horizon*, allant passer ensuite entre δ et γ Capricorne, et laissant, à l'est, la Lune qui était presque pleine.

l'a perdu de vue un peu au nord de θ Poisson tral, à 11h3m20s.

ion diamètre, qui était d'environ 15 minutes au dét, avait rapidement diminué dès le début, et se ivait n'être plus que de 4 minutes à son approche Saturne. Dans la dernière période, c'est-à-dire qu'il s'est arrêté entre ι et θ Capricorne, il n'avait s que l'éclat apparent de Vénus périgée, éclat qu'il onservé jusqu'au moment où on l'a perdu de vue. sque, après, arrêté près de ζ Verseau, il est reibé perpendiculairement à l'horizon, il laissait apper comme des gouttes incandescentes (*).

I. Le Verrier a fait suivre cette relation des rerques suivantes :

L'observation précédente est assurément des plus ieuses. Consulté par nous, M. Coggia nous a conié sa narration par un télégramme et par une re du 8 août. L'Astronomie trouve surtout remarbles les brusques changements de direction du mére; mais les observations sont en tous points de la s rigoureuse exactitude.

Nous attirons, de notre côté, l'attention sur la gue durée de l'apparition, plus de vingt minutes de ips. Le météore ne peut être lumineux que parce il se meut dans l'air avec une grande vitesse, et lors il éprouve une énorme résistance. Il faut que, iobstant, il ait pu rester suspendu dans l'atmoère *plus de vingt minutes*. Le premier point établi, 'y a lieu de s'étonner d'aucun accident arrivé à la

(*) *Voir* plus loin les observations rétrospectives auxlles a donné lieu l'étude de ce singulier météore.

masse et, en particulier, des changements de direction. Ils résultent de la variation de densité de l'air avec la hauteur, du défaut de symétrie de figure de la météorite, du changement de cette figure par la combustion. Enfin la vitesse du bolide finit nécessairement par s'épuiser, et alors il retombe perpendiculairement à l'horizon, comme l'a vu M. Coggia. »

§ 12.

1er août 1871.

Le même soir (*), M. Lemosy (de Trémont, près Tournus) observa un bolide qui partit, à $10^h 45^m$, d'un point du Ciel situé par Æ = 148°, distance polaire = 34°, non loin de l'étoile ν Grande Ourse. Blanc d'abord et brillant comme Jupiter, il descendit vers l'horizon nord, en décrivant, pendant quatre secondes de temps, une trajectoire légèrement courbe. Il avança en augmentant d'éclat, passa avec *hésitation* au vert-émeraude et devint trois fois et même quatre fois plus éclatant que Vénus. Il laissa après lui une traînée phosphorescente non persistante. Après avoir parcouru la partie orientale de la constellation du Lynx, il s'éteignit, sans fragmentation ni épanouissement de lumière, dans une région du ciel n'offrant aucune étoile visible. Les coordonnées azimutales du point de disparition sont à peu près :

Hauteur = 8°, Azimut = 175°.

(*) Le *Bulletin de l'Association scientifique* donne cette observation comme étant du 1er; les *Comptes rendus* la donnent comme étant du 4. La première date nous paraît la plus probable.

§ 13.

2 août.

Le P. Denza écrit à l'Académie des Sciences qu'un bolide qui a été vu à Genève et à Gênes a été également observé en Piémont, à Mondovi et à Moncalieri. Dans cette dernière station, deux observateurs l'ont vu s'allumer près de δ de la Balance; ensuite il traversa la Vierge, et, passant sous Arcturus, il arriva dans la Chevelure de Bérénice. Voici la projection de la trajectoire : commencement, Æ = 237°, Ⓓ = — 22°; fin, Æ = 180°, Ⓓ = + 26°. Le noyau était plus gros que celui de Jupiter, d'une couleur blanche très-brillante, et suivi par une splendide traînée lumineuse. Sa marche était plutôt lente.

§ 14.

7 août.

Le *Bulletin de l'Association scientifique de France* annonce que M. Parès, membre du Conseil, aujourd'hui retiré à Bordeaux, lui a adressé quelques détails (qu'il ne publie pas) sur un bolide qui, le 7 août, à $8^h 20^m$ du soir, a passé entre la Lyre et le Scorpion.

§ 15.

10 août.

En observant les étoiles filantes du haut du Luxembourg, M. Chapelas remarqua trois bolides dont voici les positions :

	Heure.	Direction.	Æ	Ⓓ		Æ	Ⓓ
Comm.	$10^h 57^m$	Nord-est	247°	33°	Fin.	251°	13°
Comm.	$11^h 12^m$	Est	317	69	Fin.	264	59
Comm.	$1^h 40^m$	Nord-est	16	19	Fin.	340	

Ces trois météores étaient animés d'un mouvement très-rapide. Le dernier était suivi d'une traînée bleuâtre, persistant après la disparition du bolide, et se déformant sensiblement sous l'influence des courants atmosphériques.

Le dernier de ces trois bolides a été observé, sur le chemin de fer de Paris à Versailles, par M. Bazot, qui l'a signalé à l'Académie des Sciences dans une Note dont elle n'a reproduit que le titre.

§ 16.

11 août.

Le 11 août, à Nancy, de même que les 9 et 10 août, les étoiles filantes se montrèrent dans toutes les directions. Entre 10 et 11 heures, deux phénomènes furent observés. Le premier se manifesta à $10^h 18^m$: ce fut une étoile filante d'une grosseur peu commune, qui, partie du nord-est, traversa la constellation de la Girafe, entra dans celle de la Grande Ourse, en coupant le Char entre les étoiles α et β, puis entre β et γ. Elle s'éteignit à la hauteur de l'étoile $\varkappa$ de la même constellation.

Le second phénomène observé est un bolide qui se montra, à $10^h 35^m$, à la hauteur du 140e degré, à la place occupée par l'étoile θ de la Grande Ourse. Venu aussi du nord-est, ce bolide éclata en produisant une vive lueur bleue et en donnant naissance à *trois morceaux,* qui se dirigèrent vers les étoiles μ et λ de la même constellation. Ils furent visibles pendant près de trois secondes.

§ 17.

19 octobre.

Voici une observation curieuse due à M. Chapelas :

La nuit du 19 octobre a été assez remarquable sous le rapport météorique. En effet, par un ciel visible estimé à 0,8, nous avons pu enregistrer un certain

Fig. 2.

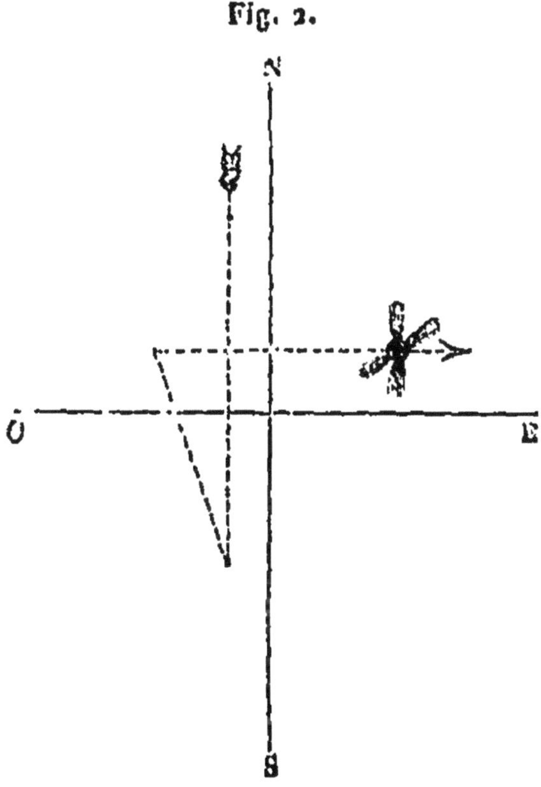

nombre d'étoiles filantes et calculer un nombre horaire moyen égal à 10,3; mais cette apparition est surtout remarquable par les particularités singulières qui ont été offertes par l'un de ces nombreux météores.

A $2^h 45^m$ du matin, deux étoiles filantes partaient

presque simultanément de l'étoile ε des Gémeaux; toutes les deux appartenaient à cette catégorie de météores que nous désignons sous le nom de *nébuleux*, moindres que la 6ᵉ grandeur, et circulant dans des régions fort élevées; la première, conservant cette taille, venait s'éteindre près de κ d'Orion, fournissant une course de 35 degrés, avec une direction nord-sud bien accentuée.

La deuxième marchait d'abord parallèlement, et, arrivée à ce même point, *changea subitement de direction*, se dirigeant sur l'étoile δ du Baudrier d'Orion, c'est-à-dire du sud-sud-est au nord-nord-ouest, en augmentant sensiblement d'éclat; puis, après un léger temps d'*arrêt*, reprenant vivement sa course, mais cette fois de l'ouest à l'est et traversant la constellation de la Licorne, elle vint s'éteindre près de l'étoile δ du Petit Chien.

Dans ce dernier trajet, ce météore, dont la taille augmentait toujours, finit enfin comme une étoile de 1ʳᵉ grandeur extrêmement brillante, en crevant comme une ampoule de laquelle s'échappaient quatre petits jets phosphorescents qui subsistèrent environ trois minutes après la disparition de l'étoile, en suivant également la direction ouest-est.

Ce météore a parcouru 77 degrés, et indique évidemment une trajectoire inclinée vers le sol et tourmentée par les diverses influences atmosphériques qu'elle a rencontrées.

§ 18.

Les *Mondes* du 9 novembre rapportent, mais sans préciser davantage, qu'un aérolithe, pesant 54^{kg},975, est tombé, quelques jours auparavant, le soir à 9 heures, dans la propriété de M. Lepescheur, près de Montereau. Le bolide est arrivé de l'est et a éclaté au-dessus du jardin avec un bruit semblable à un feu de mousqueterie, au milieu d'une très-vive lumière bleue qui a duré quinze secondes environ. Ce bolide est une sorte de sphéroïde de forme assez irrégulière, du reste, et d'aspect noirâtre. Il est rayé de veines bleues assez semblables à l'émail noirci. M. Lepescheur, ajoutent les *Mondes*, se proposait de l'adresser à l'Académie des Sciences.

§ 19.

11 novembre.

Les *Bulletins de l'Académie de Belgique* constatent que, le 11 novembre 1871, M. P. Vertriest, de Somergem (Belgique), a aperçu, vers 8^h40^m du soir, un bolide qui traversait le ciel du nord-est au sud-ouest. Au moment où le météore s'est éteint, il avait une couleur verdâtre. Aucune détonation n'a été entendue.

Ce bolide répandait une lumière aussi vive que celle produite par un éclair, lumière qui dura pendant quatre secondes environ. Sa grandeur apparente était celle d'un œuf de poule (?).

§ 20.

10 décembre. — Aérolithe tombé dans l'île de Java

D'après les renseignements qui ont été recueillis par M. le résident-assistant de Bandong, D. Ples, sur la demande du résident de la régence de Préang, la chute de cet aérolithe a eu lieu le 10 décembre 1871, à 1^h30^m après-midi, aux environs du village de Bandong. Elle a été accompagnée des circonstances ordinaires. A la suite de trois détonations étranges, on a recueilli six pierres qui, incontestablement, avaient été apportées dans ce phénomène. La plus grosse fut rencontrée sur un champ de riz du village Gœmorœh, touchant à la résidence de Bandong; elle avait pénétré obliquement dans le sol, jusqu'à une profondeur de 1 mètre. La deuxième et la troisième, par ordre de grandeur, furent rencontrées dans des rizières, aux environs de Babakan Djattio, à 1500 mètres du village Gignelling, et à peu près à 2200 mètres ($1\frac{1}{2}$ pool) au sud-ouest du village Babakan Djattio, c'est-à-dire à environ 3700 mètres de la première. Les trois principales de ces pierres ont respectivement des poids de 8 kilogrammes, $2^{kg},24$ et $0^{kg},68$, tandis que les trois plus petites ne pèsent ensemble que 150 grammes. La pierre de 2 kilogrammes a été libéralement offerte au Muséum de Paris; sa forme est celle d'un fragment irrégulier, dont les arêtes sont émoussées; la croûte noirâtre qui l'enveloppe complétement est terne. La surface naturelle de cette météorite présente de nombreuses cavités, de dimensions diverses, ayant grossièrement la forme de fragments de sphéroïdes. Ces cavités, ainsi que celles du même genre que l'on remarque si souvent à la surface des météorites, paraissent dues à l'enlèvement d'esquilles de la roche, comme si elles résultaient d'un éclatement produit par l'application d'une chaleur brusque et intense, qui serait survenue avant que la croûte noire, produite lors de l'incandescence dans l'atmosphère, s'étendît à la surface de ce corps. Il paraît naturel d'y voir l'effet d'une décrépitation analogue à celle qu'on a constatée sur des échantillons de quartzite, etc., en dirigeant sur leur surface le dard d'un chalumeau à gaz oxygène et hydrogène.

La cassure fait reconnaître une masse lithoïde dont la teinte générale est d'un gris pâle. Dans cette croûte lithoïde, qui est formée de silicates, on distingue des grains à éclat métallique de trois aspects distincts : les uns, d'un gris de fer, consistent en fer nickelé; d'autres, d'un jaune de bronze, sont du sulfure de fer; d'autres, enfin, noirs, consistent en fer chromé. L'examen d'une plaque mince, vue par transparence au microscope, montre que la partie lithoïde est entièrement cristalline et à grains fins. Cette météorite appartient à la famille la plus répandue (sporadosidères, section des oligosidères).

Sa densité est de 3,519; et voici sa composition :

Fer nickelé	2,81
Sulfure de fer	5,44
Fer chromé	4,41
Péridot	47,26
Augite	20,98
Minéral feldspathique	17,00
Résidu	2,10
	100,00

§ 21.

20 décembre.

M. P. Guyot a observé, à Nancy, à $10^h 28^m$ du soir, un bolide qui s'alluma dans le ciel, près des étoiles ε et δ de Cassiopée; il entra ensuite dans Persée, passa près de θ et α et continua sa course vers les Pléiades en coupant ν de Persée et Algol, et en passant à côté de χ de la même constellation. Ce météore *fit explosion* près des Pléiades, et produisit une vive lumière *verte;* un des fragments du bolide se dirigea vers δ du Taureau, et un autre remonta vers le nord en entrant dans la constellation du Cocher : il disparut près de θ; deux autres fragments descendirent à l'ouest et durent entrer dans la constellation du Bélier.

Ces fragments de bolide ne laissèrent pas de traînée lumineuse derrière eux.

§ 22.

29 décembre.

M. Desgodins, à Metz, rapporte que ce jour, à $5^h 46^m$, il vit un bolide d'un grand éclat. La traînée lumineuse parut passer un peu à droite de $\pi^1 \pi^2 \pi^3$ d'Orion sur β d'Éridan et s'éteindre sur β d'Orion. Pendant une minute qu'on a prêté attention, on n'a entendu aucune détonation. Le bolide n'a pas paru se fragmenter. Le lieu de l'observation, relevé sur la carte de l'État-Major, est situé par 48°59′ de latitude et 4°6′ de longitude est.

Tels sont les bolides de l'année 1871. C'est une véritable mosaïque, dans laquelle les trajectoires, les couleurs, les dimensions, les aspects, etc., offrent la plus singulière variété météorologique et astronomique. Ce n'est pas là la moindre curiosité du musée du système du monde, et l'on peut y puiser des renseignements inattendus sur diverses questions cosmiques.

AÉROLITHES ET BOLIDES DE L'ANNÉE 1872.

§ 1.

1er janvier.

Le premier jour de l'année 1872, M. F. Terby a observé, à Louvain, vers 5h30m du soir, un bolide rouge, de la grandeur de Jupiter, descendant du Cocher vers l'horizon est. L'*Annuaire de l'Académie de Belgique*, qui publie cette observation, ne donne pas d'autres renseignements.

§ 2.

3 janvier.

M. J. Leclerc, professeur au lycée de Nice, aperçut, le 3 janvier, vers 7h20m du soir, un magnifique bolide parcourant le ciel presque dans la direction du nord au sud, inclinant un peu du nord-nord-est au sud-sud-ouest. Il coupa obliquement et à peu près au milieu la ligne qui va de Rigel à Aldébaran. Son éclat était tel, que toute la campagne sembla éclairée par un *immense feu de Bengale bleu*. Sa hauteur paraissait peu considérable. Il dut venir du Cocher, et s'éteignit dans Éridan, en se divisant en plusieurs fragments : on n'entendit aucune explosion.

§ 3.

28 mars.

M. Besson écrit de Strasbourg qu'il a observé à 7h50m, heure de Strasbourg, une étoile filante qui lui a offert une particularité assez singulière. Trajectoire sensiblement rectiligne : apparition près π de Persée et disparition un peu au delà du milieu de la distance de Procyon à Sirius. Durée totale du phénomène : cinq à six secondes ; l'éclat maximum dépassait celui d'une étoile de deuxième grandeur, et le météore laissait derrière lui une légère traînée lumineuse ; mais ce qui a le plus frappé, c'est que l'étoile est restée *complétement* et brusquement *invisible* depuis la portion de sa trajectoire où tombe la perpendiculaire abaissée d'Aldébaran jusqu'aux environs de ζ du Taureau, où elle a repris subitement tout son éclat.

§ 4.

7 avril.

Un grand nombre d'étoiles filantes ont été observées à Mondovi (Italie) dans la nuit du 7 au 8, et parmi elles on eut à remarquer un magnifique bolide, d'un diamètre apparent double de celui de Jupiter, et d'une teinte verdâtre délicate. Il se dirigea vers la constellation du Lion, où il éclata en formant un cercle éblouissant de *lumière violette, émaillée de* nombreux *points rouges* plus brillants ; la grandeur apparente de cette auréole était d'environ 3 degrés. On ne put connaître la route parcourue par ce météore.

§ 5.

11 avril.

Parmi les trente-six météores qu'on observa à Moncalieri dans cette soirée, il y en eut un très-beau à $10^h 37^m$. Son noyau, d'un diamètre égal à celui de Jupiter, était suivi d'un ruban de lumière, lequel, d'abord blanc, devint ensuite bleu-azur. Il s'alluma sur les bords de la constellation du Lynx, par Æ = 125° et Ⓓ = 37°; puis se dirigea majestueusement vers le Cancer et toucha l'étoile σ de cette constellation; il entra ensuite dans le Lion, traversa ε et alla s'éteindre dans l'étoile ρ, après avoir couru pendant environ quatre secondes.

§ 6.

14 avril.

M. Becker, de Strasbourg, signale les particularités présentées par deux étoiles filantes : la première de ces étoiles est restée absolument *stationnaire* à l'endroit où elle a d'abord été aperçue; puis elle a augmenté d'intensité en passant, après une durée de quatre secondes, de l'éclat d'une étoile de quatrième grandeur à celui de la planète Mars, et en présentant au moment de sa disparition une belle couleur rougeâtre.

La seconde s'est avancée en ligne droite sous un angle d'environ 45 degrés avec le plan de l'horizon; elle a ensuite rebroussé chemin dans la direction de la même ligne pour disparaître à l'endroit où elle avait commencé à devenir visible, le tout sans changement d'éclat appréciable, et en n'employant qu'environ deux secondes pour son trajet dans les deux sens.

M. Maingaud, lieutenant-colonel d'artillerie à Angoulême, rapporte que le 14 de ce mois, à peu près à $7^h 57^m$ du soir, heure de Paris, il aperçut un bolide se dirigeant de l'étoile Arcturus du Bouvier vers l'Épi de la Vierge. Le trajet se fit sensiblement en ligne droite; le bolide laissait une traînée d'étincelles derrière lui; il jeta un grand éclat à la fin de sa courbe, qui fut presque instantanée. Il s'éteignit sans qu'on ait pu percevoir aucune explosion.

§ 7.

20 avril.

A 2 heures du matin, dans la nuit du 19 au 20 avril, M. Chapelas, étant à Reims, observa un météore remarquable par les particularités qu'il offrit. Parti de β du Scorpion, il traversa successivement les constellations d'Ophiuchus, du Serpent, et vint finir près de δ de l'Aigle, ayant ainsi parcouru 60 degrés, en rasant l'horizon. Sa direction était du sud vers l'est; il laissa derrière lui une magnifique traînée verdâtre. Quoique de troisième grandeur seulement, ce bolide, par son éclat remarquable, était intéressant à étudier. D'abord d'un beau *blanc*, il prit ensuite une teinte *rouge foncé;* puis, vers le milieu de sa course, faisant une station, il *éclata* en projetant au loin deux fragments également rouges et continua tranquillement sa marche, sans toutefois diminuer d'intensité. Quant à la traînée, elle subsista environ *dix minutes* après la disparition complète du météore; se retirant peu à peu sur elle-même, elle forma en dernier lieu un *petit nuage verdâtre,* qui disparut bientôt, après avoir suivi pendant quelques secondes la direction même du bolide.

La position exacte de ce météore est

Comm. : $\text{Æ} = 238°$, $\text{D} = -20°$; Fin : $\text{Æ} = 289°$, $\text{D} = 3°$.

§ 8.

24 avril.

A Agde, à 8^h25^m du soir, par un temps calme et un ciel sans nuages, au moment où la Lune allait se lever, un bolide s'est soudainement montré dans le Bouvier, près d'Arcturus, mais en dessous.

Il courut de droite à gauche en descendant vers l'horizon par une oblique de 45 degrés environ. Il resta visible sur un espace angulaire de 25 degrés. Sa clarté était très-vive et blanche ; il ne laissa pas de trace lumineuse, mais des *parcelles très-brillantes*, qui s'éteignirent aussitôt, *s'en détachaient* sur sa trace. M. Perris, qui a observé ce bolide, estima sa grosseur au tiers de ce que paraît être la Lune lorsqu'elle passe au méridien.

M. Gérard, directeur de l'École normale du Puy, écrit que, le 24 avril, à 8^h30^m du soir, un peu avant le lever de la Lune, un magnifique bolide se montra du côté du sud, à une hauteur d'environ 30 degrés au-dessus de l'horizon ; il traversa très-rapidement le ciel de l'orient à l'occident, en décrivant un arc assez restreint, et en projetant une clarté comparable à celle de la Lune.

Ce même bolide a été observé, en Italie, à la même heure, à Mondovi et à Moncalieri, où l'on a soigneusement tracé la position de sa trajectoire. On vit le météore s'allumer dans le Cancer, au-dessus de α ; ensuite il traversa l'Hydre, passant entre la tête de cette constellation et Procyon ; enfin le bolide alla s'éteindre dans la Licorne. Voici la position du commencement et de la fin de la trajectoire :

Comm.: Ɑ = 137°, Ɗ = + 17°; Fin : Ɑ = 105°,5, Ɗ = + 9°

Le diamètre apparent du noyau a été estimé, à Moncalieri, à peu près à deux fois celui de Jupiter; à Mondovi le cinquième du diamètre lunaire. Sa clarté était très-vive, de sorte qu'elle éclairait les maisons environnantes.

Le bolide était suivi par une traînée très-brillante. Il marchait très-lentement. Sa couleur était d'abord rouge, ensuite verte, très-délicate.

§ 9.

24 avril.

Un deuxième bolide a été observé, en Piémont, le soir même du 24 avril, à Volpeglino, près de Tortoni, par M. Maggi, directeur de l'Observatoire météorologique. Le météore apparut, à $9^h 54^m$, en temps moyen de Paris, dans l'étoile θ du Cocher et finit sa course à peu de distance de β de Cassiopée. La position apparente de son chemin, dans la sphère céleste, est la suivante :

Comm.: Ɑ = 87°, Ɗ = + 37°; Fin : Ɑ = 351°, Ɗ = + 58°.

Le bolide marchait avec peu de rapidité, et, arrivé à moitié de sa course, c'est-à-dire dans la constellation de la Girafe, *s'arrêta subitement* pendant plus de deux secondes. Sa grosseur apparente était à peu près les deux tiers de ce que paraît être la Lune lorsqu'elle passe au méridien. Le noyau ressemblait à une poire allongée : il était d'une couleur blanc argenté très-vive, avec une longue traînée blanchâtre.

§ 10.

8 juin.

M. l'abbé Trébéden écrit de Nantes qu'à 8^h48^m du soir il aperçut un bolide partant de δ du Serpent et se dirigeant vers le sud-ouest. Un bâtiment élevé a caché ce bolide pendant une partie de sa course. On n'a pu le suivre que durant un parcours de 15 à 20 degrés, pendant un peu plus d'une seconde; comme on le voit, sa marche était assez lente. D'après sa direction, ce bolide a dû couper l'équateur vers 205 degrés d'ascension droite. L'observateur ajoute que, ne l'ayant pas suivi dans la dernière partie de sa course, il n'a pu en marquer l'amplitude ni dire si le météore a éclaté à la fin de son apparition; ce qu'il peut affirmer, c'est qu'il n'a pas vu de traînée derrière lui, ni entendu de détonation; du reste le bolide était brillant. Malgré des nuages au nord-ouest et à l'ouest, le crépuscule éclairait encore assez la voûte céleste pour ne permettre de paraître qu'aux étoiles de première grandeur, Arcturus, Véga, etc., ce qui n'a pas empêché le météore de frapper vivement les regards; il avait la couleur et la grosseur apparente d'une orange.

§ 11.

14 juin.

M. Barnout, observant le ciel de son observatoire de la place Saint-Georges à Paris, remarqua un brillant bolide à 11^h40^m du soir. Voici la description qu'il nous en a envoyée.

C'est dans la constellation du Scorpion, à 5 degrés environ au-dessus d'Antarès, qui était à 10 degrés du méridien, qu'apparut tout à coup ce bolide, blanchâtre, de 6 minutes environ de diamètre, et qui *éclata* aussitôt *comme une fusée.*

Il était suivi d'une traînée de grains pourpre et terminé par une sorte de houppe blanche, d'environ 2 minutes de diamètre.

Le tout n'a occupé sur le ciel qu'un espace d'environ 2 degrés de longueur, ce qui est peut-être la cause de la coloration rouge résultant de la projection en raccourci de la traînée; et, comme le bolide paraissait tomber, c'était l'indice qu'il marchait dans la direction du sud au nord; quant à la durée de l'apparition, elle n'a été que de quelques secondes.

La Lune étant ce jour-là en premier quartier et à une heure encore au-dessus de l'horizon, son éclat n'a pas nui sensiblement à l'intensité du phénomène.

§ 12.

24 juin.

Le *Bulletin de la Société des Sciences, Lettres et Arts* de Pau, mentionne le passage d'un bolide qui, le 24 juin 1872, sur les $8^h 30^m$ du matin, a éclaté avec fracas. Nous n'avons pas d'autres renseignements à l'égard de ce météore.

§ 13.

23 juillet. — Chute d'un aérolithe dans la commune de Lancé, canton de Saint-Amand (Loir-et-Cher).

Cette chute et celle qui est inscrite plus loin sous le § 17 nous offrent certainement les plus grandes curiosités de l'année dans la branche de l'Astronomie qui nous occupe ici.

Le 23 juillet, entre 7 et 11 heures du matin, plusieurs groupes orageux avaient traversé le département d'Indre-et-Loire, et les manifestations électriques avaient atteint une intensité assez considérable dans le canton de l'Ile-Bouchard. A $5^{h}25^{m}$, temps moyen de Tours, le ciel ne présentait plus trace, dans toute l'étendue du département, de nuages orageux; le soleil brillait, à peine voilé de temps en temps par de légers cirro-cumuli ; la brise, qui soufflait, depuis l'orage, du sud-sud-ouest, était complétement tombée, lorsqu'une violente détonation, suivie d'un roulement prolongé, se fit entendre dans la direction du nord-est. Beaucoup de personnes, encore sous l'influence des souvenirs orageux de la matinée, crurent à un coup de tonnerre. M. de Tastes se trouvait alors sur le canal de jonction du Cher à la Loire : dans l'isolement et le silence le plus complet, cette détonation ressemblait à celle d'une pièce de canon de fort calibre, tirant à une distance de 3 kilomètres, et qui aurait été suivie d'un feu roulant de mousqueterie, prolongé pendant trente à quarante secondes. Bien que cette explosion ait produit sur lui un singulier sentiment de constriction dans la région précordiale, sentiment qu'il n'avait jamais éprouvé et qu'il attribuait d'abord à un effet de choc en retour, l'aspect du ciel excluait toute idée de décharge électrique. A Tours, où l'explosion avait été entendue, on parlait d'explosion de poudrière, de mines, de locomotives, et les rumeurs les plus variées circulaient dans le public.

L'explosion avait été entendue dans presque toute l'étendue du département, mais son intensité allait croissant à mesure qu'on s'approchait des limites nord-est du département; les communes de Monthodon, Neuville, Château-Renault, Beaumont-la-Ronce, Dammarie avaient été terrifiées par une explosion épouvantable, faisant trembler le sol et les maisons; on parlait d'un petit nuage de fumée qui s'était produit dans la direction de Saint-Amand (Loir-et-Cher), au moment où le bruit s'était fait entendre. Il s'agissait évidemment de l'explosion d'un bolide. Si le phénomène se fût produit pendant la nuit, il eût été d'une rare magnificence, et les témoins oculaires abonderaient; mais, produit à $5^h 30^m$ du soir, au sein d'une atmosphère éclairée par un beau soleil, il n'a pu frapper qu'un petit nombre d'observateurs, qui, par hasard, avaient dans ce moment leurs regards tournés vers le ciel.

A $5^h 20^m$, un propriétaire cultivateur du canton de l'Ile-Bouchard, M. Mestayer, se trouvant dans la campagne (*voir* la carte ci-jointe au point marqué n° 1), frappé d'un redoublement subit de l'intensité de la lumière, leva les yeux et vit passer au-dessus de lui « une lance de feu se dirigeant avec une vitesse énorme du sud-ouest au nord-est.... Ce météore parut se dédoubler en deux boules du côté de la pointe de la lance; un des globes parut s'incliner et l'autre se redresser; il sembla alors que la flèche lumineuse s'enfonçait dans un nuage du côté de Sainte-Maure.... Je regardai immédiatement à ma montre : il était $5^h 20^m$; la couleur était aurore orangée, un peu plus brillante au moment de la séparation des deux globes. Je ne pensais déjà plus à mon météore, lorsque j'entendis un coup sec, sans écho, dans la direction de Tours. Je pensai que ce pouvait être le bruit de l'explosion du météore; je consultai ma montre : il était 5^h26^m; six minutes s'étaient donc écoulées entre la disparition et le coup sec que je venais d'entendre. »

L'observateur ajoute cette remarque très-judicieuse que l'apparence de lance de feu ou de fusée est due à la persistance des impressions lumineuses sur la rétine, et qu'il s'agit, non d'une lance de feu, mais d'un corps lumineux marchant très-vite. L'effet de la prétendue bifurcation est dû également à une illusion. Il s'agit de deux corps lumineux, très-rapprochés et marchant très-vite : au moment où ils passent au-dessus de l'observateur, il ne distingue qu'un sillon lumineux; mais, lorsqu'ils s'éloignent de lui, leur déplacement angulaire, devenant de moins en moins rapide, arrive à être presque nul, et l'œil peut percevoir les deux objets distants.

Ceci n'est point une supposition purement théorique. L'instituteur de Thilouze (*voir* la carte, au n° 3) a vu distinctement passer dans le sud du bourg deux corps lumineux, *comme deux flammes de chandelle*, marchant parallèlement avec une grande vitesse du sud-ouest au nord-est. Mais voici un témoignage encore plus précis : Le chef d'une importante usine métallurgique de Tours (*voir* la carte, au n° 4), M. Fusciller, étant assis dans un jardin et les yeux fixés par hasard vers le ciel, voit passer au sud de Tours, mais assez près du zénith, deux corps lumineux, marchant parallèlement à une hauteur qu'il évalue à environ 50 mètres, et ayant la forme d'une espèce de bouteille, qu'on pourrait encore comparer aux larmes symboliques des tentures funèbres. Leur couleur est orangée, le sommet tire sur le blanc d'argent. L'observateur évalue leur dimension non apparente, mais absolue, à 2 décimètres de diamètre horizontal dans la partie la plus large sur 4 décimètres de hauteur. Cette appréciation est impossible à faire lorsqu'on voit à une distance inconnue un objet de dimension également inconnue. A Tours, la vitesse du double météore est évidemment ralentie : M. Fusciller l'évalue à celle d'un train express.

Ces témoignages ne laissent aucun doute sur l'existence de deux météores distincts et cheminant parallèlement à une faible distance l'un de l'autre.

En rapprochant les dimensions indiquées de la description donnée par le témoin précédent, on est fortement tenté de conclure que les météores étaient à une faible hauteur au moment où ils ont passé sur Tours, et qu'ils suivaient une trajectoire presque parallèle au plan de l'horizon. Quant à la vitesse moyenne pendant la traversée du département, on peut la déduire approximativement de l'observation de M. Mestayer ; la distance qui sépare le lieu où se trouvait cet observateur du lieu de l'explosion est de 80 kilomètres, et, montre en main, il a compté six minutes entre l'apparition du météore et l'audition du bruit. Ces 360 secondes sont la somme du temps employé par le bolide à parcourir 80 kilomètres et du temps employé par le son à parcourir le même trajet, ce qui fournit la relation

$$360'' = \frac{80,000^{m}}{V} + \frac{80,000}{340}; \quad \text{d'où} \quad V = 640^{m}.$$

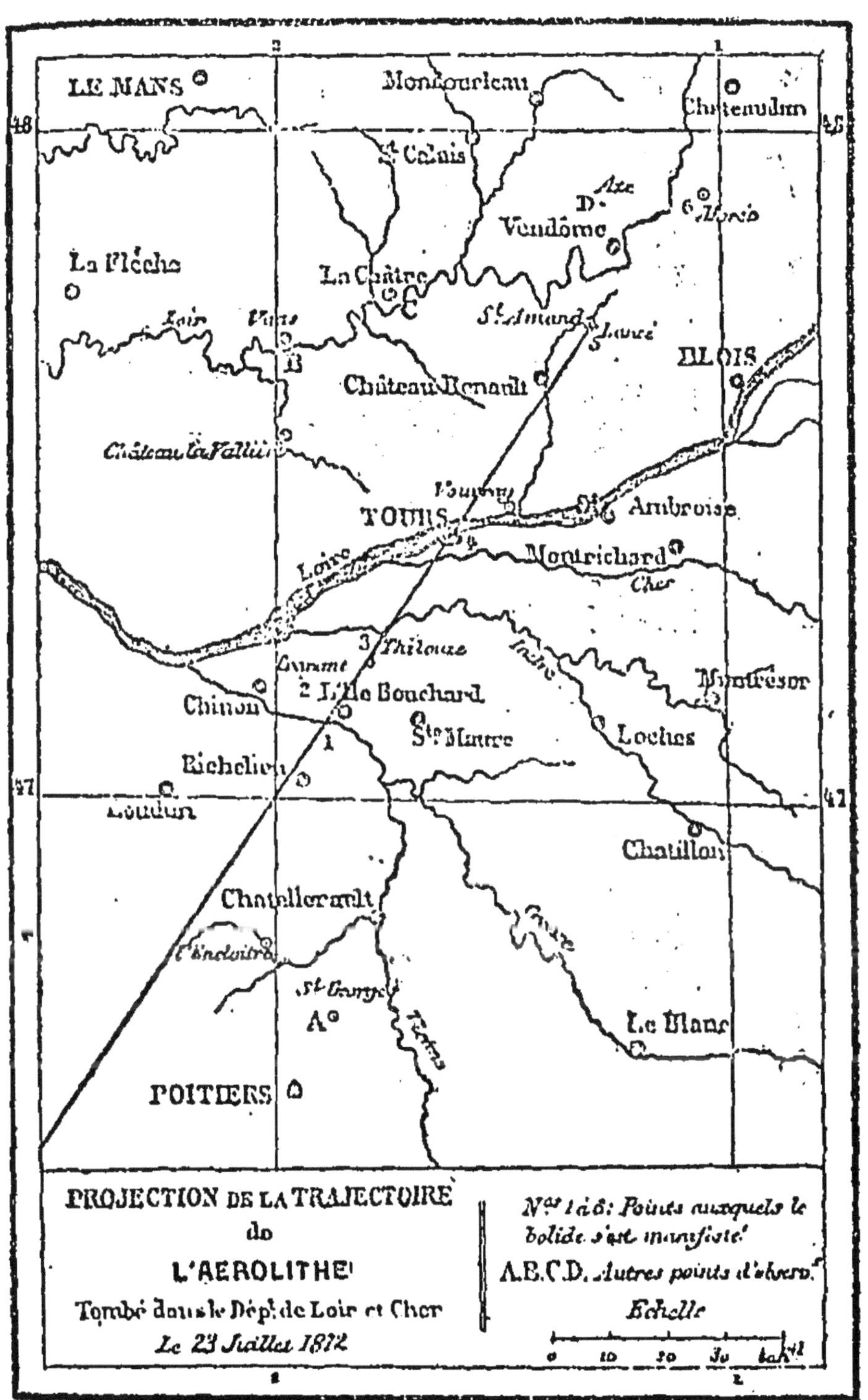
LE MANS
Montdoubleau
Chateaudun
S.t Calais
Vendôme
La Flèche
La Châtre
S.t Amand
Lancé
Loir
Vaas
BLOIS
Château-Renault
TOURS
Amboise
Loire
Montrichard
Cher
Thilouze
Indre
Montrésor
Chinon
L'Ile Bouchard
S.te Maure
Loches
Richelieu
Loudun
Chatillon
Chatellerault
L'Encloître
S.t George
Le Blanc
POITIERS
Creuse
Vienne
PROJECTION DE LA TRAJECTOIRE
de
L'AEROLITHE
Tombé dans le Dép.t de Loir et Cher
Le 23 Juillet 1872
N.os 1 à 6: Points auxquels le bolide s'est manifesté
A.B.C.D. Autres points d'observ.n
Echelle
0 10 20 30 40 K.1

M. Ponton d'Amécourt, secrétaire de la Commission départementale de la Sarthe, écrit que la détonation du bolide a été entendue par un assez grand nombre d'observateurs, notamment par les gardes forestiers de la forêt domaniale de Bercé. Le bolide a été plus particulièrement signalé par deux observateurs. Une Note de M. Tommerat, instituteur à Vaas (*voir* la carte, point B), porte : « Bolide, trajectoire d'ouest à sud-est, a éclaté dans le voisinage, avec une détonation pareille à celle d'une bombe, vers $5^h 30^m$ du soir. » Une Note de M. Lecomte, instituteur à la Châtre-sur-Loir (point C), porte : « Le 23, à $5^h 20^m$ du soir, on entend un coup sec, semblable à l'explosion d'une mine, suivi pendant une ou deux minutes d'un roulement semblable à celui du tonnerre. Le ciel n'était couvert que par parties de petits nuages élevés. Quatre de mes élèves ont aperçu un aérolithe se dirigeant vers le sud-sud-est et passant à une distance assez peu éloignée du zénith. »

Le même bolide s'est manifesté dans le département de la Vienne, ainsi qu'il résulte d'une lettre de M. Joly. L'observateur était placé à Chincé, commune de Jaulnay, canton de Saint-Georges (*voir* la carte, point A), département de la Vienne. Deux fortes détonations venant du côté de Châtellerault furent suivies d'un sifflement semblable à celui d'un projectile fendant l'air avec vitesse, et qui aurait suivi la direction de la Vienne. Mais, le corps changeant de direction, avec la rapidité de l'éclair, fila vers Saint-Georges, en imitant le bruit d'une machine à battre qui aurait fonctionné avec précipitation dans les nues. Cela dura environ trois à quatre minutes, après quoi le bruit sembla descendre perpendiculairement et avec une grande rapidité vers la terre, en faisant entendre, à s'y méprendre, *le tintement de plusieurs cloches*, et l'on entendit une lourde chute, comme celle que pourrait produire une forte pierre lancée d'une hauteur prodigieuse. Toutes les personnes qui ont entendu ce bruit sont parfaitement d'accord (et même d'une manière extraordinaire) sur le point de la chute, qu'elles disent s'être produit au lieu dit *la Cure*, commune de Chincé, à l'ouest-sud-ouest de Saint-Georges. Cependant, malgré toutes les recherches, on n'a pu y rien découvrir.

On remarquera que, pour ces observations, le mouvement paraissait dirigé de l'est-nord-est vers l'ouest-sud-ouest, au lieu du mouvement d'ouest-sud-ouest vers est-nord-est, qui avait été constaté plus au nord, comme si deux corps partis d'un même point situé entre Saint-Georges et Tours s'étaient mus en sens opposé.

M. Faucheux, à Morée [Loir-et-Cher (n° 6 de la carte)], écrit de son côté que, le 23 juillet, vers 5^h30^m du soir, après une journée orageuse, une détonation suivie d'un roulement qui a duré au moins une minute, et assez semblable au bruit du canon ou de la fusillade, se fit entendre : c'était l'aérolithe qui éclatait à Lancé; à 30 kilomètres sud-sud-ouest de Morée, 12 kilomètres sud-sud-ouest de Vendôme et 38 kilomètres nord-nord-est de Tours.

Ces relations ne s'accordent pas aussi bien qu'on le désirerait, et la direction du météore elle-même semble avoir été différente pour les divers observateurs. Il est probable que l'astéroïde, arrivé des profondeurs de l'espace, *s'est brisé en plusieurs fragments qui ont suivi des directions différentes*. Les observateurs de la Sarthe ont vu un météore se dirigeant du sud à l'est ou du nord-ouest au sud-est, et passant presque à leur zénith. Dans le département de la Vienne, on ne l'a qu'entendu, et le son paraissait provenir d'un corps courant vers l'ouest-sud-ouest. Un autre témoignage moins circonstancié encore prétend qu'un globe de feu est tombé dans la Loire, devant Roche-Corbon. Quoi qu'il en soit des fragments qui n'ont pas été retrouvés, on a déterré, sur le territoire de *Lancé*, canton de Saint-Amand (Loir-et-Cher), un aérolithe d'un poids de 47 kilogrammes qui s'était enfoncé à la profondeur de $1^{m},60$, et, dans le territoire d'Authon, même canton, un second fragment du poids de 250 grammes. Nous avons tracé sur la carte précédente la route probable de l'aérolithe principal; mais il est probable qu'il y a eu d'autres fragments sur d'autres directions.

L'aérolithe de Lancé est tombé dans un champ où se trouvaient un berger et un laboureur, à 15 mètres du berger. Au moment de la détonation, celui-ci a été renversé par la commotion, mais n'a éprouvé aucun mal. L'aérolithe a été *extrait de la terre* par M. Bruneau, instituteur à Saint-Amand, qui nous a donné les détails suivants, dans une *lettre datée du 1er août* 1872:

« Cet aérolithe est tombé, le 23 juillet dernier, à $5^{h}30^{m}$ du soir à l'extrémité de la commune de Lancé, à environ 4 kilomètres de ce bourg, 2 kilomètres de Saint-Gourgon et 5 kilomètres de Saint-Amand, dans un terrain argileux, une seconde ou deux après deux fortes détonations qui se sont fait entendre dans les airs à environ deux secondes d'intervalle.

» Ces détonations furent suivies, pendant cinq à six minutes, d'un sifflement pareil à celui que fait un train de chemin de fer. Les détonations et le sifflement ont été entendus à une immense distance. Je ne puis affirmer que le sifflement se soit entendu aussi loin que les détonations, qui ont été entendues à Tours et à Châteaudun.

» Au moment de la chute de l'aérolithe le temps était clair et très-calme. Quelques personnes ont remarqué, en regardant le ciel après l'audition des détonations, un sillon jaunâtre dans le ciel. Cette chute a été entendue par quelques personnes qui se trouvaient à plusieurs centaines de mètres du lieu où elle s'est opérée. Elles ont été effrayées, mais n'ont ressenti aucune commotion; elles n'ont rien vu, sinon une femme qui dit avoir vu une colonne de vapeur s'élever au lieu de la chute. Dans tous les pays où se sont fait entendre les détonations on les attribuait à l'explosion d'une locomotive ou d'une poudrière.

» L'aérolithe, pesant 47 kilogrammes, s'est enfoncé en terre presque perpendiculairement, à une profondeur de *un mètre soixante centimètres*, en pratiquant un trou de sa dimension, qui est de $0^m,38$ sur $0^m,28$. L'épaisseur du bolide est de $0^m,23$ au milieu et de $0^m,19$ à chaque bout. Sa surface est lisse, sa couleur est noirâtre.

» Un petit morceau d'aérolithe de la grosseur du poing est tombé à Authon, canton de Saint-Amand. Ce morceau a été emporté hier à Paris, par M. Daubrée.

» On a de fortes présomptions que d'autres fragments sont tombés dans les environs; mais jusqu'ici on n'a trouvé que celui d'Authon. »

La seconde météorite a été trouvée dans les circonstances suivantes :

Supposant, d'après la violence du bruit qui s'était fait entendre le 23 dans cette localité, que le météore lumineux devait aussi y avoir apporté quelque chose, un habitant du pays, explorant le sol quelques jours plus tard, remarqua une petite cavité qui appela son attention, bien qu'elle n'eût guère que 1 décimètre de diamètre. En fouillant cette cavité, il eut la satisfaction d'y découvrir une pierre noire, dont il reconnut immédiatement la ressemblance avec la météorite de Lancé, qu'il avait vue.

Le point où cette seconde météorite a été trouvée est situé à environ 12 kilomètres au sud-ouest de celui où est tombée la première. Ces deux points jalonnent la direction de la trajectoire du bolide.

En comparant la situation des deux points dont il s'agit avec le sens du mouvement du bolide, on voit que la plus petite est tombée la première. Cette circonstance, probablement produite par l'inégale résistance que l'air opposait à ces projectiles, est tout à fait d'accord avec ce qu'on a observé dans des chutes antérieures. Ainsi, dans celle qui a eu lieu le 14 mars 1864 aux environs d'Orgueil (Tarn-et-Garonne), la plus grosse, du poids de 2 kilogrammes, était à l'extrémité orientale d'un ovale de 20 kilomètres de longueur sur 4 de largeur, qui s'étendait dans la direction de l'est à l'ouest, tandis que les plus petites, dont quelques-unés ne pesaient que 15 grammes, étaient à l'extrémité occidentale, et se trouvaient, par conséquent, à l'arrière.

Les deux météorites se sont enfoncées dans un sol formé d'argile et de marne. Bien que leur trajectoire, lors de son apparition, parût très-peu inclinée sur l'horizon, elle est devenue à très-peu près verticale à son extrémité, comme on le reconnaît d'après la disposition droite du cylindre qu'elles ont creusé, sur un diamètre égal au leur.

Quant à la profondeur de chacun de ces cylindres, elle était de $1^m,60$ pour la grosse météorite, et seulement de $0^m,50$ pour la petite. Si l'on tient compte de la faible dureté du sol, ces profondeurs peuvent, à la manière de dynamomètres, donner une idée de la vitesse, considérablement atténuée, dont ces masses étaient animées, au moment où elles atteignirent le sol. La grosse météorite, dont la forme est celle d'un sphéroïde tronqué, reposait au fond de la cavité, sur sa surface ronde, la partie la plus large tournée vers le sud-ouest, c'est-à-dire à l'arrière.

L'aérolithe est entouré, comme d'habitude, d'une croûte produite par l'incandescence et la fusion superficielle qu'il a éprouvées en pénétrant dans l'atmosphère. Cette croûte, d'un aspect mat, n'a pas la même disposition sur toute l'étendue de la météorite; tandis que sur les parties planes elle est rugueuse et cloisonnée, elle est comparativement unie sur la surface arrondie. Cette différence est probablement en rapport avec la position qu'occupait le projectile au moment où la fritte s'est produite; l'air aura uni les surfaces arrondies qui le choquaient et qu'il frottait avec une grande intensité, comme l'aurait fait un balai, sans agir de la même manière sur la partie située à l'arrière.

La cassure se distingue de celle du plus grand nombre des météorites par une teinte d'un gris très-foncé, presque noir, rappelant celle de certains basaltes. Elle montre une structure globulaire et des grains sphéroïdaux dont le diamètre ne dépasse pas 1 millimètre.

Sur ce fond sombre, terne et rude au toucher, on voit briller d'assez nombreux grains hyalins, la plupart incolores, quelques-uns d'un vert jaunâtre. Çà et là on remarque aussi des parties d'un éclat métallique, d'un jaune de bronze, comme le protosulfure de fer; mais ce n'est qu'après que la substance a été polie qu'on y voit apparaître d'autres grains métalliques, d'un gris de fer, et dont le diamètre atteint rarement $\frac{1}{2}$ millimètre. Quand on cherche à triturer la substance, les mêmes grains résistent en se réduisant en lamelles, à raison de leur malléabilité.

Dans une plaque mince et transparente de la roche météorique, que l'on soumet à l'examen du microscope, on voit que les nombreux grains hyalins dont il vient d'être question sont très-fendillés et qu'ils agissent fortement sur la lumière polarisée. Leurs contours sont tantôt anguleux et irréguliers, tantôt arrondis. Ces grains sont engagés dans une pâte opaque, et l'ensemble ressemble plutôt à une roche bréchiforme à grains fins qu'à une roche cristalline vierge.

La densité de la substance a été trouvée de 3,80.

Traitée par l'eau, la substance abandonne du *chlorure*

de sodium; ce sel s'y trouve dans la proportion de 0,012.

Le chlorure de sodium se trouve très-fréquemment dans l'écorce terrestre et, par suite, dans les eaux d'infiltration; on pourrait, au premier abord, soupçonner celui que l'on rencontre dans la météorite de Lancé d'avoir été absorbé par elle dans la cavité où elle a séjourné pendant trois jours; mais ce qui s'oppose à cette manière de voir, c'est que le sol argileux où la météorite a pénétré était alors sec. D'ailleurs la croûte frittée était de nature à préserver d'une infiltration la partie centrale, dont provient l'échantillon examiné. Enfin, ce qui paraît lever toute espèce de doute à cet égard, c'est l'absence d'autres sels, et notamment de sels de chaux. De même que le chlorure de calcium de la météorite d'Ovifak est d'origine extraterrestre, de même le chlorure de sodium paraît avoir fait partie intégrante de la météorite de Lancé, au moment où elle a échoué sur notre sol.

Voici, du reste, les résultats généraux de l'analyse :

Fer libre allié de nickel et de cobalt			7,81
Fer et autres métaux alliés au soufre	9,09	protosulfures.	14,28
Soufre combiné	5,19		
Silicates attaquables ou péridot.	Silice	17,20	42,42
	Magnésie	13,84	
	Protoxyde de fer	11,33	
	Protoxyde de manganèse	0,05	
Partie inattaquable			33,44
Chlorure de sodium			0,12
Eau hygrométrique			1,24
Résidu			0,69
			100,00

En résumé, à part les espèces très-habituelles aux météorites, le fer nickélé, le protosulfure de fer ou troïlite, le péridot et un silicate inattaquable, la météorite de Lancé contient du chlorure de sodium en petite quantité.

Par son aspect, cette météorite rappelle la météorite tombée le 11 juillet 1868 à Ornans (Doubs) ; mais elle en diffère beaucoup, particulièrement par l'absence d'oxyde de fer libre. Divers caractères la distinguent également des météorites noires de Rutlam (Indes orientales) et de Tadjera près Sétif (Algérie). Elle nous a apporté, comme on le voit, *du sel des autres mondes*. Nous avions déjà du *charbon* apporté par l'aérolithe d'Orgueil.

§ 14.

10 août.

M. Ch. Nadot a observé à Dijon, à $3^h 27^m 10^s$ (heure de Dijon) du matin, un point lumineux d'un éclat supérieur à celui d'une étoile de première grandeur, apparu dans le ciel au sud du carré de Pégase, dans le voisinage de l'équateur céleste. Il s'épanouit presque immédiatement en une tache brillante de forme circulaire, dont le diamètre maximum fut d'environ 25 minutes : la lueur fut alors si vive, que le ciel parut illuminé comme par un éclair; puis tout s'éteignit rapidement. On évalue à une seconde le temps qui s'est écoulé entre l'instant où le point lumineux a commencé à s'épanouir et celui où il a disparu complétement; mais, circonstance singulière, on n'a pu constater pendant cet intervalle *aucun mouvement* de translation. D'après l'allure du phénomène, qui a présenté tous les caractères d'une explosion, on doit l'attribuer, selon toute vraisemblance, à un bolide qui aurait pénétré dans notre atmosphère, en suivant une trajectoire voisine du rayon visuel, ce qui expliquerait son immobilité apparente, et qui aurait éclaté à une hauteur considérable. Sa position était :

$$\text{Æ} = 349°; \quad \mathcal{D} = 100°.$$

§ 15.

10 août (n° 2).

Dans la soirée du même jour, à $11^h 8^m$, un autre bolide a été observé en Italie, à Rome, Naples, Palerme et Velletri.

Voici les coordonnées de ce météore dans les stations principales :

		Æ	$\mathcal{D}$
Au moment de l'ascension :	Rome......	$23^h 20^m$	$-23°$
	Naples.....	0.20	+ 2
	Palerme...	3.40	+51
Coordonnées à l'extinction :	Rome......	0.30	− 5
	Naples.....	22.40	+41
	Palerme...	7.30	+57

L'extinction de Palerme est douteuse, car le météore se cacha derrière la montagne Pellegrino. La hauteur de ce bolide serait, d'après un calcul approché du P. Ferrari, d'environ 76 *kilomètres*, et sa vitesse de 10 kilomètres par seconde.

§ 16.

23 août.

M. Fasci, professeur d'Hydrographie à Nice, a observé, le 23 août, à 10^h45^m de Paris, une très-belle étoile filante d'un beau bleu, sans traînée, de beaucoup au-dessus de la première grandeur des étoiles; course lente de 20 degrés dans *cinq secondes* environ. Le ciel était brumeux; elle a dû passer dans les brumes, et a disparu à l'ouest du château de Nice sans s'être éteinte. Voici les coordonnées : Comm. : Æ = 260°, D = 77°, un peu à l'ouest de α d'Ophiuchus. Fin : Æ = 245°, D = 83°, près de α du Serpent.

§ 17.

31 août. — Bolides et aérolithes tombés dans la campagne romaine. — Singulières circonstances.

Le 31 août, au matin, à 5^h15^m, temps moyen de Rome, un quart d'heure avant le lever du Soleil, un globe de flamme très-vif et un peu rougeâtre apparut sur l'horizon vers le sud-sud-ouest, et se dirigeant vers le nord-nord-est. Il marchait d'abord lentement, mais sa marche s'accéléra rapidement. Il laissait derrière lui une traînée lumineuse semblable à une fumée ou à un nuage éclairé par le soleil, lequel cependant n'était pas encore levé. Arrivé près du point culminant du lieu, à l'est-nord-est de Rome, la flamme se dilata, prit l'aspect d'un cône ayant sa base arrondie en avant, s'éclaira vivement et disparut en lançant de petites lignes enflammées.

Quelques minutes après, une détonation *épouvan-*

table se fit entendre, qui fit trembler en plusieurs lieux les maisons et les vitres. Cette détonation était sourde, différente de celle du tonnerre, et ressemblait à l'explosion d'une mine ou d'une poudrière. Elle fut suivie d'un roulement semblable à un feu de file renforcé par deux forts contre-coups (*).

La ligne parcourue par le bolide s'étendit depuis la mer jusqu'à la Sabine (100 kilomètres); elle n'était pas dans un plan vertical, au-dessus de Rome, mais inclinée vers le levant. D'après le temps écoulé entre l'inflammation et la détonation, en supposant qu'il ait été en moyenne de trois minutes, la distance du point de l'explosion aurait été de 60 kilomètres. Venu de la mer au-dessus de Terracine, il passa sur le mont Leano, sur Piperno, sur les monts Lupone, sur Montefortino, continua sa marche dans la direction de Palestrina, qu'il traversa près du zénith, et se porta vers Tivoli, pour finir au nord-est du mont Gennaro (*voir* la carte ci-dessous). A Castelnuovo, entre Torricella et Nazzano, le bolide a été vu du côté sud-est, c'est-à-dire au-dessus des montagnes appelées Couronne de l'Elce. Il était splendide, et, lorsqu'on le vit disparaître, on entendit une violente explosion qui épouvanta les habitants, et leur fit croire que *la voûte du ciel s'écroulait*. Le bruit

(*) Le son formé par l'approche des aérolithes est bien différent suivant les cas. Ainsi nous voyons, dans les *Comptes rendus* du 10 février 1873, qu'avant la chute de l'aérolithe qui tomba à Beuste (Basses-Pyrénées), en 1859, on entendit pendant un quart d'heure des sons très-agréables ressemblant à ceux d'une musique lointaine! *Voir* aussi plus haut, p. 117.

ayant cessé, on vit à la place du bolide un petit nuage de couleur blanchâtre, qui dura plusieurs minutes.

M. Tacchini a calculé les hauteurs diverses du bolide et l'inclinaison de sa trajectoire. La hauteur à laquelle *on a commencé à voir* le météore correspondrait à 30 degrés environ; par conséquent, en admettant que le bolide fût alors au-dessus de Rome, il en résulterait que sa hauteur aurait été égale à 184 kilomètres environ. Le bolide n'a point passé sur Rome, mais dans la direction du sud-sud-ouest au nord-nord-est, et il a été vu de la maison des PP. Philippins à une hauteur d'environ 30 degrés au-dessus de l'horizon, à 60 degrés du zénith, à quelques degrés vers le sud, comme il résulte de la mesure qu'on en a prise, avec un quart de cercle. Sa hauteur au-dessus de Terracine était 49000 mètres. Une autre mesure très-exacte a été prise alors que le météore traversait Paliano dans la direction précise de l'occident : cette mesure a donné 15 degrés ou 25000 mètres. Trois observateurs l'ont vu tout à leur aise, étant sur le point d'ouvrir la chasse à peu de distance d'un lieu appelé *Tortre Teste*, à trois milles de Rome vers l'est. Ils rapportent, entre autres phénomènes, qu'ayant pris le bolide pour mire avec leur fusil, il n'était pas à plus de 40 degrés de hauteur au-dessus de l'horizon. Cet angle nous donne précisément, pour la hauteur de la verticale vers le point de la deuxième explosion, 17 kilomètres environ au delà de Palestrina. Cette valeur, jointe à la précédente, nous donne l'*inclinaison* de la trajectoire qui, prolongée jusqu'à la surface de la Terre, vient précisément se terminer un peu au delà d'Orvinio et confirmer ainsi le résultat des observations précédentes.

Une question qui n'a pas une moins grande importance est celle qui regarde la vitesse du bolide, non-seulement après son entrée dans l'atmosphère, mais encore dans l'espace, tant la vitesse *absolue* que la vitesse *relative* à celle de la Terre. Ce qui a été dit jusqu'ici fournit des données suffisantes pour faire ici une application pratique de la théorie de M. Schiaparelli telle qu'elle est donnée dans ses *Notes et réflexions sur la théorie des étoiles filantes*.

Appliquant cette méthode, le P. Ferrari, du Collége romain, a trouvé, pour la vitesse moyenne du météore,

$$V = 29261 \text{ mètres}$$

et, pour la vitesse accrue par l'attraction de la masse de la Terre,

$$W = 59539.$$

Cette énorme vitesse, qu'il avait au moment de son entrée dans l'atmosphère terrestre, nous donnera facilement la raison des diverses conséquences qu'on peut tirer très-approximativement, et sur la chaleur qu'il a développée, et sur sa masse, dont on n'a pu recueillir que très-peu de fragments. Voyons ce qui regarde la chaleur.

Le comte de Saint-Robert, en associant les lois et les formules de la Balistique à la théorie de M. Schiaparelli, démontre que, si un bolide entre dans l'atmosphère avec la vitesse minima de 16 kilomètres par seconde, lorsqu'il arrive à un point où la pression atmosphérique est de 12 millimètres, il a déjà perdu $\frac{10}{11}$ de sa vitesse et $\frac{120}{121}$ de sa force vive. Avec la vitesse maxima de 72 kilomètres, sous la même pression, il aurait perdu $\frac{50}{51}$ de sa vitesse et $\frac{2632}{2633}$ de sa force vive. Il ne faut donc pas être étonné de l'énorme quantité de chaleur que ces corps peuvent développer dans leur chute, et c'est pour cela que la plus grande partie se dissout et se volatilise avant d'arriver sur le sol.

En prenant pour la chaleur spécifique de l'aérolithe la valeur de 0,22, qui ne s'éloigne pas beaucoup de la vérité, on trouve pour l'augmentation de la température, en degrés centésimaux, la valeur de 1926921 degrés C. Il est évident que la millième partie seulement de cette valeur est plus que suffisante pour expliquer les phénomènes de chaleur et de lumière, les explosions et même la dispersion totale de masses énormes.

Nous avons vu précédemment l'énorme quantité de chaleur développée par la météorite à mesure qu'elle pénétrait davantage dans l'atmosphère et s'approchait du point de sa chute; aussi, étant arrivée à une certaine proximité de la Terre, fit-elle explosion avec un horrible fracas en se divisant en très-petits morceaux. Outre l'explosion finale, il y a eu deux autres explosions partielles qui, rapprochées l'une de l'autre et jointes à l'explosion finale, ont produit un tel fracas qu'elles ont imité exactement le feu de mousqueterie et l'explosion de pétards. Les explosions ont été entendues d'Ischia, éloigné de 49 kilomètres.

D'après les données géométriques déjà établies de la direction et de la trajectoire, il résulte que la seconde explosion se trouvait à la hauteur d'environ 17 kilomètres.

Continuant de suivre l'inclinaison de sa trajectoire, l'aérolithe est arrivé dans le voisinage du sol au-dessus

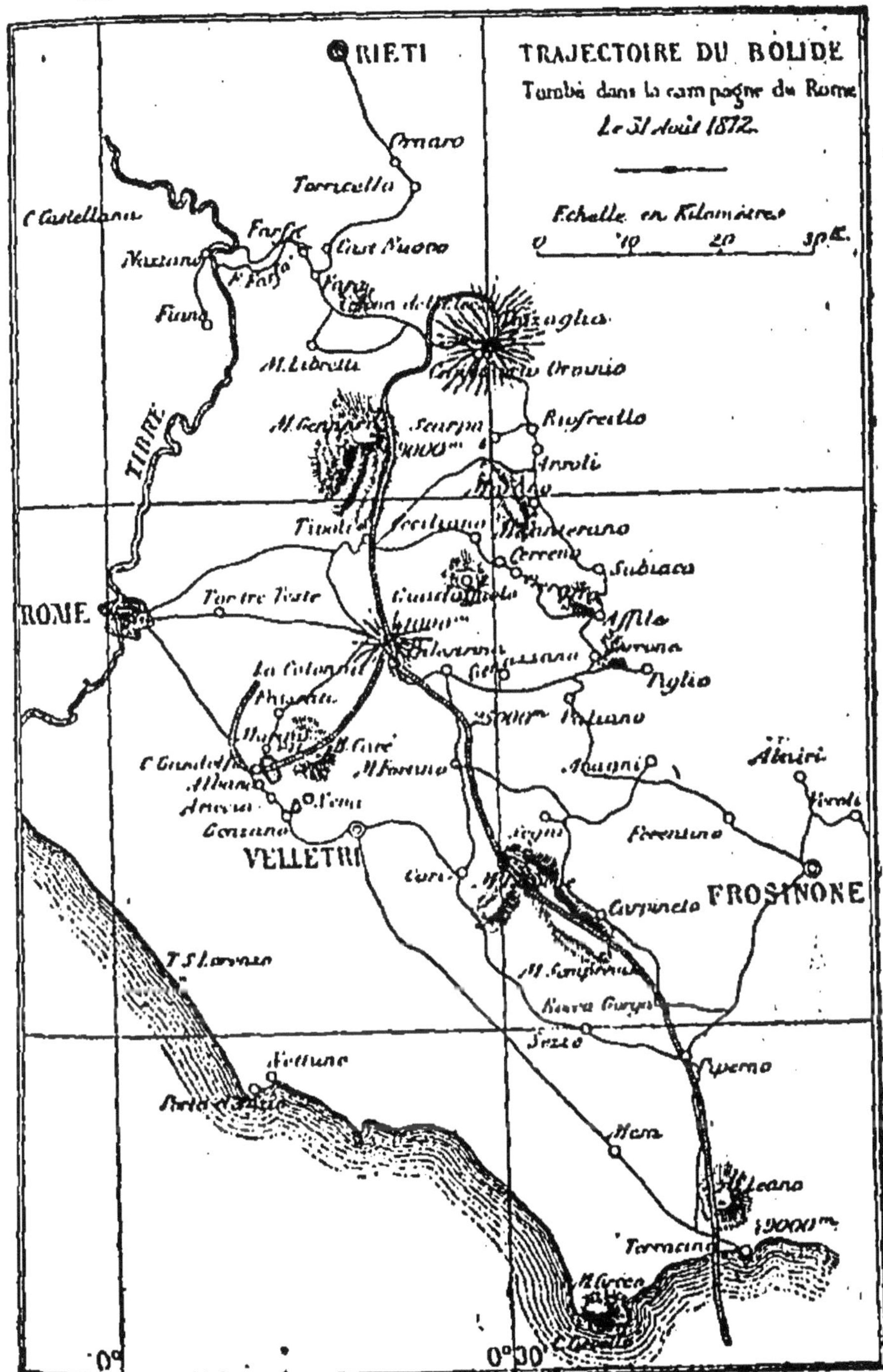
TRAJECTOIRE DU BOLIDE
Tombé dans la campagne de Rome
Le 31 Août 1872.
Echelle en Kilomètres
0 10 20 30 K.
RIETI
Ornaro
Torricella
C. Castellana
Farfa
Cast Nuovo
Fiano
M. Libretti
Orvinio
Riofreddo
Arsoli
TIBRE
Tivoli
Subiaco
Affile
ROME
Tor tre Teste
Tiglio
Paliano
Anagni
Alatri
C. Gandolfo
Albano
Ariccia
Genzano
VELLETRI
Segni
Ferentino
FROSINONE
Carpineto
T. S. Lorenzo
M. Semprevisa
Sezze
Piperno
Nettuno
Terracina
M. Circeo
C. Circello
0°
0°30'

d'Orvinio, et là, à une hauteur de quelques centaines de mètres, il éclata. De tous les fragments dans lesquels s'est divisé le bolide, on n'a pu recueillir qu'un bien petit nombre, malgré son énorme masse. On ne doit pas en être étonné, si l'on considère sa chaleur énorme, laquelle, outre qu'elle a volatilisé une bonne portion de la masse, métallique en grande partie, pendant la durée de son trajet à travers l'atmosphère, et produit deux premières explosions partielles, a dû en produire, au moment de la chute, une multitude d'autres partielles, au point de les faire durer au moins cinq minutes et de réduire ainsi le météore en morceaux très-petits, les lançant à des distances énormes et dans des lieux inhabités et montagneux.

Les deux fragments les plus volumineux ont été achetés par M. de Rossi; le premier pèse 1242gr,5, le second 432 grammes; ils ont été recueillis l'un près de l'autre à environ $1\frac{1}{2}$ kilomètre d'Orvinio, avec trois ou quatre autres fragments dont on n'a pas eu de nouvelles; l'autre, qui contient un filon cristallin, a été trouvé à $2\frac{1}{2}$ kilomètres d'Orvinio, sur le chemin de Pozzaglia. Ils ont été l'objet d'études spéciales sous le rapport minéralogique et géologique de la part de M. de Rossi et de M. Bellucci, de Pérouse. Un troisième fragment (qui vient peut-être de la deuxième explosion), est tombé à 2 kilomètres à l'est de Gennaro; enfin un quatrième fragment est conservé à l'Observatoire du Collége romain. Il est entièrement recouvert d'une pellicule ou croûte noirâtre et opaque d'une épaisseur d'environ $\frac{1}{2}$ millimètre; c'est la pellicule qui recouvre généralement tous les aérolithes, et qui est évidemment produite par la fusion ou vitrification superficielle que la pierre a éprouvée dans un intervalle de temps très-court. Son volume est de 24^{cc},10 et son poids de 90^{gr},90. Il appartient au groupe des sporadosidères, qui sont formés d'une pâte pierreuse dans laquelle le fer est disséminé en *petits grains* et en *paillettes*. En outre, il semble appartenir aux oligosidères, qui forment le type commun des aérolithes. Son aspect est pierreux, et les quatre petites cassures produites par les bonds qu'il a faits dans la chute sont âpres au toucher et d'un gris foncé. Voici le résultat de son analyse :

Silice	46,72
Alumine	16,84
Magnésium	1,97
Fer métallique	25,59
Fer oxydé	4,82
Soufre	2,24
Nickel	1,37
Résidu	0,45
	100,00

On y a trouvé aussi quelques traces de cobalt, de chaux, de chrome, de chlorure de sodium, de potassium, de manganèse, d'arsenic et de phosphore.

Sa densité est de 3,731.

Après avoir recueilli toutes les données précédentes, le P. Ferrari a cherché à calculer le volume et la masse totale de l'aérolithe avant que, parvenu aux couches inférieures de l'atmosphère, il se soit divisé, comme nous l'avons vu, en morceaux très-petits. M. Schiaparelli remarque à ce sujet que, quand il s'agit d'étoiles filantes et de bolides qui ont une vitesse relative de 60 kilomètres par seconde, comme dans le courant météorique du mois d'août, et de 70, comme dans celui de novembre, l'atmosphère, leur opposant un obstacle insurmontable, est cause que les unes et les autres se brisent et se dissolvent à des hauteurs énormes ; il ajoute que *des morceaux d'une grandeur véritablement énorme pourraient arriver jusqu'à nous.*

Pour l'aérolithe du 31 août, la vitesse relative, jointe à l'accélération produite par l'attraction terrestre, était de 59 539 mètres par seconde, c'est-à-dire à peu près égale à la vitesse des étoiles filantes du 10 du même mois ; il s'ensuit donc que c'est seulement à cause de sa *grosseur extraordinaire* qu'il a pu arriver à la surface de la Terre, se briser alors et se diviser en une multitude de morceaux.

M. Giovanni Zandotti, propriétaire très-instruit, sortant le matin du 31 août d'un hameau près de Tor-San-Lorenzo, sur le littoral d'Ardée, non loin de Porto-d'Anzio, déclara, avec une très-grande assurance, que, se trouvant en plein air avec quelques compagnons attendant les cultivateurs, entre $3^h 30^m$ et $3^h 45^m$ du matin, il vit avec eux sur la mer, dans une direction perpendiculaire à la côte, à une hauteur de 30 à 40 degrés, une masse lumineuse comme un feu allumé, circulaire, d'un diamètre peu inférieur à celui de la Lune, mal déterminée dans son contour, et qui lui paraissait *immobile*. Il remarqua que ce feu était tout différent de celui des bâtiments, surtout en raison de sa hauteur. Ils furent tous frappés d'étonnement à la vue de ce phénomène, et ils s'en entretinrent en retournant au hameau. Vers $5^{h}15^{m}$, en s'éloignant davantage de la côte, ils virent aussi l'aérolithe dont nous nous occupons dans la direction des monts Lazialli, et ils entendirent les explosions et les roulements successifs. Réfléchissant alors à ce feu qu'ils avaient vu le matin, M. Zandotti observa avec surprise que le point de son apparition correspondait exactement au prolongement de la longue traînée *à festons* que l'aérolithe laissait derrière lui, et il pensa que ce pouvait être le même que lui et ses compagnons avaient vu bien auparavant, et qu'il ne serait alors devenu visible que parce qu'il était éclairé par le Soleil.

Le P. Secchi, en en rendant compte à l'Académie des Sciences de Paris, ajoutait que « cette observation conduirait à faire supposer que cette masse aurait été *comme une comète* qui se serait trop approchée de la Terre. » Dans ce cas, on n'aurait besoin que d'avoir recours à l'hypothèse très-simple d'une atmosphère gazeuse qui aurait environné l'aérolithe, laquelle se serait dissoute et serait devenue invisible au moment de l'entrée dans l'atmosphère terrestre, en se mélangeant à l'air, ou en s'unissant, par une combinaison chimique, avec les éléments de l'aérolithe, aussitôt que celui-ci serait arrivé à la température énorme que nous avons vue ci-dessus.

Nous avons reproduit la carte précédente de la trajectoire de ce bolide, d'après celle qui a été publiée dans les *Atti dell' Accademia pontificia de' Nuovi Lincei* de Rome. On y remarque surtout les singulières courbes que la résistance de l'air a fait suivre à cette chute.

§ 18.

5 septembre.

M. le capitaine du Génie Baldy et M. Chaillot, inspecteur des tabacs, ont observé à Nice, à $9^h 58^m$ de Paris, un bolide rouge, un peu à l'ouest du β de la Baleine, près la Mouche. Ascension droite de départ : 13° ; distance polaire correspondante : 106° ; course horizontale ou à peu près, très-lente ; durée *dix secondes* environ. Arc parcouru 70° ; ascension droite finale : 44° ; distance polaire, 56°.

§ 19.

11 septembre.

A Saint-Martin-de-Hinx, on remarqua, à $7^h 30^m$ du soir, une belle lumière crépusculaire, puis, à $7^h 34^m$, un gros bolide blanc parti d'Arcturus et se dirigeant vers β de la Balance ; il s'en détacha de nombreux fragments, qui s'éteignirent à peu de distance du corps lumineux, lequel s'éteignit lui-même avant de toucher l'horizon.

§ 20.

30 octobre.

A $7^h 40^m$ du soir, M. Chancel aperçut à Montpellier un très-beau bolide dans la direction du nord-est. Sa marche était descendante et faisait avec un plan vertical un angle d'environ 45 degrés. Son éclat, quoique très-beau, était bien inférieur à celui du bolide suivant.

§ 21.

2 novembre.

Un immense bolide a été vu par M. Ph. Breton, passant au-dessus de Grenoble, à peu près à 8 heures du soir. Il se dirigeait du nord-est au sud-ouest. Suivant M. de Galbert, qui se trouvait sur le quai Xavier-Jouvin, c'était un globe *plus large que le disque du Soleil*, entouré d'une couronne d'étincelles, suivi d'une longue queue lumineuse qui ne paraissait pas changer de longueur. Au milieu de la largeur de la queue, on voyait une gerbe d'étincelles finissant en pointe. Le tout était entouré d'une colonne de fumée, et se détachait dans un ciel serein. La tête brillante était en forme de poire et l'extrémité de la queue paraissait sensiblement courbée. L'éclat, de couleur blanc jaunâtre, était très-vif, au point que les quais ont été illuminés comme en plein jour, pendant trois ou quatre secondes. Cependant on voyait nettement la forme du corps lumineux, sans être ébloui ; suivant le dire d'une paysanne du Pont-de-Claix (8 kilomètres au sud de Grenoble), « c'était gros comme trois lunes, avec tout plein de petits grelots autour ».

Après la disparition du bolide, on a entendu une forte explosion, composée de deux roulements courts et distincts, à un intervalle d'une fraction de seconde ; on a comparé les deux bruits à deux coups de canon entendus de 2 à 3 kilomètres de distance. Au Bachais, à 4500 mètres de distance, au nord-est de Grenoble, M. Fontenai a entendu l'explosion avec un bruit qui lui a fait craindre d'abord qu'une poudrière n'eût éclaté, et aussitôt Mme Fontenai est sortie effrayée de la maison, croyant que c'était un tremblement de terre, car les portes et les vitres avaient frémi fortement.

Quant à l'intervalle de temps entre la disparition du bolide et l'arrivée du bruit, les renseignements ne s'accordent pas. M. de Galbert l'évalue à une ou deux minutes; M. Fontenai à quatre ou cinq minutes au moins. Eu égard au froid intense des hautes régions de l'atmosphère, on peut estimer à 20 kilomètres par minute la vitesse moyenne du son, ce qui placerait le lieu de l'explosion de 20 à 100 kilomètres. Or, si l'on remarque que le refroidissement de l'air, dans les grandes altitudes, détermine une réfraction continue du son, qui fait que les rayons sonores sont des courbes convexes vers la Terre, il serait possible de déduire de cette durée une limite inférieure du lieu de l'altitude. Il est à regretter que cette durée soit aussi peu connue pour le cas présent.

Autant qu'on peut se fier à l'observation instantanée qui fait passer le bolide par le zénith de Grenoble, la trajectoire serait à peu près horizontale à 2300 mètres d'altitude; mais l'observation de Grenoble est trop incertaine, quant à la proximité du zénith, pour qu'on puisse se fier à cette indication.

M. Chancel a observé le même bolide, à Montpellier. Son éclat était tellement considérable qu'il a produit, pendant plusieurs secondes, une illumination bien supérieure à celle que produit *la Lune dans son plein*.

C'est peut-être le même bolide qui a été vu en Écosse sous l'aspect assez étrange que nous allons rapporter.

M. Penny écrit aux *Monthly Notices* de la Société astronomique de Londres que, le 2 novembre 1872, vers $5^h 30^m$ du soir, il se trouva subitement *enveloppé de flammes;* levant les yeux vers le ciel, il le vit illuminé pendant deux ou trois secondes et avec tant d'éclat que, en abaissant le regard, il aperçut distinctement les petites pierres du chemin. L'illumination s'évanouit, mais, aussitôt après, il y en eut une seconde plus brillante que la première. Pour savoir l'heure exacte du phénomène, il courut à sa maison, dont il était éloigné d'environ 100 mètres, et, en arrivant, il entendit un grondement sourd paraissant provenir d'un tonnerre lointain du côté du sud-ouest. Il en conclut qu'il s'agissait d'un orage et attendit, mais en vain, s'il entendrait d'autres coups de tonnerre, ce qui du reste est fort rare en cette saison.

Quoique les sons entendus rappelassent ceux du tonnerre, l'observateur ne pouvait que difficilement voir un éclair dans l'illumination si longue qui l'avait entouré. Prenant des informations à cet égard, il trouva qu'un météore extraordinaire avait été vu par une personne résidant à environ 5 milles de distance vers le sud, et il obtint les renseignements suivants.

Près de Nairn, et à l'heure mentionnée ci-dessus, l'observateur vit un large globe de feu de la *grandeur de la pleine Lune,* venant de l'est-sud-est, élevé d'environ 20 degrés au-dessus de l'horizon et glissant avec lenteur, de sorte qu'on pouvait facilement l'examiner. La couleur de ce globe était celle du fer chauffé au rouge, et une queue lui était attachée. Pendant les deux ou trois secondes qu'il resta en vue, le ciel était si éclairé qu'on aurait pu ramasser une épingle à terre. Le météore parut descendre derrière les collines au sud-ouest, et le ciel redevint obscur pendant une seconde, lorsque tout aussitôt un éclat de lumière beaucoup plus intense que le premier illumina le ciel et, peu de temps après, on entendit un son comparable à celui qui aurait été produit par la décharge de trois ou quatre canons, à la distance de un quart de mille. Ce dernier éclat ne dura qu'un instant et tout rentra dans l'obscurité. Un gentleman de Strathspey, résidant à Grantown, aperçut aussi l'illumination soudaine et entendit le son quelque temps après, mais comme venant du nord-ouest. La conclusion que M. Penny tire de ces observations, c'est qu'*un météore d'une grandeur extraordinaire* doit avoir traversé l'atmosphère à partir du sud de Banffshire, en se dirigeant vers le centre d'Invernesshire et qu'il a éclaté vers la source de la rivière de Nairn.

§ 22.

27 novembre.

Pendant la pluie d'étoiles filantes qui a illustré cette nuit mémorable, et dont nous parlerons plus loin, on observa à Odessa de magnifiques bolides : l'un d'eux surtout fut remarquable; il traversa la presque totalité de l'étendue du ciel, et laissa sur son passage une magnifique traînée brillante semblable à celle d'une fusée; des milliers d'étincelles jaillissaient sur son passage. Il parut à $5^h 55^m$, heure d'Odessa. Parti de l'horizon, il passa au-dessous d'Aldébaran, traversa Cassiopée et se perdit dans le Cygne. Sa marche était lente et vacillante.

§ 23.

12 décembre.

M. Ch. Grad, de Turkheim, signale un bolide se dirigeant du nord-nord-ouest au sud-sud-est avec une forte détonation, et laissant une traînée bleuâtre d'un vif éclat.

§ 24.

Météore extraordinaire observé à l'île Maurice.

M. Wright écrit aux *Monthly Notices*, en décembre 1872, qu'il a observé, un jeudi soir vers 7 heures, le plus beau météore qu'il ait jamais vu. Il était tourné du côté opposé, lorsqu'une lumière soudaine surpassant l'éclat du clair de Lune lui fit tourner la tête dans la direction d'où elle venait. Il vit alors, avec stupeur un très-grand météore tombant majestueusement à une distance apparente de 8 à 10 mètres seulement. Le météore paraît être tombé de la constellation du Verseau : « Ce qui me frappa le plus dans cette apparition, dit l'auteur, c'est que le globe était parfaitement distinct et aussi rond que la pleine Lune, mais un peu plus large, un huitième environ en diamètre. Je devrais peut-être plutôt le comparer à la Lune à la fin de son premier quartier ; car *le quart inférieur de son disque seulement était lumineux et brillant*, tandis que les trois quarts supérieurs n'émettaient aucune lumière, paraissant d'une couleur foncée de pierre brune. Le contour circulaire était très-distinct, tandis que l'éclat de la partie inférieure n'offrait pour ainsi dire plus de contour, paraissait un peu proéminent et laissait derrière le météore lui-même une traînée de lumière bleuâtre qui illumina momentanément le ciel tout entier. Ce météore fut observé aussi par d'autres personnes. »

§ 25.

Parmi les aérolithes de l'année 1872, il en est un que nous devons mentionner sans date, et dont la chute est rapportée par les *Mondes*, sous cette simple mention : « Un aérolithe du poids de 50 kilogrammes est tombé tout récemment à Atchinson (Kentucky). »

Tels sont les bolides et aérolithes observés pendant ces dernières années. On voit quel intérêt inattendu et varié présentent ces observations. Elles constituent certainement le chapitre le plus nouveau et le moins étudié encore du grand livre de l'Astronomie moderne. Ce sujet, comme celui des étoiles filantes, promet à la science une mine féconde, qui complètera l'une des lacunes qui restent encore dans la connaissance générale du système du monde. On nous pardonnera de lui avoir consacré, malgré toute la concision possible, une si grande place dans ce volume de notre Recueil astronomique. Comme il importe cependant de traiter la question, une fois pour toutes, sous tous ses aspects, il nous reste encore à présenter ici quelques études variées qui la complètent.

II.

BOLIDES INEXPLIQUÉS PAR LEUR ASPECT BIZARRE ET LA LENTEUR DE LEUR PARCOURS. — BRADYTES.

L'observation curieuse faite à Marseille, le 2 août 1871, par M. Coggia, sur un bolide de longue durée (*voir* plus haut, p. 93), et celle qui a été faite à Rome le 31 août 1872 (*voir* p. 135), m'ont engagé à chercher, dans l'histoire des météores, des exemples de cas analogues. J'ai eu la bonne fortune d'en trouver un certain nombre. Que ces météores soient des aérolithes, c'est ce qui reste *douteux*, comme on va s'en convaincre, par les observations que nous allons résumer. Dans tous les cas, le nom de *bolides* ne leur convient en aucune façon; car cette désignation a pour étymologie le mot grec βάλλω, qui veut dire *je lance*. Des bolides lents seraient donc des météores *lancés lentement*, ce qui n'a pas de sens. C'est pourquoi je crois utile de les désigner sous un nom mieux approprié à leur état, comme celui de *bradytes*, qui provient de βραδύς, *lent*. Le nom de *météorite* reste appliqué aux aérolithes.

Ces météores lents offrent généralement la forme globulaire et restent visibles, non pas seulement quelques secondes, comme les bolides ordinaires, mais plusieurs minutes, un quart d'heure, une demi-heure, une heure même et davantage.

Voici les observations les plus importantes que j'ai pu recueillir ; elles sont présentées par ordre de date :

I. L'abbé de l'Anion, se trouvant près de Saint-Aubin, en Bretagne, le 17 novembre 1684, vers 10 heures du matin, vit une flamme en forme de larme, grosse comme la main, qui descendait du ciel. Son mouvement était extrêmement lent, car elle n'employa pas moins de *sept à huit minutes* pour atteindre l'horizon. Elle paraissait un peu bleue ; sa queue jetait des espèces d'étincelles, et elle était opposée au Soleil. (*Histoire de l'Académie des Sciences*, 1684.)

II. Buckhard a extrait du registre original de Kirch, de Leipzig, la relation suivante d'un météore qui n'avait pas de mouvement sensible : « 1686 $\frac{9}{19}$ juillet, vendredi matin, vers $1^h 20^m$, cherchant avec une lunette de $1\frac{1}{2}$ pied la nouvelle étoile dans le cou de la Baleine, je fus frappé d'une grande lumière. Regardant alors à l'œil nu, j'aperçus vers le midi une grande masse de feu plus claire, plus grande et plus blanche que Vénus, égale à peu près à la moitié de la Lune. Cette masse avait une queue en dessous vers l'ouest ; elle restait *immobile* à sa place. Voyant qu'elle n'avançait pas du tout et ne s'éteignait pas, je commençai à compter lentement 1, 2, 3, ... ; elle devint peu à peu très-pâle, mais elle était pourtant encore très-visible, lorsque je comptai 200 ; sa faiblesse était déjà assez grande quand j'arrivai à 300 ; enfin elle disparut tout à fait, après avoir été visible un *demi-quart d'heure* environ. » (Éphémérides de cet astronome pour 1688, avec une figure, et *Histoire de l'Académie*, 1700.)

Halley, qui a également observé ce météore en Angleterre, a évalué sa distance à 30 milles anglais seulement, ou environ 48 kilomètres, et a estimé son diamètre égal à celui de la Lune. (*Transactions philosophiques*, t. XXIX.)

III. Les habitants de La Hague, en basse Normandie, virent, le 7 janvier 1700, une heure avant le jour, un météore plus brillant que la Lune, ayant la figure d'un arbre et courant de l'ouest-nord-ouest à l'est-sud-est. *Plus d'une heure après* il tomba avec un si grand bruit que les maisons en tremblèrent. Il parut se perdre dans la mer, aux environs de la petite île d'Origny, en simulant un gros *vaisseau* en feu. (Sestier, *la Foudre et ses formes*, t. I, p. 203.)

IV. Suen-Hof a été témoin du phénomène suivant, dans la paroisse de Nœs, à 1 mille de la forteresse d'Enecope, en Upland. Le 1er octobre 1729, deux heures environ avant le lever du Soleil, des vapeurs très-rouges apparurent dans le ciel, d'ailleurs serein, puis, s'étendant en longues bandes du nord au sud, elles commencèrent *à se réunir* de plus en plus; bientôt elles constituèrent un globe de feu du diamètre apparent de 2 pieds, qui se mit en mouvement dans cette même plaine du ciel précédemment occupée par des vapeurs rouges et diffuses. Le météore lançait des flammes et des étincelles et répandait une lumière égale à celle du Soleil. Après avoir parcouru le quart de la voûte céleste, il s'éteignit brusquement, en laissant une fusée noire et épaisse; alors on entendit une double détonation tellement violente qu'elle réveilla subitement plusieurs personnes, qui crurent entendre le canon. Ce jour même le ciel resta serein. (SESTIER, *Ibid.*, t. I, p. 222.)

V. Le 26 décembre 1737, J. Huxham observa une aurore boréale, à Plymouth (Angleterre). « Cette vapeur paraissait rouge, comme si elle eût emprunté sa couleur à la réflexion d'un grand feu, et elle éclairait autant que le fait la pleine Lune... Il parut à Kilkenny, en Irlande, comme une espèce de globe de feu qu'on aperçut dans l'air pendant *près d'une heure*, lequel se creva ensuite et jeta des flammes de tous côtés. » (*Transactions philosophiques*, 1738.)

VI. Dans la nuit du 23 au 24 février 1740, on vit, vers la rade de Toulon, un globe de feu violet qui, s'étant élevé peu à peu, parut plonger ensuite dans la mer, d'où il se releva comme une balle qui ricocherait. Après être parvenu à une certaine hauteur, il creva et répandit plusieurs boules de feu, dont les unes parurent tomber dans la mer, et les autres sur les montagnes voisines. Le bruit qu'il fit en crevant fut semblable, par l'éclat, à celui du plus violent tonnerre; toutefois, comme il dura peu, il ressembla davantage à celui d'une bombe. Tel fut le rapport fait à M. le marquis de Caumont par des témoins oculaires. (*Histoire de l'Académie*, 1740.)

VII. Muschenbroeck a donné le nom de *serpent* à un météore qu'il observa le 7 août 1741, vers 10h20m du soir. Le ciel était serein, l'air chaud; il vit tout à coup paraître une lumière très-brillante qui sembla s'élever de la terre dans l'air, sous la forme d'un serpent.

Il subsista pendant deux ou trois *minutes*, et répandit une si grande lumière qu'on aurait pu voir distinctement une aiguille couchée sur le sol. Insensiblement, ce météore s'arrondit en forme de cercle et se changea en une petite nuée blanche lumineuse, mais si épaisse d'abord qu'elle masquait les étoiles. Il n'en restait aucun vestige dix minutes après. Lorsque ce météore commença à paraître, on entendit une espèce de petit murmure semblable à celui que produit une flamme violente. (SESTIER, *Foudre*, t. I, p. 222.)

VIII. L'observation suivante, que nous abrégeons sur beaucoup de points, est des plus intéressantes :

« Le 17 juillet 1771, dit Le Roy, vers les dix heures et demie du soir, le temps étant parfaitement serein au-dessus de Paris, à la réserve de quelques nuages qui bordaient l'horizon du côté du couchant, on vit paraître tout d'un coup dans le nord-ouest un feu semblable à une grosse étoile tombante, qui, augmentant à mesure qu'il approchait, parut bientôt sous la forme d'un globe et ensuite avec une queue qu'il traînait avec lui. Ce globe ayant traversé une partie du ciel, à peu près du nord-nord-ouest au sud-sud-est, avec une extrême rapidité et dans une direction fort inclinée vers la Terre, son mouvement parut se ralentir et sa forme devenir semblable à celle d'une larme batavique ; il répandit alors la plus vive lumière, étant d'une blancheur éblouissante et pareille à celle du métal en fusion. Sa tête paraissait environnée de flammèches de feu, dont les unes semblaient appartenir au corps même du météore, les autres en être détachées et sa queue, bordée de rouge, était parsemée des couleurs de l'arc-en-ciel. Le globe, étant devenu comme stationnaire, parut prendre une forme encore moins allongée, comme celle d'une poire, et avoir dans son milieu des bouillonnements accompagnés d'une matière fumeuse; alors, ayant comme épuisé tout son mouvement, il éclata, en répandant un grand nombre de parties lumineuses semblables aux brillants des feux d'artifice. Ces brillants produisirent une lumière si vive et si éblouissante, que la plupart des spectateurs ne purent en soutenir l'éclat.

» La durée du phénomène n'a guère paru à Paris que de quatre secondes. Le globe, à l'instant de son explosion, était élevé de 45 degrés environ et semblait avoir 12 à 15 pouces de diamètre; mais il parut plus gros à quelques observateurs, du côté de Corbeil et de Melun. Deux minutes ou environ après qu'il eut éclaté, on entendit à Paris un bruit que les uns ont comparé à un coup de tonnerre qui gronde au loin, d'autres à une charrette fort chargée qui roule sur le pavé; d'autres, enfin, à un bâtiment qui s'écroule. A Melun, on entendit, après l'explosion, sept ou huit coups articulés. Ce bruit fut accompagné d'une commotion qui fit trembler les vitres et les meubles, particulièrement dans les lieux élevés, comme à l'Observatoire. Plusieurs personnes s'imaginèrent que plusieurs portions du météore étaient tombées jusqu'à terre.

» Un habile jurisconsulte, homme très-digne de foi, étant avec plusieurs personnes dans un appartement, au second, rue de l'Observance, était assis en face de fenêtres qui étaient ouvertes à une distance de 9 ou

10 pieds. « En un clin d'œil, dit-il, avant que le météore s'éteignît, il y eut une espèce d'explosion, sans aucun bruit, qui poussa une lame de feu jusque dans la salle où il était. Cette lame, qui paraissait remplir tout l'horizon, n'avança vers nous qu'avec une espèce de lenteur; car nous vîmes sa marche très-distinctement, et sa vitesse ne nous parut pas excéder la vitesse du vol d'un oiseau de proie. Cette lame nous couvrit d'une lumière aussi éclatante que celle d'un beau soleil à midi, et s'éteignit à l'instant. »

Dans le même moment, ou à peu près, des personnes qui étaient à table, rue de Clichy, virent très-distinctement sur le carreau de petites flammes, qui avaient l'air de s'agiter en différents sens, et qui, ensuite, disparurent.

Auprès de Melun, à une demi-lieue environ du point au-dessus duquel le globe a éclaté, un observateur rapporte que, quelques minutes après l'explosion du globe, « il entendit autour de ses oreilles un bourdonnement semblable à celui que font les abeilles dans une ruche, et que, aussitôt, il fut frappé de quelque chose à la nuque, qui lui parut chaud et comme s'il avait été électrisé. »

Ce météore a été vu dans des endroits fort éloignés de Paris et fort distants les uns des autres. Il fut aperçu dans tout l'espace en latitude de Sarlat à Oxford, et en longitude de Granville à Reims, c'est-à-dire dans un espace d'environ 5 degrés en longitude et 6 degrés en latitude. Il paraît que, lorsqu'on commença à l'apercevoir, il était à plus de 18 lieues de hauteur, et que, à l'instant de son explosion, il se trouvait encore à plus de 9 lieues au-dessus de l'horizon, hauteur qui s'accorde très-bien avec celle que lui donne l'intervalle de deux minutes qui s'écoula entre cet instant et celui où l'on entendit le bruit de cette explosion. La vitesse du météore a été de 7 à 8 lieues par seconde; son volume était énorme, car, par une estimation fort au-dessous de ce que les observations donnent, il avait plus de 500 toises de diamètre. (*Mémoires de l'Académie des Sciences*, pour 1771, p. 670.)

IX. Le 11 septembre 1787, vers 8h 30m du soir, à Édimbourg, il parut, dans la partie boréale du ciel, un globe de feu plus grand que le soleil. Son mouvement fut d'abord *horizontal* vers l'orient, à la hauteur de 15 à 20 degrés; puis il *s'inclina* jusqu'à la rencontre de l'horizon. Ensuite il *se releva* et parvint à une hauteur plus grande en apparence que la première; il *descendit et se releva* de nouveau, mais en faisant des ondulations plus petites; enfin, continuant sa route vers l'Orient, il disparut derrière un nuage où il fit explosion. (*Gentleman's Magazine*, LVII, 936.)

X. Thomas Young a vu, le 3 août 1818, à 11h 15m du soir, à Worthing (latitude 50° 49', longitude 2 degrés ouest de Greenwich), un météore très-lumineux, près de Cassiopée. Le trait de lumière a commencé à 19 degrés du pôle et à 65 degrés d'ascension droite. Il a fini à 17 degrés du pôle et à 80 degrés d'ascension droite. Il est resté visible *plus d'une minute sans mouvement*, comme une comète, le noyau étant à son point de départ.

XI. Le 5 mai 1819, à 12ʰ30ᵐ, par un temps parfaitement serein et un beau soleil, on aperçut à Aberdeen, en Écosse, un globe de feu qui avait une espèce de queue. *Cinq minutes* après son apparition, il fit explosion avec un bruit considérable. Le volume de fumée qui en sortit ressemblait à un petit nuage blanchâtre. Le même phénomène fut aperçu dans un grand nombre de villages d'Écosse. (*Royal Institution*, 1819, p. 395.)

XII. Le 18 juin 1845, une demi-heure après le coucher du soleil, on vit à Ainab, sur le mont Liban, un météore composé de deux corps, chacun en apparence cinq fois au moins aussi gros que la Lune, avec des appendices semblables à de grands pavillons agités par la brise et qui semblaient les réunir. Ce grand météore resta visible *pendant une heure*. Il s'avançait vers l'est, et disparut graduellement ; la Lune s'était levée à peu près une heure auparavant. (SESTIER, *Foudre*, t. I, p. 204.)

XIII. Dans la nuit du 24 au 25 août 1846, à 2ʰ 30ᵐ, le docteur Moreau, alors près de Saint-Apre (Dordogne), revenait de voir un malade ; le temps était calme et chaud ; tout à coup il fut environné d'une lumière éclatante due à un globe lumineux qui s'entr'ouvrit et jeta à droite et à gauche des étoiles par centaines. Ce phénomène garda toute sa splendeur durant trois ou quatre *minutes*; après quoi, sur le point de disparaître, son foyer jeta des étoiles plus rares. (*Comptes rendus de l'Académie des Sciences*, t. XXIII, p. 549.)

XIV. Le 3 novembre 1846, vers 7^h30^m du soir, M. Méline, jardinier en chef du Jardin botanique de Dijon, vit un globe de feu, se mouvant plus lentement qu'une fusée de l'ouest à l'est, horizontalement à 60 ou 70 degrés de hauteur, et éclairant les objets d'une lumière dont la teinte était jaune serin. Ce météore laissa sur toute la longueur de la route qu'il suivit une immense traînée d'un blanc couleur de cendre. Il traversa ainsi le quart du ciel; puis, avant de disparaître, il lança une gerbe de flammes ou d'étincelles brillantes, mais sans bruit sensible; la traînée demeura visible pendant au moins dix minutes. Une particularité fort remarquable, c'est que la matière lumineuse des deux extrémités de la traînée parut se porter vers le milieu de la ligne parcourue, où, en se condensant, elle forma une espèce de boule grosse comme un chapeau, mais non compacte; elle était comme formée par la réunion d'amas lumineux, séparés par des stries obscures et très-étroites. Cette espèce de boule dura au moins *un quart d'heure*, mais en s'affaiblissant. (PERREY, *Comptes rendus*, t. XXIII, p. 985.)

XV. La même année, le même mois, un fait plus extraordinaire encore a été observé dans les Indes. Le récit suivant en a été publié par le journal *l'Institut* (29 avril 1868, p. 144), qui l'a traduit d'un article de M. Collingwood, publié dans le *Philosophical Magazine*.

« J'ai, par hasard, écrit l'auteur, entendu rendre compte par un témoin oculaire (une dame résidant à Hong-Kong) d'une apparition qui me parut si remarquable, que j'en recueillis les particularités avec soin. C'était en novembre 1846, au moment où elle se trouvait à bord d'un navire à l'ancre dans la rivière Rangoon et appartenant à son mari ; elle se promenait alors du côté de la poupe avec le maître d'équipage et un enfant de quatre ans, la banne de poupe étant en ce moment déployée. Il était environ 7^h30^m du soir, la nuit était noire, lorsque tout à coup, sans aucun avertissement, un jet de lumière effrayant traversa horizontalement l'espace à l'avant du vaisseau. Sa lumière ne ressemblait pas à un éclair, mais parut s'avancer rapidement dans son trajet ; elle avait l'apparence d'une flamme compacte, occupant tout l'espace visible compris entre la banne et le pont du navire. La soudaineté et la nature terrible de ce jet éblouissant de lumière furent telles, que cette dame tomba sur le pont, croyant, comme elle le dit, que c'était la fin du monde, tandis que l'enfant poussait des cris de terreur. Au moment où cette terrifiante lumière se manifesta à proximité du navire, on sentit un accroissement de chaleur considérable accompagné d'une forte odeur sulfureuse. Le phénomène ne fut accompagné d'aucun bruit. Tout cela ne dura que quelques secondes, la lumière ayant passé devant leurs yeux avec une rapidité peu inférieure à celle d'un éclair.

» Le capitaine du navire, le maître de la poste et le seul Européen résidant à cette époque étaient dans la maison de celui-ci, située à une faible distance du rivage et du navire. Ils ont affirmé tous deux avoir ressenti une chaleur subite et intense, bien qu'ils n'aient pas aperçu de lumière ; et quand on leur rapporta plus tard les circonstances du phénomène, en comparant les remarques faites des deux côtés, quant au temps, ils s'écrièrent immédiatement : « Cela explique alors la chaleur » subite et insolite que nous ressentîmes au moment ! »

» Tous les renseignements que j'ai pu me procurer sur ce phénomène s'accordent si bien avec la description que l'on fait de l'espèce de météore connu sous le nom d'étoile filante ou de bolide, que je demeure convaincu que ma narratrice doit avoir vu l'un de ces corps pendant qu'il se trouvait à une proximité effrayante, et comme je n'ai pas entendu dire que personne ait jamais relaté un pareil fait, j'ai jugé utile de dresser ce *procès-verbal*, qui est sanctionné par ma narratrice. »

XVI. Le 4 septembre 1848, à $8^h 59^m$ du soir, un bolide fut aperçu de l'Observatoire de Highfield, à Nottingham, et fut observé par M. Lowe. Trajectoire de η d'Antinoüs à π du Sagittaire. L'étoile a employé *quarante-cinq secondes* pour l'accomplir. Son éclat égalait environ six fois la lumière de Jupiter (Rapport du Comité des Météores lumineux de l'Association Britannique pour 1849.)

XVII. Dans la nuit du 10 au 11 août 1849, on a vu, du même observatoire, une étoile filante dont le milieu de la trajectoire a été invisible. Il y a eu plus d'une minute d'intervalle entre le premier trait lumineux et le second, dont voici les coordonnées. N° 1 : Æ = 0°, D = −15° ; n° 2 : Æ = 32°, D = +5°. (W. DE FONVIELLE, *Comptes rendus*, 1872.)

XVIII. Le 15 janvier 1850, à $7^h 45^m$ du soir, à Cherbourg, de la neige était tombée et commençait à fondre, et de faibles éclairs apparaissaient dans le sud-ouest, lorsque M. Fleury vit, dans cette partie du ciel, des lueurs brillantes qui s'évanouissaient après plusieurs secondes. Bientôt apparut une flamme très-vive au-dessus d'une rangée d'arbres; elle était animée d'un balancement sur sa base qui semblait reposer sur l'horizon. Le mouvement s'effectuait indistinctement dans tous les sens. Outre ce mouvement oscillatoire, la flamme était pénétrée d'une espèce de scintillation continue et inégale. Plusieurs fois cette flamme faillit s'éteindre, mais elle se ralluma; à la fin elle disparut, et les petits éclairs réapparurent et continuèrent leur marche vers le sud. (SESTIER, *Foudre*, t. I, p. 205.)

XIX. Le 5 février 1850, à 6h 50m du soir, dans le voisinage de la constellation d'Orion, par une altitude de 28° 30′, un globe s'est montré à travers une brume, a grandi progressivement, *sans changer de place pendant 105 secondes*. On a vu alors une pluie de feu et un météore principal qui a persisté pendant 45 secondes avant de s'éteindre. Le diamètre du météore était un tiers de celui de la Lune. (Observé par M. Welkes, Rapport de l'Association Britannique pour 1851.)

XX. En 1853, M. Amédé Guillemin, se trouvant au cinquième étage d'une maison de la rue Amelot, à Paris, remarqua un bolide se mouvant avec une extrême lenteur, horizontalement, au-dessus du cimetière du Père-La-Chaise. Le météore offrait un disque rougeâtre d'une faible clarté.

XXI. Sir William Snow Harris écrivait de Plymouth le 10 novembre 1859 :

« Le soir de la grande tempête, mon fils, ingénieur civil, attaché aux travaux de Holyhead, fut témoin d'un phénomène des plus intéressants. Voici un extrait de sa Lettre : « Depuis le 19 octobre, nous avons eu des vents violents du nord, accompagnés de terribles orages de grêle, de grésil et de pluie ; et, dans la soirée, de vifs éclairs et du tonnerre dans le lointain ; les montagnes du pays de Galles étaient couvertes de neige. Le 25, à 6 heures du soir, le ciel était très-noir et menaçant. A 7 heures, gros coup de vent de l'est ; nuit très-noire. Je me rendais alors en ville, et je fus effrayé par une apparition soudaine, directement au-dessus de ma tête : c'était un globe de feu dont la clarté intense, perçant la masse de vapeur qui couvrait le ciel, illumina comme en plein jour la baie et le pays environnant. Ce météore ne dura que deux ou trois secondes. Bientôt après cette apparition, le vent souffla en ouragan et la pluie tomba par torrents. »

Ceci se passait dans la soirée qui précéda le naufrage du *Royal Charter*. Si l'on remarque que, bien antérieurement à cet ouragan du nord et pendant deux semaines, le ciel avait été couronné d'aurores boréales couleur de sang et d'autres manifestations électriques, ce phénomène acquiert une grande importance, comme indiquant une connexion entre l'action de l'électricité et le principe de cet ouragan. Ce météore fut également observé en Irlande, ainsi qu'il ressort de la lettre suivante de M. Carter :

« Au mois d'octobre 1859, je me trouvais dans le nord-ouest du comté de Nays. Jusqu'au 19, le temps avait été excessivement beau ; mais, le 20, il survint un changement, quelques froides ondées et, dans la soirée de la grêle, de la neige et des bouffées de vent de peu de durée; la neige couvrit les montagnes.

Dans la soirée du 23, j'avais vu deux globes de feu sortir d'un des nuages de neige et tomber à terre. Le 25, vers 7 heures du soir, le ciel était sans nuages, et je vis un brillant météore apparaître tout à coup dans la direction des Pléïades. A sa première apparition, ce météore avait la dimension d'une étoile de premier ordre. Pendant l'espace de quatre ou cinq secondes, il s'avança avec une grande vitesse vers le point où je me trouvais, augmentant rapidement en grosseur, et venant dans une ligne si directe qu'on en éprouva une certaine alarme. Sa couleur, d'un blanc étincelant, avait tout l'éclat de l'électricité. Au bout de quatre ou cinq secondes, de blanc le météore devint rouge vif et sembla également changer de direction et perdre de sa vitesse. Il ne conserva cette couleur rouge que pendant l'espace d'une seconde et demie à deux secondes; puis il se sépara en une quinzaine de globules d'un beau vert d'émeraude, lesquels disparurent au bout de deux autres secondes.

» Il me serait difficile de donner une esquisse exacte de ce météore, par suite de son approche en ligne directe. Après avoir changé de couleur, il sembla également diminuer de diamètre et prendre *plutôt la forme d'un courant électrique que celle d'une substance solide*. La durée entière de l'apparition n'a pas pu être plus de dix secondes, ni moins de sept. Sa direction était entre le nord-ouest et le nord-nord-ouest. Je ne pus m'empêcher de penser que la chute de ce météore avait quelque rapport avec l'ouragan. » (L'amiral FITZ-ROY, *le Livre du Temps*, ch. XXI.)

XXII. *Aérolithe phosphorescent.* — M. l'abbé Lecot, à Noyon, signale aux *Mondes* une observation qui peut paraître étrange, mais qu'il affirme comme lui étant communiquée par un homme en qui il a pleine confiance et par des témoins *qui ont vu et touché* :

« En 1860, par une belle nuit du mois d'octobre, vers 4 heures du matin, M. Joseph Chartier, conseiller municipal de la commune de Montaigu, se trouvait entre Vervins et La Bouteille, quand tout à coup il fut ébloui par la lumière vive d'un météore, qui éclata comme une fusée au-dessus de sa tête, et dont les débris tombèrent autour de lui. Il marcha dessus, mais ne put l'éteindre, il essaya alors d'y porter la main, avec précaution dans la crainte de se brûler, mais la matière en était froide. Il en mit alors sur sa charrette, souffla sa bougie qui ne l'éclairait plus et continua sa route. La matière répandait partout sur son passage un éclat semblable à celui d'une pile électrique ; mais cette lumière si vive baissa à mesure que le jour montait ; lorsqu'il fit grand jour, il ne vit plus sur sa charrette que la terre qu'il avait ramassée en route et reconnut avec surprise que cette terre était celle du pays même, qu'elle ne paraissait mêlée à aucune matière étrangère à notre sol.

» M. Chartier est un homme dont le témoignage ne peut être suspect. Au reste, il a rencontré plusieurs voituriers, qui ont palpé la terre de son étoile, comme il le dit dans son naïf langage, et qui ont été surpris de l'éclat qu'elle répandait. Ces voituriers ont dû passer à l'endroit de la chute du bolide, et il est probable qu'ils en auront ramassé également. »

XXIII. 1er août 1871 : durée, vingt minutes. C'est le curieux bolide observé à Marseille, et dont nous avons donné la relation plus haut.

XXIV. 31 août 1872 : soupçon d'une durée de plus d'une heure et demie. Ce serait une partie de l'aérolithe tombé dans la campagne romaine et dont la description a été donnée dans les pages précédentes.

XXV. 30 novembre 1873 : durée, dix minutes. Plusieurs observateurs ont vu et décrit ce météore qui apparut au nord, au-dessous de la Grande Ourse, immobile d'abord, puis qui se mit en marche, s'approcha de γ jusqu'à la toucher, s'en éloigna en décrivant diverses oscillations et disparut à l'est après tous ces zigzags. M. Vinot, qui en avait reçu la description dans son *Journal du Ciel*, a pris, sur notre demande, des informations à Poissy, où l'observation a été faite, et en a reçu la confirmation ; le météore était rouge comme Mars.

On voit par toutes ces observations, si nombreuses et si variées, que la science est loin d'avoir dit son dernier mot sur cette branche nouvelle de l'Astronomie ou de la Météorologie.

Sur ces vingt-cinq observations, la plupart nous présentent des bolides lents, c'est-à-dire des corps célestes qui seraient mieux désignés sous le nom de *bradytes*, que nous avons proposé plus haut. Les autres sont, comme on le voit, des météores fort curieux et encore inexpliqués.

III.

SUR LES PLUS GROSSES MASSES TOMBÉES DU CIEL.

Après avoir ainsi passé en revue les aérolithes et bolides qui viennent de heurter la Terre en ces dernières années, il est intéressant de nous demander quelles sont les plus fortes dimensions mesurées de ces fragments d'autres mondes, tombés sur le nôtre.

Sans remonter aux chutes d'aérolithes qui ne sont pas historiques, comme « la mère des dieux », tombée en Grèce, à Pessinonte, selon la tradition, comme la masse de fer signalée sur le mont Ida, en Crète, comme la pierre céleste d'*Ægos potamos* dont parlent Pline et Plutarque, etc., ne considérons que les aérolithes que nous pouvons toucher et peser. Il y en a quelques-uns dont le poids est fort respectable, et dont la chute serait certainement plus à craindre que celle d'une comète, quoique les astres chevelus aient gardé le privilége de semer trop souvent encore la terreur parmi les populations faciles à émouvoir.

Parmi ces masses considérables tombées du ciel, nous voulons signaler ici toutes celles dont le poids dépasse 100 kilogrammes. Que l'on songe au choc qu'elles doivent produire, lorsqu'elles arrivent au-dessus de nos têtes avec une vitesse de 640 mètres par seconde (comme l'aérolithe de Lancé), ou même avec une rapidité plus grande encore, comme on l'a souvent constaté !

I. — Aérolithe de 104 kilogrammes (Chili).

Parmi ces énormes pierres tombées du ciel, il en est une dont nous n'avons pas encore le poids, et qui dépasse certainement de beaucoup 100 kilogrammes : c'est celle qui est tombée, le 25 décembre 1869, à Mourzouk (Afrique du nord), à peu de distance d'un groupe d'Arabes effrayés (*voir* plus haut). Au moment de sa chute, on a supposé que cet aérolithe avait 1 mètre de diamètre. Est-ce par la lumière qu'il a produite? Ne s'est-il pas brisé, ou les Arabes ne l'ont-ils pas mis en morceaux? C'est ce que M. Coumbary ne nous a pas encore appris. On doit envoyer le plus bel échantillon à Paris. Dans tous les cas, cet aérolithe comptera parmi les plus gros. Voici maintenant les plus remarquables des aérolithes étudiés, catalogués et pesés. Nous reproduirons par le dessin ceux qui appartiennent à la collection du Muséum de Paris.

Le Chili paraît devoir être compté parmi les régions du globe les plus favorisées par les chutes de fer météorique. On connaît, depuis longtemps, les masses de fer trouvées dans le désert d'Atacama, qui renferment de gros grains de péridot et rappellent le fer de Krasnojarsk, dit de *Pallas*. Sur trois autres points du Chili, on a récemment découvert des fers météoriques qui sont venus, pendant ces dernières années, enrichir la collection déjà si riche du Muséum, grâce à la libéralité du gouvernement du Chili, et à celle de M. Domeyko, inspecteur général des mines.

On a pu admirer à l'Exposition universelle de 1867

le principal de ces aérolithes, qui ne pèse pas moins de 104 kilogrammes.

Une lettre de M. Domeyko rapporte qu'on doit la découverte de ce bel échantillon à un propriétaire des Andes, don Lisara Fonseca, qui voyageait dans le but de découvrir quelque filon métallique. Il avait avec lui plusieurs mineurs et vingt-cinq mules de charge. Après trois mois de recherches inutiles, il ne lui restait, le 25 novembre 1866, que quatorze mules qui pouvaient à peine marcher, lorsque, en traversant un endroit très-aride et sablonneux, il aperçut, à peu de distance du chemin, un gros bloc noir qui attira son attention. Il crut avoir trouvé un bloc d'argent et se décida à l'emporter, malgré le mauvais état de ses mules. Heureusement il lui en restait une qui supporta le poids du fer, augmenté de celui des pierres qu'on fut obligé d'ajouter pour équilibrer la charge. Ce n'est qu'à grand'peine qu'on arriva à Nantoco, dans la vallée de Copiapo, où l'essayeur de l'établissement métallurgique de la localité reconnut la nature du bloc.

La masse métallique gisait sur la pente occidentale de la haute Cordillère des Andes, entre le Rio-Juncal et les salines de Pederescal, à 50 lieues en ligne directe au nord-est de Pypoté. « C'est peut-être, dit M. Domeyko, le fer qu'on a trouvé jusqu'à présent dans la région la plus élevée des Andes ; car elle avoisine la ligne de faîte. » Toutefois, il n'est pas absolument certain qu'il ait été trouvé au point même de sa chute. M. Fonseca paraît même croire qu'il a été apporté des mines de l'autre versant des Andes par des mineurs qui, ne pouvant continuer leur voyage avec ce fardeau, l'ont déposé au milieu des pierres, dans l'intention de l'emporter plus tard.

Fig. 5.

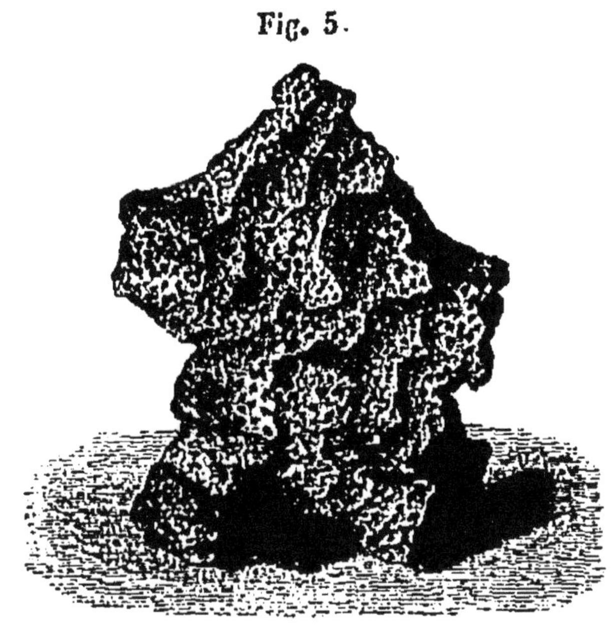

Aérolithe trouvé au Chili en 1866. *Poids* = 104 kilogrammes.
(Muséum de Paris.)

Le fer de Juncal a conservé presque en entier la surface qu'il avait au moment de sa découverte ; cette surface n'a été entamée artificiellement sur aucun point. La forme du bloc est irrégulièrement conique ; il a 48 centimètres de haut, et sa base, un peu elliptique, a 19 centimètres de diamètre.

La surface est très-remarquable par les nombreuses dépressions en forme de capsules de largeur très-diverse dont elle est presque complétement couverte et que l'on remarque dans la plupart des autres fers météoriques.

En outre, on y voit des sillons de formes sinueuses ou *vermiculures*, comme on les a signalées également déjà sur quelques fers, mais caractérisées ici d'une manière tout exceptionnelle.

Ces vermiculures sont certainement dues à une érosion lente produite par les agents atmosphériques. La croûte a été ainsi détruite et a disparu sur la plus grande partie de la surface. Toutefois son existence primitive est incontestable, puisque cette croûte subsiste encore sur de nombreux points, où elle ne recouvre plus que des espaces très-limités. Elle constitue un émail noir, à rayure rougeâtre, présentant tout à fait le même aspect que la croûte du fer qui est tombé, le 14 juillet 1847, à Braunau, en Bohême.

II. — Aérolithe de 114 kilogrammes (Espagne).

Le Musée des Sciences naturelles de Madrid possède, et a fait figurer à l'Exposition universelle de 1867, une magnifique météorite tombée le 24 décembre 1858, à Murcie.

Cet échantillon a grossièrement la forme d'un parallélépipède droit à base carrée. Ses trois dimensions sont environ 39 centimètres, 40 centimètres et 27 centimètres. Sa densité est de 3,546, et le bloc exposé pèse environ 114 kilogrammes. Il dépasse très-notablement, par son poids, celui de la plupart des météorites pierreuses, et peut compter parmi les plus volumineux que l'on possède dans les collections.

La masse est presque entière, c'est-à-dire que, sur presque tous les points de sa surface, on constate l'existence d'une croûte. Cette croûte n'a pas ici l'aspect qu'elle présente ordinairement dans les météorites pierreuses. Elle a manifestement subi une altération profonde, depuis l'époque de sa formation. De noire qu'elle était d'abord, ainsi qu'en témoignent quelques vestiges encore intacts, elle est devenue ocracée.

Malgré cette transformation, son étude offre encore de l'intérêt, par la disposition qu'elle a conservée dans quelques parties. C'est ainsi que sur trois des faces qui sont verticales, quand on place l'échantillon sur une des grandes bases, la croûte offre une disposition qui montre qu'elle a ruisselé uniformément, de façon à donner à la pierre l'aspect qu'elle aurait reçu à la suite d'une friction énergique.

III. — *Aérolithe de 138 kilogrammes (Alsace).*

Le fameux aérolithe tombé, en 1492, à Ensisheim (département français du Haut-Rhin), constitue l'un des faits les plus remarquables de l'histoire de ces météores.

Dans un rescrit daté d'Augsbourg, le 12 novembre 1503, l'empereur Maximilien déclare que cette pierre est tombée près de lui, alors qu'il était à la tête de son armée, à laquelle il la donna comme un présage de la victoire qu'il allait remporter sur les Français. Une Notice allemande, placée autrefois dans l'église d'Ensisheim avec l'aérolithe, portait, entre autres, que : « L'an 1492, le 7 novembre, arriva un miracle singulier; car, entre les 11 heures et midi, il advint un grand coup de tonnerre et un long fracas, qu'on entendit à une grande distance, et il tomba dans le bourg d'Ensisheim une pierre pesant 260 livres; elle fit un trou de plus de 5 pieds de profondeur. On en détacha d'abord des morceaux, ce qui fut défendu par le landwogt, et elle fut transportée dans l'église comme un objet miraculeux. »

Cet aérolithe fait partie de la collection du Musée minéralogique de Vienne (Autriche), dont il est le plus ancien.

IV. — Aérolithe de 293 kilogrammes (*Hongrie*).

Au-dessus de l'aérolithe d'Ensisheim vient, par ordre de poids, celui qui est tombé en 1866 à Knyahynia, en Hongrie, dont nous avons rapporté la chute dans notre tome IV, et qui fait partie de la Collection autrichienne. Cet aérolithe pèse 293 kilogrammes. Le bolide d'où il provient devait être énorme ; car on se souvient que plusieurs milliers de fragments sont tombés en même temps et ont parsemé la campagne sur une immense étendue. Ce morceau est de la classe des *pierres* (densité 3,5). Ces deux aérolithes sont les deux plus considérables du musée de Vienne.

V. — Aérolithe de 625 kilogrammes (France).

Ce bloc de fer météorique fut découvert au mois d'avril 1828, par Brard, dans le village de Caille (Alpes-Maritimes), où il servait de banc à la porte de l'église. Son poids est de 625 kilogrammes. On ne connaît en aucune façon l'époque de sa chute ; on sait seulement qu'il fut trouvé, il y a environ deux siècles, sur une montagne située à 6 kilomètres au sud-est du village.

Les analyses chimiques entreprises de nos jours ont montré que ce bloc n'est pas homogène ; car elles ont conduit à des résultats différents pour des morceaux pris en des endroits divers.

Sa forme irrégulière ne peut laisser de doute sur ce fait qu'il n'est qu'un fragment d'une masse plus volumineuse qui s'est brisée avant d'arriver au sol. Dans sa plus grande partie, il a conservé sa *surface naturelle*, c'est-à-dire celle qu'il avait au moment de l'explosion qui a dû précéder sa chute.

Toutefois, malgré cette irrégularité, on peut y distinguer deux parties assez nettement accusées; une portion arrondie et une plane dans presque toute son étendue. Cette dernière a 0m,50 de longueur et autant de largeur. Elle est remarquable par une série de triangles équilatéraux qui émaillent sa surface et qui sont tous rangés parallèlement, circonstance qui révèle la structure octaédrique de la masse et l'orientation uniforme de ses joints. On en tire cette conséquence, que la partie qui présente cette disposition est un fragment d'un minéral unique et de dimension gigantesque.

Outre de nombreuses dépressions, la masse météorique de Caille présente des cavités d'une forme si régulière qu'on les a crues pendant longtemps artificielles. Ces cavités sont cylindriques, très-profondes et terminées par une calotte hémisphérique. On en compte jusqu'à douze, qui varient en diamètre de 15 à 45 millimètres et qui atteignent jusqu'à 25 millimètres de longueur. On s'explique maintenant l'origine de ces cavités : en polissant une petite surface de l'aérolithe, on a vu apparaître de nombreux rognons cylindroïde, en protosulfure de fer, qui sont répandus partout dans la masse. Ce sulfure, essentiellement altérable, s'est désagrégé peu à peu sous l'influence de l'air et de l'eau, puis il a disparu complétement : de là les cavités en question, qui ne sont que les fourreaux des rognons détruits. Leur direction est sensiblement parallèle, et paraît en rapport avec l'orientation si régulière de la masse.

Fig. 6.

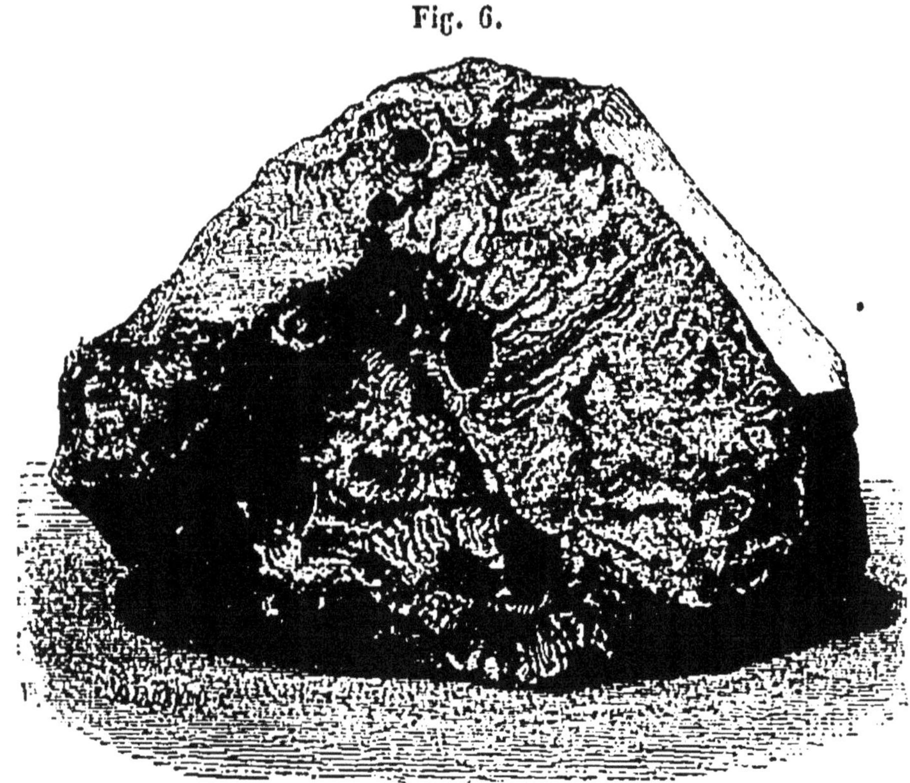

Aérolithe de Caille (Var). — 625 kilogrammes. (Muséum de Paris.)

VI. — Aérolithe de 635 kilogrammes (Amérique du Sud).

Le Musée minéralogique de Londres possède, dans sa collection d'aérolithes, une masse de fer que l'on a trouvée en 1788 à Tucaman, Otumpa, dans la République Argentine (Amérique du Sud). Cette masse pèse 635 kilogrammes; sa forme est oblongue et irrégulière, terminée en cône d'un côté, et de l'autre par une face plane que l'on a polie. Le fer domine dans cet aérolithe, dont la chute est sans doute fort ancienne.

VII. — Aérolithe de 700 kilogrammes (Sibérie).

La masse de fer météorique trouvée, en 1749, par Pallas, en Sibérie, entre Krasnojarks et Abkansk, sur de hautes montagnes d'ardoises tout à fait à découvert, pesait 700 kilogrammes. Les échantillons qu'on en a

Fig. 7.

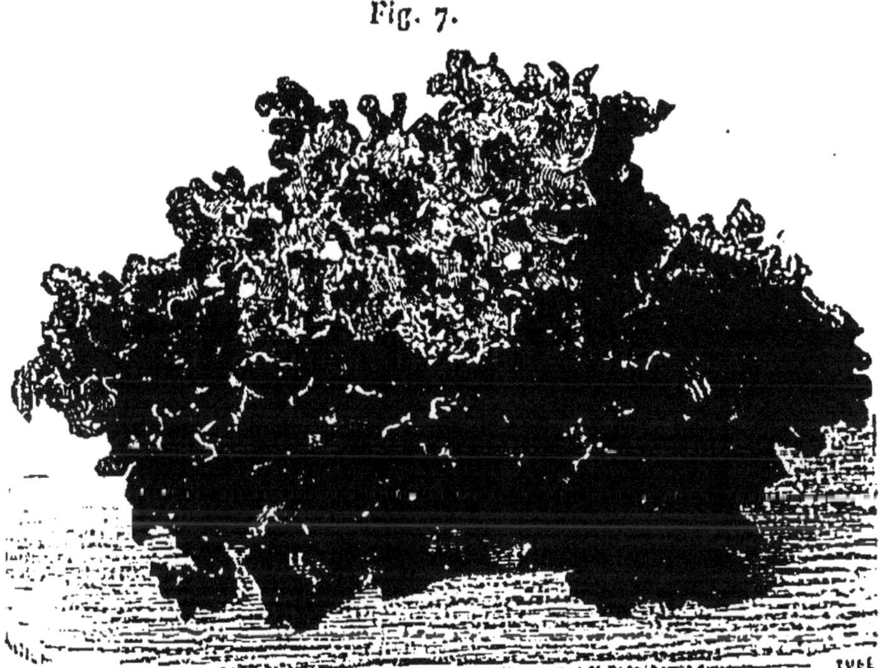

Fragment de l'aérolithe de Pallas (Muséum de Paris).

détachés ont réduit ce bloc à 1270 livres russes, c'est-à-dire à 519 kilogrammes. C'est l'un des premiers aérolithes reconnus, et qui fournit à Pallas et à Chladni les premiers matériaux de la discussion qu'ils ouvrirent sur ces objets problématiques. On ignore l'époque de sa chute. Les Tartares le considéraient comme une relique sacrée tombée du ciel à une époque perdue dans la nuit des temps.

La forme de cet aérolithe est irrégulière, revêtue d'une croûte ferrugineuse, au-dessous de laquelle on a trouvé du fer malléable, cassant à chaux, poreux comme une éponge, et dont les cavités étaient remplies d'une substance fragile, dure et vitrifiée, que l'on a reconnue plus tard pour des grains de péridot. Nous en avons un fragment à Paris, reproduit *fig.* 7. On peut même voir au Muséum un moulage en carton du bloc entier.

VIII. — Aérolithe de 750 kilogrammes (Colombie).

L'aérolithe tombé en 1810 à Santa Rosa (Nouvelle-Grenade), sur le chemin de Pamplona à Bogota, pèse 750 kilogrammes; son volume est à peu près le dixième d'un mètre cube. Aux environs du lieu où cette masse est tombée, M. Boussingault trouva plusieurs fragments météoriques ayant une composition analogue à celle de la masse principale : 92 de fer et 8 de nickel. Cette grande masse avait une forme inusitée et caverneuse, sans aucun enduit vitreux. Lorsqu'on la découvrit, elle était presque complètement enterrée; une pointe de quelques centimètres de hauteur seulement paraissait à la surface du sol. Il a dû en tomber beaucoup d'autres, car une lettre de M. Gonzalès, directeur actuel de l'Observatoire de Bogota, m'apprend qu'on a déjà trouvé plusieurs fragments de même composition.

La vitesse de chute des aérolithes doit du reste en avoir enfoncé un grand nombre au-dessous de la surface du sol. Celui qui est tombé, par exemple, dans le département du Cher, en 1872, s'était enfoncé, comme nous l'avons vu plus haut, à $1^m,60$. Il serait certainement resté inconnu si on ne l'avait pas vu tomber. Remarquons à ce propos que, le 15 février 1818, un énorme aérolithe paraît être tombé à Limoges, dans un jardin au sud de la ville. « Après l'explosion d'un grand météore, dit une relation du temps, une masse qui tomba fit dans la terre une excavation d'un volume égal à celui d'une grande futaille. » Il aurait fallu, et il serait encore convenable de déterrer la masse.

IX. — Aérolithe de 780 kilogrammes (Mexique).

Cette énorme masse de fer existait depuis un temps immémorial à Charcas, près de San Luis de Potosi, où elle était tombée du ciel. Enlevée en 1866 par les soins du trop célèbre commandant en chef du corps expéditionnaire, elle fut expédiée en France, malgré les difficultés qui s'opposaient au transport d'un bloc aussi pesant.

Elle fait aujourd'hui, dans la galerie française, le pendant de l'aérolithe Caille, dont nous avons parlé plus haut.

Elle était située à l'angle nord-ouest de l'église de Charcas, en partie enterrée dans le sol, et enchâssée dans le mur. C'était un fétiche, auquel on vouait un culte particulier. Les femmes surtout l'invoquaient contre la stérilité. Les soldats l'ont enlevée, au grand désespoir des Mexicaines; on l'a placée sans scrupule

Fig. 8.

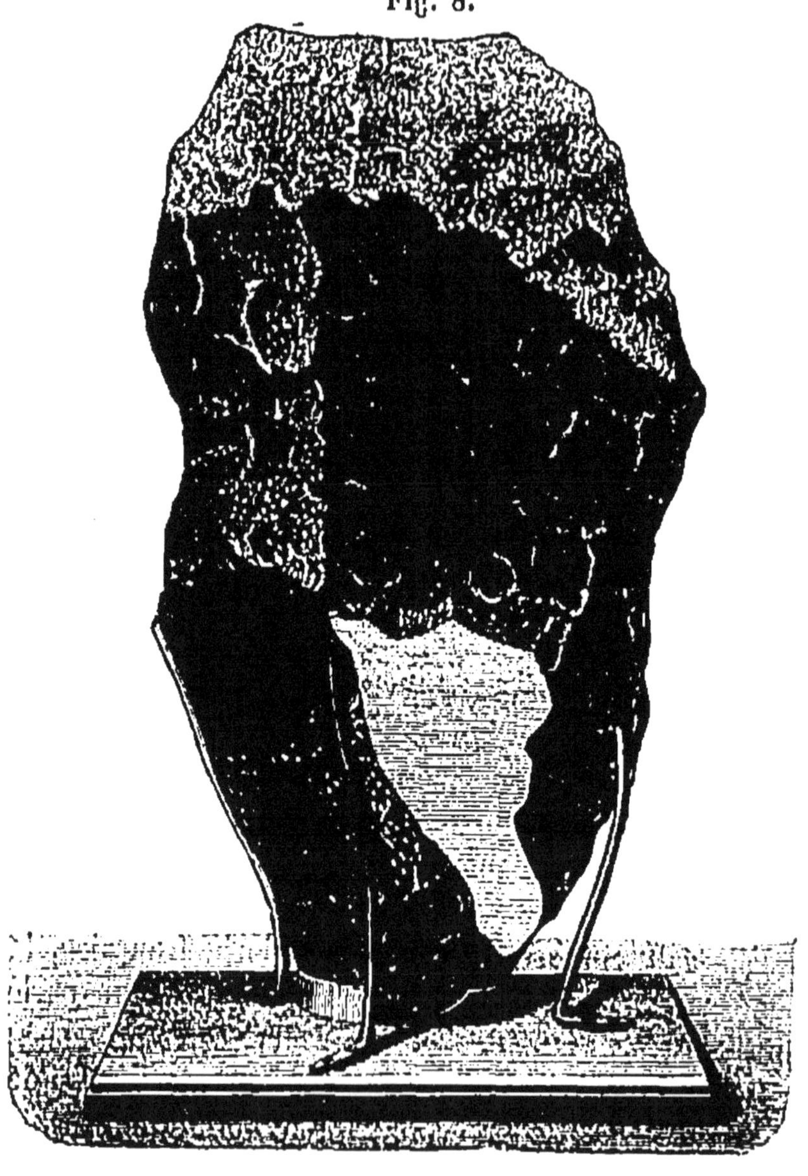

Fer météorique du Mexique (780 kilogrammes).
Muséum de Paris.

au milieu des minéraux du Muséum, étiquetée, sciée,

analysée (et l'on ne dit pas que le chiffre de la population ait sensiblement baissé là-bas). Dès 1804, elle fut signalée, et plus tard, en 1811, par Humboldt.

Son poids est de 780 kilogrammes; elle a environ 1 mètre de hauteur, 47 centimètres de largeur et 37 centimètres d'épaisseur. Sa forme est à peu près celle d'un tronc de pyramide triangulaire à arêtes émoussées. Ce qui frappe tout d'abord, lorsqu'on l'examine, c'est une grande face, sensiblement plane, qui embrasse toute la longueur et toute la largeur du bloc. Une des arêtes est remplacée en partie par une sorte de cuvette dont le fond est criblé de petites dépressions peu profondes, mais assez larges, qui présentent la forme de coupes ou de capsules. On trouve également de ces dépressions, mais en moins grande quantité, sur d'autres parties du bloc.

On remarque, de plus, au fond de plusieurs de celles qui occupent la cuvette, des dépressions secondaires, très-rapprochées les unes des autres, qui rappellent les empreintes laissées par des gouttes de pluie tombant sur une pâte.

La densité de ce fer est de 7,71. Soumis à l'action du chalumeau, il ne fond qu'à la chaleur blanche. Il est remarquable par sa douceur et sa couleur claire; il se polit très-aisément et brille alors d'un vif éclat. Il se dissout lentement dans les acides, avec dégagement très-faible d'hydrogène sulfuré. L'analyse faite sur un fragment d'apparence parfaitement homogène a donné, sur 100 parties : 93,01 de fer, 4,32 de métal, des traces de soufre et de silice, et 3,70 d'un résidu inattaquable.

Ce résidu contient quelques parcelles de silice et une plus grande quantité d'une substance amorphe, noire et terreuse, qui paraît être du graphite. Il renferme, en outre, des aiguilles très-magnétiques et d'un vif éclat métallique, constituées par un phosphure double de fer et de nickel.

Le protosulfure de fer, disséminé en rognons dans la masse, est doué d'une couleur jaune-bronze, avec éclat métallique.

Ces divers caractères mettent hors de doute l'origine météorique de la masse de fer de Charcas, et l'on peut en toute assurance affirmer cette origine, quoiqu'on n'ait pas conservé le souvenir de la chute de cet aérolithe.

X. — Aérolithe de 3000 kilogrammes (Australie).

Le plus lourd aérolithe authentique que l'on possède dans les collections est celui qui fait l'ornement du Musée britannique. En 1861, une grande masse de fer météorique fut découverte à Cranbourne, près de Melbourne (Australie). Son poids était de 2800 livres anglaises (1270 kilogrammes). On l'envoya au Musée de Londres; mais, quelque temps après, on trouva dans le même endroit la contre-partie de cet aérolithe, la *meilleure moitié*, et les autorités de Melbourne l'échangèrent généreusement contre la petite moitié, qui fut dès lors renvoyée en Australie. Les deux morceaux s'ajustent et forment ensemble un poids de 3000 kilogrammes environ : l'aérolithe s'était brisé en arrivant à la surface de la terre. Il est fâcheux qu'ils soient restés séparés et que l'un soit en Europe, tandis que l'autre est en Australie.

XI. — Aérolithes de 6350, 10 000 et 15 000 kilogrammes.

Les aérolithes précédents ont été pesés, analysés et classés. Nous pouvons leur adjoindre trois autres fragments planétaires qui seraient plus considérables encore : l'un, pesant 6350 kilogrammes, se trouve à Bahia, au Brésil, où il a été découvert en 1816, puis analysé par Wollaston ; l'autre, pesant plus de 10 000 kilogrammes, serait tombé en Chine, vers la source du fleuve Jaune et mesurerait 15 mètres de hauteur. Les Mongols, qui l'appellent le *Rocher du Nord*, racontent que cette masse tomba à la suite d'un grand feu du ciel. Le troisième gît dans la plaine de Tucuman (Amérique du Sud) et pèse environ 15 000 kilogrammes.

XII. — Aérolithes de 10 000 et 20 000 kilogrammes, trouvés au Groënland.

Si ces roches de fer natif sont vraiment d'origine céleste, ce sont là les masses les plus considérables qui soient connues dans l'espèce de matériaux qui nous occupe ici.

En 1871, le Ministre de l'Instruction publique a transmis à l'Académie des Sciences la Lettre suivante, adressée par le consul de France à Elseneur au Ministre des Affaires étrangères :

« La presse publique a signalé la découverte faite, l'année dernière, au Groënland, par M. le professeur suédois Nordenskiöld, de trois météorites de fer. Le gouvernement suédois avait demandé au gouvernement danois la permission de faire prendre ces météorites par deux navires armés dans ce but, en offrant la condition qu'un tiers de ces masses découvertes reviendrait au Danemark. L'accord s'étant établi sur cette base, les deux navires ont été prendre les météorites et les ont apportées en rade de Copenhague. Leur poids est de 49600, 20000 et 10000 livres. Celui de 20000 a été remis au Danemark; et, comme on avait trouvé supplémentairement vingt-deux pièces d'un poids total de 1200 à 1500 livres, ce même pays a reçu cinq autres pièces pesant environ 450 livres. Les autres météorites ont été transportées à Stockholm, pour y être placées dans le Musée national. »

Le 24 juin 1872, M. Daubrée a donné les renseignements suivants sur ces minéraux problématiques.

A Ovifak, localité située dans la partie méridionale de l'île de Disko, le rivage présentait, au milieu de blocs arrondis de granite et de gneiss, quinze blocs de fer, dont le plus gros, d'un poids de 20 000 kilogrammes, dépasse les plus fortes masses de même nature que l'on ait signalées. Ces blocs se trouvaient les uns à côté des autres sur une superficie qui n'excède pas 50 mètres carrés. A une distance de 16 mètres seulement du principal bloc, une roche, ayant l'apparence du basalte, s'élevait au-dessus du sable, en faisant une saillie de quelques centimètres, sur une longueur de plus de 4 mètres. Du fer natif fut également découvert dans cette roche; il y affecte la forme de grains arrondis ou celle de lentilles, dont l'une, avec une épaisseur de quelques centimètres, s'étend sur une longueur de plusieurs mètres. D'ailleurs, aux grosses masses de fer isolées étaient encore adhérents, comme des débris de croûte, des fragments de cette même roche basaltoïde ressemblant à celle qui empâte le fer natif, ce qui montrait que, dans ces deux situations, le fer natif a une même origine. L'examen chimique des divers échantillons, qui fut fait par plusieurs chimistes suédois et par M. Nordenskiöld lui-même, y fit connaître la présence du nickel et du cobalt, et vint tout à fait à l'appui de la supposition, que la reconnaissance sur le terrain avait fait naître, que ce sont des masses d'origine extra-terrestre. Telle est aussi la conclusion à laquelle est arrivé M. Wöhler. Cependant, d'après une autre hypothèse, leur origine serait terrestre et serait liée à celle des roches éruptives qui forment de grands massifs dans le voisinage. M. Nordenskiöld ayant envoyé plusieurs échantillons à M. Daubrée, celui-ci en a fait une analyse chimique dont voici les résultats :

Par son éclat, comme par sa teinte générale d'un gris très-foncé, presque noire, cette roche rappelle certaines variétés de fer oxydulé ou magnétite, d'oligiste ou de fontes graphitiques. Sa cassure est très-lamelleuse, sans que les faces de clivage permettent de reconnaître une disposition régulière et un système cristallin. Elle n'est pas ductile, mais se brise sous le choc du marteau, en donnant des étincelles. La poussière n'est pas d'un noir pur, mais d'un brun rouge très-foncé ; elle est fortement attirable au barreau aimanté. Considérée dans sa cassure naturelle, la substance paraît de nature uniforme; mais il n'en est pas de même sur une face polie : on y distingue alors, dans la pâte noire qui prédomine, deux substances douées aussi de l'éclat métallique. L'une, d'un blanc clair, y dessine un réseau brillant et fort net, à raison de la manière dont elle s'est logée entre les lamelles; elle offre les caractères du phosphure appelé *schreibersite*. L'autre, d'un jaune de laiton et en grains irréguliers, consiste en protosulfure de fer ou en troïlite. En outre, quelques parties, d'un aspect lithoïde et d'un vert foncé, sont formées de silicates. Par la trituration, on réduit le tout en poussière impalpable, sans rencontrer, comme il arrive ordinairement dans les météorites, du fer, en parcelles résistantes et ductiles. Traitée par l'eau froide, la matière, finement pulvérisée, abandonne au liquide du chlore, de l'acide sulfurique, de la chaux et du fer.

L'acide chlorhydrique bouillant dissout presque entièrement la matière, sauf un résidu noir. Il en est de même de l'eau régale. La présence du nickel, du cobalt, du chrome et du phosphore a été reconnue. Avec le spectroscope, on a constaté la présence du calcium et celle du cuivre; ce dernier métal a été précipité aussi par le fer. Voici, du reste, le résultat de toutes les analyses pour trois fragments différents :

	1er type.		2e type.		3e type.	
Fer métallique...	40,94	71,09	80,8	82,4	61,99	70,1
Fer combiné.....	30,15		1,6		8,11	
Carbone combiné.	3,00	4,064	2,6	2,9	3,6	4,7
Carbone libre...	1,64		0,3		1,1	
Silicium........	0,75		0,291		non dosé.	
Eau...........	2,86		0,7		»	

Sels solubles dans l'alcool et dans l'eau; présence dans tous du chlorure de calcium :

	1er type.	2e type.	3e type.
Sulfate de chaux.....	1,288	0,058	0,047
Chlorure de calcium..	0,039	0,233	0,146
Chlorure de fer......	0,027	0,089	0,114
	1,354	0,375	0,307

Ainsi toutes ces masses sont caractérisées par la présence des sels solubles, dans des proportions qui sont loin d'être insignifiantes. Ce n'est pas seulement par leur grande dimension, mais aussi par leur constitution chimique que ces minéraux sont très-remarquables. D'abord leur composition, ainsi que certains traits physiques, les distingue des types de météorites jusqu'à présent connus. Dans les deux types lithoïdes, la netteté des cristaux des silicates contraste avec l'état confus de la cristallisation qui est habituel aux météorites; tandis que les silicates y sont généralement en cristaux très-petits, mal formés, on distingue dans les roches d'Ovifak, même à l'œil nu, des clivages nets avec l'angle rentrant qui caractérise certains feldspaths. L'examen à la loupe d'une plaque mince et transparente montre d'une manière très-nette des cristaux incolores, minces et allongés suivant des plans parallèles et appartenant à un système doublement oblique, qui présentent, par leur juxtaposition, sous la lumière polarisée, tout à fait les mêmes dispositions que les cristaux du labradorite de certaines dolérites. Ils ne présentent pas, d'ailleurs, ce fendillement, comparable à celui du feldspath des trachytes, que l'on remarque dans certaines météorites.

On sait que les météorites renferment presque constamment du fer métallique et du fer combiné à divers états : sulfure, phosphure, chromite, silicates, mais non à l'état d'oxyde libre. Dans les roches d'Ovifak, une grande partie est combinée à l'oxygène, sans qu'on puisse déterminer avec certitude quel est le degré d'oxydation. De plus, la présence et l'abondance du carbone dans ces masses, tant combiné au fer qu'à l'état libre, constitue un autre fait non moins remarquable. Par ces deux derniers caractères, les roches d'Ovifak se rapprochent des météorites dites *charbonneuses* ; cependant elles en diffèrent par d'autres caractères, et, avant tout, par leur aspect, soit dans les parties métalliques, soit dans les parties silicatées. Ce sont de nouveaux types dans la série des roches météoritiques ; ils servent à combler une lacune qui existait jusqu'à présent entre les météorites charbonneuses et les autres. Si les roches à fer natif d'Ovifak diffèrent, à certains égards, des météorites connues, elles se séparent d'une manière encore bien plus tranchée des roches terrestres, même des dolérites et des basaltes, auxquelles on serait porté à les rattacher, car jamais, dans ces dernières, on n'a signalé le fer natif allié au nickel et au cobalt, non plus que le protosulfure de fer.

Malgré l'eau de mer qui les mouillait continuellement, les blocs de fer natif ne s'étaient pas décomposés d'une manière sensible sur le rivage où ils furent découverts ; mais, transportés loin de leur patrie et arrivés à des latitudes moins élevées, au bout de quelques semaines ces mêmes blocs avaient subi une altération évidente ; il en suintait constamment un liquide passant du vert au brun; la transformation dont il s'agit était particulièrement prononcée sur l'un des blocs qu'on avait placé dans une pièce chaude du navire. Dans les Musées où ces grands blocs sont déposés, malgré les précautions que l'on a prises, la décomposition continue à marcher avec rapidité. On ne doit pas attribuer seulement l'altération rapide dont il s'agit à la présence du chlorure de fer; le chlorure de calcium y contribue évidemment pour une forte part. Ce qui vient à l'appui de cette assertion, c'est que le type le plus altérable est aussi le plus riche en chlorure de calcium. Quant à la forte résistance que ces mêmes masses opposent à la décomposition, tant qu'elles restent dans les contrées polaires, elle s'explique par la faiblesse de la tension de la vapeur d'eau aux basses températures qui y sont habituelles. Ce contraste fait d'ailleurs ressortir combien l'eau, à l'état de vapeur, pénètre plus facilement que l'eau liquide dans les pores des corps solides.

Il est à remarquer que si les masses d'Ovifak, au lieu d'être dans des conditions climatériques aussi exceptionnelles, s'étaient trouvées dans nos climats, elles auraient sans doute disparu depuis longtemps, ou au moins se seraient réduites en menues parcelles. Les roches cosmiques apportent donc en elles, avec les sels déliquescents qu'elles contiennent dans leur tissu, un germe puissant de destruction.

IV.

ÉNORMES DIMENSIONS DE CERTAINS BOLIDES ET CONSÉQUENCES DE LEUR CHUTE SUR LA TERRE.

Après avoir vu ces masses énormes tombées du ciel, on peut se demander si leur chute sur la Terre ne peut produire des accidents, non-seulement pour la vie humaine, mais encore pour la planète elle-même. Voici les réflexions que l'étude spéciale des bolides avait suggérées à l'astronome Petit, de Toulouse.

Il paraît certain que trop souvent la chute des étoiles filantes, désignées dans ce cas par le nom d'*aérolithes* (pierres de l'air), occasionne de graves accidents. Telles sont, par exemple, la chute de l'an 616, qui fracassa des chariots, disent les Annales chinoises, et tua dix hommes; celles de 944, qui, d'après la chronique de Frodoard, enflamma des maisons; celle du 7 mars 1618, qui mit le feu au Palais de Justice de Paris; celles de 1647 et de 1654, qui tuèrent, la première deux hommes en mer, la seconde un Franciscain à Milan; celles du 13 juin 1759, du 12 novembre 1761, du 13 novembre 1835, du 3 août 1840, du 25 février 1841, du mois de juillet 1842, du mois de novembre 1843, du 16 janvier et du 22 mars 1846, enfin du 1er août 1862, qui occasionnèrent des incendies dans les départements de la Gironde, de la Côte-d'Or, de l'Ain, de la Manche, de la Haute-Marne, des Pyrénées-Orientales, de Saône-et-Loire, de la Haute-Garonne, etc. Telle est encore la chute citée par M. Laugier, comme ayant, en Amérique, écrasé une chaumière, tué le métayer ainsi que du bétail et fait dans le sol un trou de 2 mètres de profondeur, etc.

En calculant la trajectoire de plusieurs bolides, Petit a trouvé, comme trajectoires limites fournies par les hypothèses les plus défavorables sur la vitesse résultant de l'observation, des orbites elliptiques ou même hyperboliques autour du Soleil. Ce qui caractérise de véritables planètes, dans toute la rigueur du mot, ou bien des corps intrastellaires, errant dans l'espace d'une étoile à l'autre, et de nature, par conséquent, à nous apporter des nouvelles matérielles de ces profondeurs sans fin, dont la lumière elle-même, malgré son étonnante vitesse, emploie des milliers d'années à nous arriver. On trouve aussi, comme trajectoires probables, des ellipses autour de la Terre. Toutefois ces cas sont rares et semblent d'ailleurs indiquer, non des corps arrivant de la Lune, mais des satellites analogues aux premiers satellites de Jupiter et de Saturne, c'est-à-dire doués d'un mouvement de circulation très-rapide, avec des excentricités insuffisantes pour les faire venir des régions lunaires.

Leurs diamètres apparents égalent quelquefois ceux du Soleil et de la Lune. Tel fut, entre autres, celui du 19 mars 1718, qui passa, d'après Halley, à 119 lieues de la Terre, presque aussi brillant que le Soleil, et dont le diamètre réel atteignait 2560 mètres. Tel fut aussi celui du 17 juillet 1771, que nous avons décrit plus haut (p. 147), et dont le diamètre fut évalué par des membres de l'Académie des Sciences à 500 toises. Tel fut encore le bolide du 26 avril 1803, aperçu vers 1 heure après midi, de Caen, d'Alençon, de Falaise, etc., et dont la violente explosion, entendue à trente lieues à la ronde, projeta, dans les environs de Laigle (département de l'Orne), sur 40 à 45 kilomètres carrés, une quantité considérable de pierres, parmi lesquelles des fragments de plus de huit kilogrammes.

Parmi les bolides dont le diamètre a pu être mesuré, citons encore ceux du 5 janvier 1837, du 18 août 1841, du 23 juillet 1846, du 6 juillet 1850, auxquels Petit a trouvé des diamètres réels de 2200 mètres, de 3900 mètres, de 98 mètres, de 215 mètres, etc., avec des distances de 68 lieues, de 182 lieues, de 11 lieues, de 32 lieues, de 4 lieues, etc., et des vitesses tout à fait comparables à la vitesse de la Terre, telles, par conséquent, qu'il n'est pas possible de voir, dans la plupart des bolides, autre chose que de véritables planètes.

Un dernier mot pour terminer cette étude. Les bolides passant, en général, très-près de la Terre, il est naturel de se demander quels effets ceux d'entre eux qui ont des diamètres de 2000 à 3000 mètres seraient susceptibles de produire, même dans le cas de faibles vitesses, s'ils venaient à tomber. Or la Mécanique enseigne que ce résultat est exprimé par la moitié de ce qu'on appelle la *force vive*, produit de la masse du corps choquant par le carré de sa vitesse. Supposons donc un bolide ayant 2000 mètres de diamètre, une densité moyenne égale à celle des roches qui forment la croûte terrestre, ou à 3 fois environ celle de l'eau, et parcourant 10 000 mètres par seconde. La demi-force vive d'un pareil corps, comparée à celle du boulet de 24 (12 kilogrammes) sortant de la pièce avec une vitesse de 500 mètres, est égale à quatre cent dix-neuf trillions (*) et le nombre de coups que fourniraient en quatre-vingt mille ans dix mille pièces de canon lançant par minute chacune pendant tout ce temps, et sans interruption, un boulet de 24. Un pareil choc amènerait certes d'épouvantables ravages; mais néanmoins ils seraient purement locaux, ne produiraient que des effets insensibles sur l'ensemble général du globe terrestre et n'influeraient nullement sur la destinée de notre planète; car, tout calcul fait, on trouve que, même dans l'hypothèse la plus exagérée, ils altéreraient à peine la durée du jour sidéral d'un centième de seconde (**).

Les bolides de 2000 à 3000 mètres de diamètre pa-

(*) On aurait pour le bolide :
Volume en mètres cubes $= \frac{4}{3}\pi(1000)^3$;
Densité $= 3$;
Poids du mètre cube $= 3000^{kg}$;
Vitesse $= 10000^m$; d'où demi-force vive

$$\frac{4}{3}\pi(1000)^3 \times 3000^{kg} \times (10\,000)^2.$$

La demi-force vive du boulet de canon serait $6^{kg} \times (500)^2$.
Rapport des deux nombres $= 419\,000\,000\,000\,000$.
Nombre de minutes dans l'année $= 525\,949$.
Quotient de 419 trillions par ce nombre de minutes $= 799\,430\,000$, ou, en nombres ronds, 800 millions, produit de 80 000 par 10 000.

(**) ω étant la vitesse primitive de rotation, M la masse

raissant d'ailleurs être peu nombreux, les chances de chute pour de pareils corps se trouvent assez faibles; ajoutons que les pays inhabités, les mers, etc., comprennent, sur le globe, un ensemble de surface dont la vaste étendue diminue encore d'autant les probabilités de chocs considérables dans les endroits peuplés, et nous conclurons qu'en définitive ces circonstances réduisent à peu près à zéro les dangers individuels de chacun de nous.

et R le rayon de la Terre, ω' la vitesse que prendrait la Terre après la chute du bolide, m la masse et v la vitesse de celui-ci; enfin r la distance d'une molécule quelconque dm à l'axe de rotation, on aurait pour le choc tangentiel (cas de l'effet maximum)

$$\omega' \int_0^{M+m} r^2 dm = \omega \int_0^{M} r^2 dm \pm mvR,$$

d'où

$$\omega' (\tfrac{2}{5} M + m) R^2 = \tfrac{2}{5} MR^2 \omega \pm mvR;$$

et sensiblement

$$\omega' = \omega \pm \frac{mv}{\frac{2}{5} m R},$$

équation qui, avec $\omega = 86400^s$, donne en nombres

$$\omega' = 86400 + 0^s,0098634$$

V.

SUR LES EXPLOSIONS DES BOLIDES ET LA CHALEUR DES AÉROLITHES.

M. Regnault a réuni dans un Mémoire spécial lu à l'Institut les résultats des recherches faites dans une période de vingt ans, pour déterminer les pertes de chaleur qu'un gaz subit, lorsqu'il se détend dans les conditions si diverses où ce phénomène se réalise dans la nature et dans les expériences des laboratoires.

Ces expériences avec les tubes capillaires en argent prouvent que, lorsqu'un gaz coule, même avec une très-grande vitesse, suivant des parois très-étendues, il n'y a pas de dégagement sensible de chaleur que l'on puisse attribuer au frottement des molécules gazeuses sur ces parois.

Cette conclusion est en opposition avec les idées généralement admises, et l'on peut citer différents faits qui semblent la contredire.

Un projectile qui traverse l'air avec une grande vitesse s'échauffe beaucoup. On attribue ce fait à la chaleur qui serait dégagée par le frottement du projectile contre les molécules de l'air qu'il traverse.

Les bolides traversent notre atmosphère avec une extrême vitesse ; ils s'échauffent ainsi jusqu'à devenir incandescents, jusqu'à fondre complétement, ou seulement à leur surface. On attribue encore ce fait à la chaleur dégagée par la friction contre les molécules gazeuses.

Dans les deux cas, le dégagement de chaleur provient d'une autre cause, et il est dû uniquement *à la chaleur dégagée par la compression de l'air.*

Lorsqu'un mobile traverse l'air avec une vitesse plus grande que celle du son, l'élasticité de l'air est annulée dans ses effets, et la compression produite par le mobile n'a pas le temps de gagner les couches contiguës avant que celles-ci soient comprimées à leur tour par le mobile. Par suite de cette inertie, l'air se trouve comprimé comme il le serait dans un briquet à air. La chaleur provenant de cette compression passera, en grande partie, dans le mobile, dont elle élèvera la température. Le mobile ne sera d'ailleurs pas influencé par la détente de l'air qui produit du froid, car cette détente ne se fera que quand il aura passé. Ainsi le mobile, marchant avec la même vitesse, recueillera toujours la chaleur qu'il dégage en comprimant l'air, et il ne subira pas le refroidissement produit par la détente subséquente des couches d'air qu'il vient de traverser.

Il est évident, d'ailleurs, que la compression de l'air sera d'autant plus énergique que le mobile sera doué d'une plus grande vitesse ; la température du mobile s'élèvera successivement jusqu'à ce qu'elle soit égale à celle que prend une couche d'air qui subit instantanément la même compression dans le briquet à air. On s'explique ainsi parfaitement la très-haute température que prend un bolide qui traverse notre atmosphère avec une vitesse beaucoup plus considérable que la vitesse de propagation du son.

Un échauffement du même genre, mais plus faible,

se produira pour un mobile qui traverse l'air avec une vitesse moindre que celle du son. Dans ce cas encore, le mobile sera plus influencé par la chaleur dégagée par la compression qu'il ne le sera par la chaleur absorbée par la détente. Les deux effets se compenseront sensiblement quand le mobile aura une très-faible vitesse.

Il n'y a de chaleur dégagée par le frottement de deux corps que lorsque les molécules de l'un d'eux au moins ne sont pas absolument libres, c'est-à-dire quand elles sont sous l'influence d'une force quelconque d'agrégation. D'après M. Regnault, cette liberté absolue n'existerait réellement que dans les fluides immatériels, tels que l'éther, qui transmet les vibrations lumineuses. Elle n'est pas parfaite dans nos gaz, et par cela seul le mouvement d'un gaz le long d'une paroi solide doit dégager une certaine quantité de chaleur, qui résulte uniquement de la transformation en chaleur de la perte de force vive subie par les molécules pour vaincre leurs résistances intérieures. Les expériences prouvent que cette quantité de chaleur est si petite pour l'air atmosphérique, qu'elle échappe à nos moyens d'observation.

Les recherches de M. Regnault ont été présentées à la séance de l'Académie des Sciences, le 11 octobre 1869. A la séance du 15 novembre suivant, M. Delaunay lut la Note suivante *Sur les explosions des bolides et sur les chutes d'aérolithes qui les accompagnent.*

Les particularités qu'il s'agit surtout d'expliquer sont : 1° la violence des explosions qui, bien que produites dans des parties élevées et peu denses de l'atmosphère, se font entendre fortement sur la Terre et dans une grande étendue de pays; 2° la vitesse relativement faible avec laquelle les fragments des bolides arrivent sur la Terre, si on la compare à la vitesse énorme avec laquelle ces bolides se meuvent à travers l'atmosphère; 3° la croûte noire et mince qui recouvre ces fragments *en totalité* et qui indique que chacun d'eux a été soumis sur toute sa surface à une chaleur très-forte et de très-courte durée, *après sa séparation* du reste du bolide auquel il appartenait.

Voici comment on peut s'en rendre compte :

La compression énorme de l'air qu'un bolide refoule devant lui, en vertu de la grande vitesse dont il est animé, ne peut se produire sans que cet air réagisse sur la partie antérieure de la surface du bolide, et exerce sur elle une pression considérable. En partant de données qui sont très-loin d'être exagérées, M. Haidinger, dans un Mémoire lu à l'Académie des Sciences de Vienne, évaluait à plus de vingt-deux atmosphères la pression résistante que ce bolide doit éprouver de la part de l'air. Une pareille pression tend évidemment à écraser le corps qui en est l'objet, et si ce corps, en vertu de sa forme et de sa constitution intime plus ou moins irrégulières, présente des parties qui donnent plus de prise que le reste à l'action d'une aussi grande pression, elles peuvent céder et se détacher brusquement de la masse du bolide. On comprend d'ailleurs que l'échauffement rapide et tout superficiel du mobile, depuis son entrée dans l'atmosphère, en occasionnant des dilatations dans les couches voisines de la surface, tandis que le reste de la masse n'éprouve rien de pareil, doit amener des tiraillements intérieurs qui facilitent singulièrement la rupture dont nous venons de parler.

Dès qu'un fragment du bolide est ainsi détaché et devient un corps isolé, sa masse se trouvant trop petite pour qu'il continue à résister par lui-même, comme le bolide tout entier, à la pression dont il est l'objet, il cède à l'action de cette pression et est repoussé en arrière par l'air comprimé, qui, en même temps se dilate en raison de la facilité qui lui en est ainsi partiellement offerte. Il se produit là des circonstances absolument pareilles à celles qui se présentent dans nos bouches à feu, où une masse considérable de gaz, développée par l'inflammation presque instantanée de la poudre, se détend en repoussant le projectile solide qui fait obstacle à son expansion; puis, dès qu'elle atteint l'orifice de la bouche à feu, se répand rapidement et avec fracas dans l'atmosphère, en lançant en même temps le projectile avec une grande vitesse.

Ainsi s'explique tout naturellement l'explosion si intense du bolide. Divers fragments de ce corps peuvent d'ailleurs être détachés en même temps, ou presque en même temps, en différents points de sa masse; ces fragments eux-mêmes peuvent également être brisés, et même quelquefois comme pulvérisés, en raison de leur forme et de leur peu de consistance, par la violence d'expansion du gaz qui les a séparés du reste du bolide : d'où les explosions multiples et plus ou moins prolongées que l'on entend si souvent lors de l'apparition des bolides.

Lancées par l'expansion de l'air comprimé, et cela

en sens contraire du mouvement qu'elles partageaient quelques instants auparavant avec le reste de la masse du bolide, ces parties fragmentaires perdent à peu près complétement la vitesse considérable dont elles étaient animées ; et elles arrivent à la surface de la Terre avec des vitesses très-grandes encore, il est vrai, mais qui ne sont guère que les vitesses de chute de corps tombant d'une grande hauteur dans l'atmosphère.

Enfin l'air comprimé et très-fortement échauffé, qui a amené par sa pression résistante la rupture partielle du bolide et qui s'échappe rapidement par les brèches qu'il s'est ainsi ouvertes, enveloppe complétement en se dilatant les divers fragments qu'il a détachés, et produit par son contact instantané cet échauffement et cette fusion superficiels qui se manifestent par la croûte noire et mince des aérolithes et par leur chaleur si peu persistante au moment de leur chute.

Le fait de la compression de l'air, par des corps qui le traversent à grandes vitesses est, depuis longtemps, connu de l'artillerie. A propos de l'explication précédente, le général Morin fit la remarque que dans les polygones, dont le sol est généralement à peu près horizontal, on remarque toujours, en avant des bouches à feu et jusqu'à une certaine distance, que la poussière est enlevée, projetée à droite et à gauche, par l'action de l'air comprimé, à la détente duquel s'oppose le voisinage du sol. Il en résulte aussi que, dans le tir en terrain horizontal, les portées sont plus grandes que quand les bouches à feu tirent au-dessus d'un vallon ou d'un ravin.

Les anciens canonniers expliquaient cet effet, qu'ils avaient remarqué, en disant que *vallée attire le boulet*, tandis que c'est, au contraire, l'obstacle opposé par le terrain horizontal à la détente de l'air qui relève le tir.

Lorsque le tir a lieu parallèlement à un mur vertical et à peu de distance de sa paroi, si le mur est à droite, le projectile est dévié à gauche du plan du tir, et réciproquement.

Cette compression de l'air, en avant des corps qui le traversent, dépend de la vitesse de leur mouvement, et dans ses Recherches sur la résistance de ce fluide, exécutées à Metz, en 1837 et 1838, le général Didion, en observant la loi du mouvement de descente dans l'air de corps de diverses formes, abandonnés à leur propre poids, à l'aide d'appareils chronométriques à style d'une extrême précision, avait reconnu et démontré que, dans la période d'accélération de ce mouvement, l'expression de la résistance de ce milieu doit comprendre, outre un terme constant et un terme proportionnel au carré de la vitesse, un troisième terme proportionnel à l'accélération et dont l'existence est évidemment due à la compression de l'air.

L'explication précédente de M. Delaunay, sur la cause de l'explosion des bolides, coïncide avec celle que notre ami M. Phipson a donnée dans son volume sur les *météorites*, publié à Londres en janvier 1867. Dans le Chapitre XVIII de cet Ouvrage, M. Phipson a discuté les vues de MM. Haidinger et de Reichenbach, d'après lesquelles l'explosion des bolides serait due à l'énorme pression subie par ces corps en passant dans notre atmosphère ; il distingua trois *vitesses* différentes, dont un bolide est doué avant et après sa chute, savoir : la vitesse dans l'orbite, qui nous est inconnue ; la vitesse avec laquelle il se meut après qu'il a quitté l'orbite, et en décrivant son trajet vers la Terre ; enfin la vitesse avec laquelle tombent les fragments de la météorite après l'explosion.

En dernier lieu, tout en admettant jusqu'à un certain point la théorie de M. Haidinger et de M. Reichenbach, émise en 1861 et 1863, M. Phipson cite une expérience qu'il a faite, et qui lui fait penser que l'énorme température développée à la surface des météorites, pendant leur trajet dans l'atmosphère, peut être toute seule la cause de l'explosion. Voici cette expérience : si l'on prend une petite balle composée de phosphore, de chlorate de potasse et de gomme, telle que le sommet d'une allumette chimique, et qu'on la chauffe doucement, elle s'enflamme et brûle vivement à une température donnée ; mais, si l'on introduit soudainement cette petite balle dans un espace ouvert au milieu d'un feu très-chaud, de sorte que sa surface soit portée à une très-haute température avant que l'intérieur de sa masse ait le temps d'être chauffé, la balle éclate : il se produit invariablement une explosion. La même expérience peut être faite avec des pyrites et avec d'autres corps. Or c'est précisément ce qui a lieu avec les météorites. Les calculs de sir John Herschel et de M. Joule ont montré quelle énorme élévation de température la surface de ces corps subit pendant leur trajet dans l'air, et la mince couche de croûte noire, ou vernis, que l'on remarque sur les météorites, nous indique que cette chaleur intense ne pénètre qu'à une forte petit distance dans l'intérieur de leur masse.

Sur ce même sujet de l'*incandescence des bolides*, notre correspondant de Turin, M. Faà de Bruno, nous a rappelé que le professeur Govi a publié, en 1868, un Mémoire sur ce fait qui était déjà attribué *à la chaleur dégagée par la compression de l'air*, par laquelle M. Regnault vient de l'expliquer. M. Govi a établi cette opinion sur des calculs rigoureux. En partant de cette formule donnée par Schiaparelli :

$$\log\left(1+\frac{400}{u_1}\right)=\log\left(1+\frac{400}{u_0}\right)+0{,}026\pi r^2\frac{g'}{P}\,\mathrm{HM},$$

dans laquelle

u_1 représente la vitesse actuelle du bolide parvenu à la couche d'air, où la pression barométrique est $\mu=\frac{\mathrm{H}}{10500}$;

u_0 la vitesse initiale du bolide;

$\pi = 3{,}14159$;

r le rayon du bolide supposé sphérique;

$g = 9{,}80604$:

P le poids du bolide;

H la hauteur d'une colonne d'air faisant équilibre à la colonne barométrique de hauteur μ, dans la couche où le bolide est arrivé;

M le module des logarithmes vulgaires,

et, en supposant qu'un bolide de rayon $r = 0^{\mathrm{m}},1$, de densité $= 3{,}5$, entre dans l'atmosphère avec une vitesse de 50000 mètres par seconde, il trouve qu'à

48 151 mètres le bolide aurait déjà perdu 20 979 mètres de vitesse et 49 191 mètres à 15 136 mètres de hauteur, de sorte qu'il arriverait à la Terre avec la vitesse de 5 mètres environ ; ce qui expliquerait le peu de profondeur des brèches que les aérolithes ouvrent en tombant à terre. En adoptant 425 kilogrammètres pour l'équivalent mécanique de la chaleur, le nombre des calories au commencement serait de

4 397 295,

ce qui expliquerait surabondamment les phénomènes d'échauffement et de volatilisation observés.

VI.

SUR L'OCCLUSION DU GAZ HYDROGÈNE DANS LE FER MÉTÉORIQUE.

Certains métaux, notamment le fer natif, le platine et l'or, se rencontrent parfois dans des conditions toutes spéciales, et l'on parviendrait peut-être à jeter quelque jour sur leur histoire par l'étude des gaz qu'ils conservent à l'état d'occlusion, ces gaz provenant de l'atmosphère dans laquelle les métaux se sont trouvés en ignition. Le fer météorique de Lenarto semble être merveilleusement approprié à une telle recherche : on sait qu'il est exempt de tout mélange de roches, et aussi remarquable par sa pureté que par sa malléabilité. Son poids spécifique est 7,79, et il se compose de :

Fer	90,883
Nickel	8,450
Cobalt	0,665
Cuivre	0,002

C'est dans ce but que M. Thomas Graham a fait l'expérience suivante sur un fragment de fer de Lenarto. Ce fragment, taillé dans un bloc plus considérable, avait 50 millimètres de longueur, sur 10 et 13 dans ses autres dimensions; son poids était de 45 grammes et son volume de $5^{cc},78$. Il fut soigneusement lavé dans une solution chaude de potasse, dans plusieurs bains successifs d'eau distillée, et ensuite séché. On avait déjà constaté que ce traitement préalable ne peut suffire, avec l'action subséquente de la chaleur, pour déterminer la sortie du gaz hydrogène. Le métal fut renfermé dans un tube neuf de porcelaine, auquel on adapta un aspirateur de Sprengel, et l'on obtint à froid un fort degré de vide. Ce tube fut ensuite placé au centre d'un fourneau ardent, et chauffé jusqu'au rouge par du charbon de bois. Du gaz se dégagea sans trop de difficulté, et l'on en obtint :

	cc
En 35 minutes..............	5,38
En 100 minutes.............	9,52
En 20 minutes..............	1,63
En 2h35m...................	16,53

Par l'analyse spectrale, MM. Huggins et Miller ont constaté la présence de l'hydrogène dans les étoiles fixes, et le R. P. Secchi a trouvé que ce gaz forme le principal élément d'une classe nombreuse d'étoiles dont α de la Lyre représente le type. Nul doute que le fer de Lenarto n'ait pour origine une atmosphère sidérale, dans laquelle prédominait l'hydrogène : cet aérolithe nous a apporté de l'hydrogène des étoiles.

Quelques expérimentateurs, qui ont cherché à imprégner d'hydrogène le fer malléable, sous la pression atmosphérique ordinaire, n'ont guère pu faire pénétrer dans ce métal qu'un volume de gaz égal au sien. Or le fer météorique a donné environ trois fois son volume de gaz sans être épuisé. La conséquence est que cet aérolithe doit provenir d'une atmosphère très-dense de gaz hydrogène, qu'on ne peut trouver dans la matière raréfiée des comètes, et qu'il faut chercher au delà de notre système solaire.

VII.

EXISTENCE D'UNE MATIÈRE CHARBONNEUSE DANS CERTAINES MÉTÉORITES

Certaines météorites renferment une matière charbonneuse, dont l'existence et l'origine soulèvent un problème des plus intéressants. Cette matière, en effet, comme l'ont montré les analyses de M. Wöhler et celles de M. Cloëz, contient à la fois du carbone, de l'hydrogène et de l'oxygène, et peut être rapprochée des composés ulmiques, derniers résidus de la destruction des substances organiques. Il serait sans doute très-important de pouvoir remonter de ce résidu jusqu'aux substances génératrices. La question ainsi posée surpasse les ressources de notre science présente; cependant M. Berthelot a pensé que l'on pourrait faire un premier pas dans cette voie en remontant, sinon aux générateurs eux-mêmes, du moins à des principes qui en dérivent par des réactions régulières. En effet, il a décrit une « Méthode universelle d'hydrogénation », par laquelle tout composé organique défini peut être transformé en carbures d'hydrogène correspondants. Cette méthode est applicable même aux matières charbonneuses, telles que le charbon de bois et la houille; elle les change en carbures analogues à ceux des pétroles.

Le savant expérimentateur a appliqué la même méthode à la matière charbonneuse de la météorite d'Orgueil, et il a pu reproduire en effet, quoique plus péniblement qu'avec la houille, une proportion notable de carbures forméniques, $C^{2n}H^{2n+2}$, comparables aux huiles de pétrole.

Il eût été désirable de pouvoir étudier ces carbures avec plus de détail ; mais la proportion de matière soumise à l'expérience était trop faible pour permettre autre chose que de constater la formation et les caractères généraux de divers carbures, les uns gazeux, les autres liquides.

« Quoi qu'il en soit, remarque l'ingénieux chimiste, cette formation marque une nouvelle analogie entre la substance charbonneuse des météorites et les matières charbonneuses d'origine organique qui se rencontrent à la surface du globe. »

Ces aérolithes nous apportent donc très-probablement des résidus de la *vie* végétale et animale qui existe sur les autres mondes. Qui sait? la preuve positive et sensible de la vérité de la doctrine de la *pluralité des mondes habités* nous sera peut-être donnée par les aérolithes, avant que le télescope n'ait acquis la puissance nécessaire pour nous montrer les effets de la vie (végétale, animale ou autre) à la surface des planètes. L'aérolithe d'Orgueil, sur lequel l'analyse précédente a été faite, nous a apporté du *charbon;* ceux d'Ovifak et de Lancé nous ont apporté du *sel*, comme nous l'avons vu plus haut.

VIII.

LES MÉTÉORITES CONSIDÉRÉES COMME ENGRAIS.

Si les météorites de toutes dimensions, depuis les masses énormes que nous avons rapportées, jusqu'aux poussières impalpables dont on a également constaté l'arrivée sur la Terre, ne produisent pas d'effet mécanique appréciable sur notre planète, apportent-elles une modification sensible dans l'état chimique de la surface?

On sait que le sol arable contient toujours et dans toutes les régions du globe, au moins quelques traces de phosphore et de magnésie; mais on ne s'était peut-être jamais demandé jusqu'à ce jour d'où viennent ces substances si uniformément réparties à la surface terrestre. M. de Reichenbach, le célèbre chimiste à qui l'on doit la découverte de la créosote et aussi celle de l'Od, nouvelle force d'une nature tout à fait mystérieuse, dont on a beaucoup parlé dans le temps, croit avoir trouvé la véritable cause du phosphore et de la magnésie disséminés à la surface du sol.

Il l'attribue aux étoiles filantes, et s'est vu conduit à cette bizarre hypothèse par une trouvaille qu'il a faite : la présence constante de traces de nickel et de cobalt dans les terrains superficiels.

M. de Reichenbach possède une des plus belles collections d'aérolithes qui existent. Il a fait de nombreuses analyses de météorites, et publié vingt-trois Mémoires sur ce sujet. On peut donc le considérer comme une autorité compétente en ces matières. Or, un jour, après avoir beaucoup réfléchi à la nature physique des étoiles filantes, que tout porte à considérer comme des aérolithes d'une faible masse, comme une sorte de poussière d'aérolithes, il pensa que cette pluie de poussières métalliques, qui dure depuis tant de siècles, doit avoir laissé quelque trace sur la Terre, et que ces grains presque invisibles et impalpables qui nous tombent des nues pourraient bien aujourd'hui constituer des masses assez considérables pour se révéler à l'analyse chimique; et, comme les métaux qui caractérisent surtout les météorites sont le nickel et le cobalt, il se promit de chercher ces métaux dans le sol exposé au grand air.

Dans cette pensée, le célèbre chimiste monta un jour sur le Lahisberg, montagne de forme conique, haute de 300 à 400 mètres et couverte, à son sommet, d'un bois de hêtres. Il pénétra dans le taillis et y choisit un endroit que probablement le pied de l'homme n'avait jamais foulé. Ensuite il y ramassa quelques poignées de terre, les mêla et les emporta soigneusement dans un cornet de papier, afin de les soumettre à l'analyse. On y trouva des traces de cobalt et de nickel.

Des échantillons pris sur le Haindelberg, sur le Kalenberg et sur le Dreymarksteinberg, montagnes voisines de la première, conduisirent au même résultat; l'un contenait du nickel, l'autre du cuivre. Enfin l'analyse du sol de la plaine appelée le Marchfeld révéla également des traces de nickel.

Ces résultats sont d'autant plus significatifs que le

massif des montagnes de cette partie de l'Autriche est composé de grès et de calcaire, où l'on n'a jamais trouvé le moindre filon métallique. Les traces de nickel et de cobalt, dans les échantillons examinés par le chimiste allemand, entraient toujours pour un dix-millième à peu près dans la composition de ces terrains; ce qui semble indiquer une diffusion assez uniforme des deux métaux à la surface du sol.

Si l'on rapproche cette circonstance de la répartition uniforme et constante du phosphore et de la magnésie, substances qui font aussi partie de la plupart des aérolithes, on peut accorder à M. de Reichenbach que son hypothèse, toute bizarre qu'elle soit, n'a rien de trop invraisemblable. Les étoiles filantes se comptent par milliers dans certaines nuits, et si nous pouvions apercevoir toutes celles dont l'éclat égale seulement celui des étoiles au-dessous de la 7° grandeur, leur nombre serait incalculable. En outre, le phénomène dure depuis des centaines de siècles. Il est donc naturel qu'on en rencontre des traces matérielles.

La conclusion à laquelle le chimiste allemand a été conduit est trop singulière et trop neuve pour que nous l'ayons laissée passer sans en prendre note.

Ajoutons que, suivant les derniers calculs du laborieux géomètre américain Simon Newcomb, il ne tombe pas moins de 146 *milliards* d'étoiles filantes par an sur la Terre.

IX.

LA VIE APPORTÉE SUR LA TERRE PAR LES AÉROLITHES.

Tandis qu'un savant allemand voyait, dans les météorites qui arrivent chaque jour sur la Terre, un véritable engrais transformant insensiblement les conditions chimiques de la surface du sol, un savant anglais allait plus loin encore et trouvait, de son côté, dans les aérolithes, une hypothèse pour expliquer l'origine de la vie à la surface de la Terre.

A la réunion de l'Association Britannique tenue à Édimbourg au mois d'août 1870, le président, sir William Thomson, a exposé la curieuse théorie suivante : « Comment la vie a-t-elle commencé sur la Terre? En retraçant l'histoire physique de la Terre, aux premiers temps, d'après les stricts principes de la Dynamique, nous sommes ramenés à un globe en fusion, chauffé au rouge, sur lequel aucun degré de vie ne pouvait exister; par conséquent, lorsque la Terre se trouva pour la première fois propre à la vie, il n'y avait sur elle aucun être vivant; il y avait des roches solides et désagrégées, de l'eau, de l'air avec la chaleur et la lumière du Soleil : elle était prête à devenir un jardin. Le gazon, les arbres et les fleurs ont-ils jailli dans tout l'éclat d'une splendide maturité par un *fiat* du Pouvoir créateur? ou bien la végétation s'est-elle développée d'une semence jetée, disséminée, multipliée sur toute la Terre? La science est tenue, par la loi éternelle de l'honneur, d'envisager sans crainte tous les problèmes qui peuvent se présenter à elle. Si l'on peut trouver une solution probable, en conformité avec le cours ordinaire de la nature, nous ne devons pas invoquer un acte anormal du Pouvoir créateur. Quand un flot de lave coule le long des flancs du Vésuve ou de l'Etna, il se refroidit lentement et devient solide; puis, au bout de quelques années, la lave se couvre de végétaux et d'êtres animés, qui doivent leur origine à un transport de semences, d'œufs, ou à des migrations. Quand une île volcanique surgit du sein des flots, et que après quelques années, nous la trouvons en pleine végétation, nous n'hésitons pas à supposer que des semences y ont été apportées à travers l'air ou sur des épaves flottantes. N'est-il pas possible, et, si c'est possible, n'est-il pas probable qu'il faille expliquer ainsi le commencement de la vie végétale sur la Terre? Chaque année des millions de fragments de matière solide arrivent à sa surface! D'où viennent ces fragments? Quelle est l'histoire antérieure de chacun d'eux? A-t-il été créé, au commencement des temps, sous forme de masse amorphe? Cette idée est tellement inacceptable que tout le monde l'écarte; on suppose souvent que toutes ou certainement quelques pierres météoriques sont des fragments détachés de masses plus considérables et lancés en liberté dans l'espace. Il est sûr qu'il peut se produire des collisions entre les corps célestes qui traversent l'immensité, absolument comme il est sûr aussi que des vaisseaux peuvent se rencontrer sur l'Océan. Quand deux grandes masses entrent en collision dans l'espace, il est certain qu'une partie considérable de chacune est fondue ; mais il semble tout à fait certain que, dans bien des cas, une grande quantité de débris doivent être projetés dans toutes les directions, sans avoir pour la plupart éprouvé plus de violence que les quartiers de rochers brisés par un éboulement ou par l'explosion d'une mine.

« S'il arrivait un jour que la Terre vînt à entrer en collision avec un autre corps de dimensions à peu près analogues, alors qu'elle serait couverte de végétation, assurément nombre de fragments gros et petits, emportant des semences, des plantes vivantes et des animaux, seraient projetés à travers l'espace. Dès lors, et puisque nous croyons tous fermement qu'il existe actuellement, et qu'il a existé de temps immémorial bien d'autres mondes habités que le nôtre, nous pouvons regarder comme probable au plus haut degré qu'il existe un nombre infini de pierres météoriques portant des semences qui se meuvent à travers l'espace. S'il n'existait, à l'heure présente, aucune vie sur cette Terre, une seule pierre tombant sur elle pourrait, par ce que nous appelons à l'aveugle une *cause naturelle*, la couvrir bientôt de végétation. J'ai pleinement conscience de toutes les objections scientifiques que l'on peut opposer à cette hypothèse ; mais je crois que l'on peut répondre à toutes. L'hypothèse que la vie a commencé sur cette Terre parmi les fragments moussus provenant des ruines d'un autre monde peut sembler fantasque et visionnaire ; tout ce que je maintiens, c'est qu'elle n'est pas contraire à la science. »

X.

LA GRANDE PLUIE D'ÉTOILES DU 27 NOVEMBRE 1872, ET LA COMÈTE DE BIELA.

Les plus grands regrets que puisse éprouver un astronome sont certainement ceux qui sont causés par la privation d'un spectacle astronomique intéressant, surtout si cette privation a été quasi volontaire, et si ce spectacle a été extraordinaire. Tels sont les regrets que j'ai ressentis au mois de novembre 1872, pour n'avoir pas observé cette admirable pluie d'étoiles filantes du 27. Je me trouvais alors à Rome, dans le quartier de la villa Médicis, et favorisé d'un balcon donnant au sud. Je n'avais qu'à faire deux pas pour contempler ce beau spectacle, et je ne les ai pas faits! O lecteur bienveillant de ces *études*, vous qui n'avez pas pour Uranie une moindre passion que moi-même, vous comprenez de suite le désappointement que j'ai éprouvé le lendemain matin, lorsque, me rendant à l'Observatoire du Collége Romain, le P. Secchi me fit part de cet événement cosmique! Comment l'avait-il observé lui-même? Par le plus heureux des hasards : un sien ami, voyant pleuvoir les étoiles, monta lui demander l'explication d'un pareil phénomène. Il était alors $7^h 30^m$. Le spectacle était commencé, mais il était loin d'être terminé, et l'illustre directeur de l'Observatoire du Collége Romain put contempler la pluie merveilleuse de près de *quatorze mille* météores !

Cet événement fit un bruit considérable à Rome, et le pape lui-même n'y resta pas indifférent; car quelques jours après, ayant eu l'honneur d'être reçu au Vatican, les premières paroles que Pie IX m'adressa furent celles-ci : « *Avez-vous vu la pluie de Danaé ?* » J'avais admiré, peu de temps auparavant, d'admirables *Danaé* peintes par les grands maîtres de l'École italienne, mais je n'avais pas eu le privilége de me trouver sous la coupole du Ciel pendant la mémorable soirée du 27.

Ce n'est pas seulement à Rome, ni en Italie, du reste, que ce magnifique phénomène a pu être observé, mais encore en France, en Espagne, en Angleterre, en Suède, en Allemagne et dans l'Europe entière. Voici, dans le nombre considérable de relations qui en ont été faites, un choix des plus importantes et des plus remarquables.

La première est du P. Secchi, dans une Lettre au Secrétaire perpétuel de l'Académie des Sciences.

« Nous avons eu une brillante apparition d'étoiles filantes dans la soirée du 27 novembre et pendant la nuit. Je ne fus averti du phénomène qu'à $7^h 30^m$, lorsqu'il était déjà en pleine activité depuis une heure au moins ; nous l'observâmes avec toute l'attention possible.

» Depuis $7^h 30^m$ jusqu'à 1 heure après minuit, nous enregistrâmes 13892 météores ; mais un grand nombre ne put pas être enregistré. Tout le ciel était en feu : c'était *littéralement* une pluie. Les étoiles étaient petites, pour la plupart : environ 10 sur 100 étaient de deuxième grandeur; environ 2 sur 100, de première. Il y eut plusieurs bolides.

» Le *radiant* était, à 8 heures, dans l'espace compris entre les constellations des étoiles brillantes du Bélier, du Triangle et de la Mouche; il passa ensuite à la base du Triangle, et enfin à minuit il était passé à égale distance du Triangle et de la Tête de Méduse.

» Le maximum eut lieu environ à $8^h 30^m$, et le nombre atteignit alors 93 par minute. Après 11 heures, le nombre diminua notablement, et à minuit il y eut des intervalles de repos. Entre $12^h 30^m$ et 1 heure après minuit, on en compta seulement 87. Le ciel s'étant couvert de brouillard, on interrompit les observations. Le matin, à 5 heures, il n'y en avait plus.

» La vitesse des étoiles filantes était généralement faible; les plus belles traçaient souvent des arcs curvilignes; elles avaient la tête blanche et la queue rouge. Les magnétomètres étaient assez tranquilles. Le ciel était éclairé au couchant et au nord.

» Il est remarquable que la Terre se trouvait, pendant le phénomène, dans le nœud de l'orbite de la *comète de Biela*. »

Voici le tableau des observations faites à Rome pendant cette nuit mémorable.

Tableau des étoiles filantes du 27 au 28 novembre 1872.

			Nombres.	1re grandeur.	Avec traînée.
	h m		h m			
De	7.55	à	8.00	236	»	»
	8.00		8.05	236	11	»
	8.05		8.10	300	23	1
	8.10		8.15	320	11	»
	8.15		8.20	324	13	»
	8.20		8.25	472	9	3
	8.25		8.30	320	3	1
	8.30		8.35	492	4	1
	8.35		9.00	1639 (*)	26	8
	9.00		9.30	2392	32	4
	9.30		10.00	2279	13	6
	10.00		10.15	1194	9	2
	10.15		10.30	1107	9	2
	10.30		10.45	717	5	3
	10.45		11.04	754	1	»
	11.04		11.30	429	2	1
	11.30		12.00	594	6	1
	12.30	à	13.00	87	»	»
Total, en 4 heures et demie.				13892	188	33

En Sicile, M. Tacchini a compté, à Palerme, 802 météores de 10 heures à $1^h 50^m$; son frère en a compté 12950 à Mazzarino, entre $9^h 30^m$ et minuit; à Caltanisetta, M. Zona en a compté 28000 dans toute la nuit.

A Naples, M. de Gasparis en comptait 2 par seconde. A Matère (province méridionale), on en a compté 38513; à Mondovi 30881.

Dans le nord de l'Italie, les astronomes de Moncalieri en ont relevé un nombre non moins étonnant. Voici la relation du P. Denza.

(*) De $8^h 35^m$ à $10^h 15^m$ on donne seulement les moyennes.

« Une grande pluie de météores lumineux, jusqu'à présent inouïe dans nos contrées, a été admirée hier au soir ici, à Moncalieri, et je suis bien sûr qu'elle doit avoir été observée aussi en beaucoup d'autres endroits, vu sa singulière importance.

» Commencée à l'approche de la nuit, la chute des étoiles resta visible jusqu'à minuit, et elle aura sans doute continué, mais le brouillard nous empêcha de suivre plus longuement l'observation.

» Trente-trois mille quatre cents (33400) météores furent ici comptés pendant six heures et demie (depuis 6 heures jusqu'à minuit et demi) par quatre observateurs. Cependant ce chiffre ne représente que très-incomplétement la vraie affluence météorique; car dans les premières heures du soir et surtout dans celles du plus grand flux, qui fut vers 8 heures, dans quelques régions du ciel, c'était une véritable pluie de feu, tout à fait semblable à celles que l'on voit dans les feux d'artifices à l'explosion des *grenades*; celle-ci pourtant était continuelle, et les lignes de feux tombaient presque verticalement en foule et en ondées, plus minces et plus calmes. Aussi l'on ne pouvait tenir note que des plus remarquables. Dans ce temps, nos observateurs comptaient, en moyenne, quatre cents météores chaque minute et demie.

» Toutes les admirables et gracieuses figures que nous voyons tracées sur la voûte du ciel lors des grandes pluies météoriques de novembre vinrent charmer nos regards : nombreux météores aux couleurs délicates et variées, plusieurs suivis de longues et brillantes traînées, globes d'éblouissante lumière, quelques-uns du diamètre lunaire à peu près; nuages transparents et luisants, qui çà et là en mille manières, se rompant dans l'atmosphère, s'ouvraient en faisceaux de rayons aux formes les plus vagues et bizarres. Quelques-uns de ces nuages s'arrêtaient de temps en temps dans la voûte céleste et se montraient encore pendant quelque temps; il y en eut un qui, parti à $6^h 35^m$, entre Persée et le Cocher, ne se dissipa qu'à $6^h 56^m$, c'est-à-dire après vingt et une minutes.

» Enfin l'aspect général du phénomène était celui d'un nuage cosmique qui, en rencontrant notre atmosphère, s'est ouvert et dissipé.

» La position du radiant, qui se trouve près γ d'Andromède, et l'époque de l'apparition nous portent à croire que le nuage ou courant météorique que nous avons traversé est le même qui se montre chaque année dans ces jours-ci, mais avec une bien moindre intensité. C'est le même qui, vu par Brandes, le 7 décembre 1798, et ensuite observé de nouveau le même jour, en 1830, par l'abbé Raillard, et en 1858 par Herrik et Flaugergues, fut étudié par Fleis à Münster, et, en 1867, fut reconnu par Zezioli, à Bergame. Maintenant son point de rencontre avec l'orbite de la Terre aurait lieu le 27-28 novembre.

» Or, par de très-probables calculs, il résulte que ce courant météorique suit la même orbite que la célèbre *comète de Biéla*, dont on attendait en effet le passage cette année au mois d'octobre, et qui jusqu'à présent a été vainement recherchée par les astronomes. Par conséquent, rien de plus probable que le grand nuage météorique qui nous donna la pluie d'hier ne dérive d'une partie de cet astre troublé et dissous ; et il faut remarquer que, hier, l'orbite de la Terre rencontra celle de la comète à 66 degrés de longitude à peu près.

» Une belle aurore polaire fut admirée en même temps à Moncalieri, depuis $6^h 10^m$ à 8 heures environ. Son maximum d'intensité fut vers 7 heures ; à cette heure le ciel de nord-nord-ouest à nord-est était chargé d'une vive couleur rouge. Ensuite il resta toujours luisant et clair, surtout de ouest-sud-ouest au nord. D'ailleurs ce phénomène accompagne souvent les grandes apparitions d'étoiles filantes et donne lieu à beaucoup d'hypothèses et de conjectures. »

Cette merveilleuse pluie d'étoiles a été également observée en France, principalement à Nice, par nos amis MM. Teyssère et Macario ; à Bordeaux, par MM. Lespiault et Roussanne ; à Grenoble, par M. Breton ; à Chambéry, par M. Vallot ; à Pau, par M. Bourdeau ; à Avignon, par M. Giraud ; à Mâcon, par M. Lemoisy. Parmi les diverses relations françaises, nous citerons en particulier cette dernière, qui est très-complète.

« Hier soir, 27 novembre, écrit l'auteur, nous avons assisté à une pluie d'étoiles filantes, d'une intensité extraordinaire, et qui peut rivaliser avec la grande apparition du mois de novembre 1833. Avec M. Puvis, nous essayâmes de compter les astéroïdes : bien que le ciel fût en ce moment à moitié couvert par les nuages, nous comptâmes plus de *mille* étoiles filantes en trente-cinq minutes ; et combien nous avaient échappé ! Nous dûmes bientôt renoncer à faire ce dénombrement, car, le ciel s'étant éclairci vers 8 heures, les étoiles filantes pleuvaient dans toutes les parties du ciel.

» Un professeur de l'École normale nous apprit que le phénomène avait été encore plus brillant de 6 heures à 7 heures. A 6h 30m, ayant fixé le groupe des Pléiades, il vit paraître autour de ce groupe 104 astéroïdes dans l'espace d'une minute et demie.

» De 8 heures à 9 heures, l'averse a continué sans interruption ; on voyait jusqu'à 20, 25, 30 étoiles à la fois! C'est donc *par milliers* qu'il faut compter les étoiles filantes qui ont paru hier au soir.

» A 9 heures, le vent du sud-ouest, qui soufflait avec une assez grande intensité, chassa de gros nuages noirs jusqu'à 10 heures environ. Dans les éclaircies et à travers les nuages légers, de brillantes étoiles filantes continuaient à se montrer.

» A 10h 30m le ciel s'éclaircit complétement. En ce moment l'intensité de l'averse nous parut un peu diminuée. A partir de 10h 45m, nous pûmes compter les astéroïdes qui paraissaient pendant chaque quart d'heure. Le tableau suivant fait voir avec quelle rapidité cette décroissance a eu lieu :

	h m		h m			
De	10.45	à	11.00	ont paru	155	étoiles filantes.
	11.00	»	11.15	»	97	»
	11.15	»	11.30	»	85	»
	11.30	»	11.45	»	57	»
	11.45	»	12.00	»	41	»
	12.00	»	12.15	»	43	»
	12.15	»	12.30	»	37	»
	12.30	»	12.45	»	21	»
	12.45	»	13.00	»	15	»

» A 1 heure du matin, l'averse pouvait être considérée comme terminée.

» Toutes ces étoiles filantes rayonnaient d'un même point du ciel. Pendant toute la durée de l'observation, ce point radiant est resté le même. Les étoiles apparaissaient tellement nombreuses, qu'il nous a été très-facile de fixer la position du centre de radiation. Il se trouvait dans l'espace du ciel compris entre la constellation de Persée, Cassiopée et Andromède, et plus spécialement au point qui a à peu près pour coordonnées Æ = 30 degrés, ℘ = 40 degrés, c'est-à-dire dans le voisinage des étoiles 51 et 54 d'Andromède.

» Parmi ces nombreux astéroïdes, nous n'avons pas vu de bolides, sauf cependant un globe filant rougeâtre, de 5 ou 6 minutes de diamètre qui, à $10^h 15^m$, est parti sur Procyon, et, descendant vers l'horizon sans aucune traînée, a disparu derrière le toit d'une maison.

» Nous avons observé beaucoup de belles étoiles, mais la grande majorité de ces dernières étaient de deuxième grandeur; elles décrivaient d'assez courtes trajectoires, généralement 5 ou 6 degrés, toutes avec des traînées. Avant de disparaître, elles semblaient s'user et se résoudre en poussière lumineuse. L'une d'elles n'a pas montré de noyau sensible, mais ressemblait à un petit nuage phosphorescent.

» En outre, un grand nombre de très-petites étoiles, parcourant de très-courtes trajectoires, ou brillant sur place, mouchetaient le ciel de tous côtés.

» Nous avons donc observé un phénomène qui, j'en suis sûr, fera époque dans l'histoire des sciences. »

En Angleterre, les observations ont été concentrées entre les mains de M. Alexandre Herschel : le phénomène n'y a pas été moins remarquable qu'en Italie et qu'en France; mais reproduire toutes les observations serait multiplier inutilement les mêmes exemples et les mêmes impressions.

En Norwége, voici ce qu'écrit M. Mohn, directeur de l'Observatoire météorologique de Christiania :

» Hier soir 27, à $8^h 30^m$, M. Fearnley, directeur de l'Observatoire astronomique, M. Rubenson, directeur de l'Institut météorologique de Suède, qui se trouve ici présent, M. Pihl, moi et plusieurs autres, avons observé une apparition d'étoiles filantes assez intermittente. De $8^h 25^m$ jusqu'à $9^h 3^m$ (temps moyen de Christiania), nous avons compté 660 étoiles filantes. Cependant l'air n'était pas très-clair et l'observation fut terminée à $9^h 3^m$, à cause des nuages couvrant le ciel. Lorsque l'air était parfaitement serein, ce qui n'était le cas que pendant quelques minutes, nous avons compté 100 étoiles filantes en quatre minutes. Nous avons trouvé le point de radiation comme suit :

	α	δ	
Au commencement de l'apparition....................	27°	45°	(M. Mohn.)
Plus tard....................	25	47	(M. Rubenson.)

» M. Fearnley donne $\alpha = 27°$, $\delta = 43°$ comme le centre d'un rayon de 3 degrés environ, d'où les orbites des étoiles filantes semblaient émaner. D'après lui, *cette radiation appartient à la comète de Biéla.* »

Dans les différentes régions de l'Allemagne, le même

phénomène a frappé l'attention des observateurs. M. Heis a envoyé de Münster la relation suivante à M. Faye :

1° *Nombre des étoiles.* — Les météores ont été comptés, à Münster, par deux observateurs, dont l'un surveillait la partie du ciel qui est au sud de la voie lactée, et la voie lactée elle-même, tandis que l'autre s'était chargé de la partie nord. Ils notèrent 2200 étoiles en 53 minutes, ce qui donne pour nombre horaire 2500, nombre trop faible, car les observateurs ne pouvaient embrasser le ciel entier. Le maximum est tombé entre $8^h 48^m$ et $8^h 54^m$, temps moyen de Münster (de $8^h 27^m$ à $8^h 30^m$ en temps moyen de Paris).

2° *Centre de radiation.* — Il a été déterminé avec soin par un observateur couché sur le dos et n'ayant d'autre soin que de rechercher le point de croisement des trajectoires idéalement prolongées en arrière. Il a trouvé ainsi comme point radiant

$$\varphi \text{ de Persée} = \text{Æ } 24^\circ \text{ décl. } + 50^\circ.$$

Les deux étoiles γ d'Andromède et α de Cassiopée ont été rejetées, et c'est entre ces deux étoiles que la position la plus probable de ce point a été trouvée.

3° *Apparitions plus anciennes.* — Le courant du 27 novembre ne se rattache ni à celui des 12-13 novembre, ni à celui des 7, 8 et 9 décembre. Dans les premiers jours de ce dernier mois, les 1er, 2, 3, 4 et 5, il y a une pause. Les trois courants du 12 novembre, du 27 et du 8 décembre sont parfaitement distincts.

A l'Observatoire de Breslau, le directeur, M. Galle, a observé 3000 étoiles filantes, de $6^h 20^m$ à $7^h 50^m$. Vers $7^h 15^m$, leur fréquence s'éleva à 100 par minute, pendant cinq minutes. Vers 8 heures, le ciel se couvrit et le phénomène ne fut plus observé qu'entre les nuages. Le centre de radiation était dans le pied d'Andromède, par 22° en Æ et 42° en Ⓓ. Ce point répond à celui que M. Galle avait déjà calculé cinq ans auparavant, dans l'hypothèse où la comète de Biela aurait son flux d'étoiles filantes. C'est le troisième exemple de la connexion des étoiles filantes avec les comètes périodiques, et même le quatrième, si nous comptons les météores d'avril.

M. de Littrow, directeur de l'Observatoire de Vienne, a résumé comme il suit les résultats qui lui sont parvenus à ce sujet. M. N. de Konkoly a noté à son Observatoire particulier de Comorn, dans la nuit du 27 au 28 novembre, 294 étoiles entre $7^h 45^m$ et $8^h 19^m$. Après une interruption causée par les nuages, il en a observé 1796 de $9^h 7^m$ à $9^h 54^m$. D'après lui, le point radiant était par 30 degrés d'ascension droite et 55 degrés de déclinaison. Pendant ce temps, M. Palisa, directeur de l'Observatoire de la Marine à Pola, observait 1000 étoiles en une heure et plaçait dans Persée le centre d'émanation. Enfin le professeur Karlinski, directeur de l'Observatoire de Cracovie, annonce que son adjoint a noté 58 étoiles en deux minutes vers 10 heures, et plus tard presque constamment 100 étoiles par minute, de $10^h 10^m$ à 11 heures. Pour lui, le point radiant était par 22 degrés d'ascension droite et 43 degrés de déclinaison. Les dépêches du bureau météorologique central ont signalé, pour la même époque, de brillantes apparitions à Ancône, Lesina, Pola, Lemberg et Stanislau, entre 8 et 10 heures.

Voici maintenant une autre observation, non moins intéressante que les précédentes et d'un caractère tout particulier, due à M. Ch. Dufour.

« Pendant cette soirée, dit-il, nous avons eu à Morges (Suisse) un ciel tantôt clair, tantôt nuageux, tantôt couvert. Entre autres, de $8^h 30^m$ à 9 heures, le ciel a été entièrement couvert par des nuages assez élevés, puisque, malgré la nuit, on distinguait au-dessous d'eux la chaîne des Alpes et même la cime du mont Blanc, située à 4810 mètres au-dessus de la mer. Or, pendant tout ce temps et en y prêtant spécialement attention, *je n'ai pas vu une seule étoile filante*, par conséquent il n'y en a pas une qui ait pénétré dans l'atmosphère jusqu'à une altitude de 4800 mètres.

« Ce jour-là, d'après la hauteur du baromètre en Suisse, et d'après la température de l'air, le baromètre, sur la cime du mont Blanc, aurait été à peu près de 420 millimètres, c'est-à-dire qu'il y avait au-dessus de ce point les 0,55 de l'atmosphère; par conséquent les nombreux météores qui y pénétraient en ce moment étaient tous éteints avant d'avoir traversé les 0,55 de son épaisseur.

» Je dirai de plus que, malgré l'attention que j'ai portée à cela depuis un grand nombre d'années, je n'ai jamais vu une étoile filante au-dessous des nuages. »

Tous nos lecteurs comprennent l'importance multiple de cette observation.

Six mois avant cette pluie imprévue d'étoiles filantes, M. Hind avait écrit : « Il y a des chances de retrouver cette année l'un des noyaux de la comète de Biela, lorsqu'il devra passer au périhélie, d'après le cours ordinaire des choses. On sait qu'en février 1846 il y eut un remarquable changement d'éclat; que le second noyau, d'abord à peine visible, devint tellement lumineux qu'il surpassa son compagnon et continua ainsi plusieurs jours, puis s'affaiblit graduellement. Ensuite, en septembre 1852, le dessin de M. Otto Struve fait voir le même changement remarquable de lumière entre le 20 et le 25 de ce mois. Quelle qu'en puisse être la cause, chaque noyau paraît avoir un pouvoir révivifiant, pour ainsi dire, et je crois que ce pouvoir peut s'exercer à une époque ou une autre, au point de rendre la comète capable d'être aperçue, quoique son état, en 1865-1866, ait pu être tel qu'il la rendît tout à fait invisible pour nous. Dans cette pensée, j'ai préparé des éphémérides pour septembre et octobre. »

D'après les calculs de M. Hind, la comète télescopique qui, après avoir été vue en 1772 et 1805, fut reconnue comme périodique par Biela, en 1826, devait atteindre, en octobre 1872, sa position la plus voisine de la Terre; les observateurs étaient, en conséquence, invités à diriger leurs recherches vers la région du ciel où l'astre pourrait se montrer pendant plusieurs nuits. Cette comète n'a pas reparu dans les années 1859 et 1866, qui correspondaient à ses retours périodiques. En 1805, à l'époque de son maximum d'éclat, Olbers l'apercevait à l'œil nu, et, dans chacune de ses réapparitions postérieures, elle a été observée avec le plus grand soin par les astronomes les plus experts. En 1846, on la vit très-distinctement se diviser en deux portions qui s'éloignaient graduellement l'une de l'autre, si bien qu'au moment où elles disparurent leur intervalle était de 252 600 kilomètres. Au retour de l'astre, en 1852, ses deux parties semblaient former deux comètes distinctes, séparées par un intervalle qui s'élevait à 2 millions de kilomètres; elles avaient à peu près le même éclat chacune, avec l'apparence d'une comète parfaitement entière, et elles continuèrent leur voyage en compagnie, sans doute pour se distancer davantage dans leurs trajectoires respectives autour du Soleil.

Telle est, en substance, l'histoire de la comète de Biela. En 1818, une comète télescopique fut découverte par l'astronome Pons, à Marseille; elle devait être différente de celle de Biela, car elle se montrait au moins une année avant l'époque assignée pour le retour de celle-ci; mais la position de son orbite, autant qu'il fut possible de la calculer avec des données incomplètes, ressemble tellement à celle de la comète de Biela, qu'il est probable que les deux comètes ont eu entre elles une relation du même genre que les deux portions dans lesquelles s'était divisée la comète observée en 1846. Il serait donc présumable que tous les éléments de l'orbite de la comète de 1818 différaient peu de ceux d'une comète primitive qui se serait divisée, de sorte que trois comètes seraient ainsi dérivées successivement de cette comète primitive. Plus d'une comète télescopique a sans doute été découverte dans l'orbite de la comète périodique de 1866, dont les relations avec le courant des grandes pluies météoriques du 14 novembre ont été démontrées par Schiaparelli, Adams et Oppolzer.

Nous arrivons à une époque où des observations systématiques des retours périodiques de pluies de météores deviendront pour les astronomes un utile auxiliaire dans la recherche des comètes dont les orbites coupent celle de la Terre et qui, après avoir brillé d'un vif éclat, se sont graduellement affaiblies dans le champ du télescope, et ont fini par disparaître; on saura que, par des divisions successives et la dissémination de leur substance, elles ont pu prendre une nouvelle forme sous laquelle il sera encore possible de reconnaître leurs orbites.

Alexandre Herschel conclut, de son côté, comme très-vraisemblable la transformation de la comète Biela en un courant de corps météoriques, opinion émise pour la première fois par les deux directeurs des Observatoires de Vienne et de Copenhague, les docteurs Weiss et d'Arrest. La situation de ce courant météorique est telle, que les météores entrent dans l'atmosphère terrestre avec leur minimum de vitesse, d'environ 19 kilomètres par seconde; tandis que les Léonides ou les météores du 14 novembre pénètrent dans notre atmosphère avec la vitesse quatre fois plus grande de 72 kilomètres par *seconde*. Les premiers arrivent *dans le sens* même du mouvement de la Terre, les seconds arrivent *en sens contraire*, de sorte que le choc est égal aux deux vitesses réunies : 43 000 mètres pour les météores et 29 000 pour notre planète.

Telles sont les principales observations qui ont été faites sur cette immense pluie d'étoiles. Elle n'a pas été visible en Amérique, car elle s'est passée de jour pour ces longitudes. Dans les États-Unis de Colombie, le directeur de l'Observatoire de Bogota, notre savant ami M. Gonzalès, nous a appris que, malgré une observation spéciale, il n'a remarqué aucun essaim d'étoiles filantes pendant la nuit du 27, ni pendant la nuit précédente ni pendant la nuit suivante; mais, en revanche, un maximum tout à fait inattendu s'est présenté dans la nuit du 24. A partir de 8 heures du soir, voici les nombres d'étoiles filantes signalées:

De 8h à 9h	750	étoiles.
9 à 10	360	»
10 à 11	252	»
11 à 12	27	»
12 à 1	25	»
1 à 2	9	»
2 à 3	7	»
3 à 4	3	»
Total.....	1433	étoiles.

On voit que le maximum a dû avoir lieu avant 8 heures du soir. Le nombre total des étoiles filantes est beaucoup plus considérable que le total indiqué; car M. Gonzalès n'avait qu'un aide, de sorte qu'un grand nombre sont passées inaperçues. Le blanc prédominait, et l'on n'a remarqué que quelques rouges, bleues et jaunes. Ces étoiles ne venaient pas, comme celles du 27, de la constellation d'Andromède, mais de celle du Lion : une carte, que M. Gonzalès nous a remise, place le radiant au nord de Régulus, près de ζ du Lion. La plupart se dirigeaient du sud-ouest vers le nord-est. Cet essaim n'appartiendrait-il pas au système des météorites du 14 novembre? Le fait est d'autant plus probable que l'inclinaison de cet essaim et de la comète Tempel de 1866, sur le plan de l'orbite terrestre, n'est que de 18 degrés.

Quoi qu'il en soit de cette pluie du 24, celle du 27 a

été complétement assimilée au système de la comète de Biela. M. Pogson, directeur de l'Observatoire de Madras, invité télégraphiquement par M. Klinkerfues, de Gœttingue, a cherché la comète à l'opposite du point radiant, l'y a même trouvée le 2 et le 3 décembre dans la constellation du Centaure, et plusieurs astronomes ont d'abord admis que la masse nébuleuse était l'un des noyaux de la comète de Biela.

Il n'est pas probable qu'il en soit ainsi ; mais la comète vue par Pogson peut appartenir *au même* système ; et il en est de même de l'essaim d'étoiles filantes, qui n'est pas, à proprement parler, l'un des noyaux de la comète de Biela, mais les suit tous deux, s'ils existent encore. Le capitaine Tupman a même présenté à la Société Astronomique de Londres (janvier 1873) une Note dans laquelle il cherche à établir que l'amas de matière qui a partiellement traversé notre atmosphère ne peut être ni l'un ni l'autre des deux noyaux de la célèbre comète, mais seulement un corps différent, qui voyage de concert avec eux, en se maintenant un peu plus éloigné du Soleil.

Le professeur Michez, de Bologne, continuateur de Santini dans le calcul des perturbations de la comète de Biela, a conclu, d'autre part, que le 27 novembre il y avait trois mois que la comète avait traversé ce point critique de l'orbite terrestre, et qu'elle était alors éloignée de nous de 100 millions de milles italiens (de 1852 mètres). M. Schiaparelli déduit de ce résultat que le courant météorique doit occuper sur l'orbite au moins tout l'espace compris entre la comète et la Terre, c'est-à-dire 100 millions de milles, et employer au moins trois mois à passer.

XI.

COMÈTES DÉCOUVERTES OU OBSERVÉES DE 1869 A 1872.

L'abondance des matières de notre tome IV nous a mis en retard avec les comètes. Voici l'exposé des découvertes et des observations qui ont été faites depuis 1869, dans cette branche si curieuse de l'Astronomie. Nous n'avons pas à revenir, bien entendu, sur l'identité des orbites cométaires avec celles des étoiles filantes, et sur la parenté de ces corps célestes, dont nous avons longuement développé la théorie en son temps. Le Chapitre qui précède vient, au surplus, d'en donner une confirmation éclatante. Nous consignerons ici les observations faites sur ces astres chevelus, considérés en eux-mêmes.

Pendant l'année 1869, on a découvert deux nouvelles comètes et observé une comète périodique, toutes trois télescopiques. La comète périodique est la première en date, de l'année 1869, et la plus curieuse; elle a été identifiée par M. *Winnecke*, dont elle porte le nom, avec celle qui a été découverte par Pons, à Marseille, en 1819. En voici les éléments complets.

Passage au périhélie 1869, *juin* 30, 10h 45m *matin, t. m. de Paris.*

Longitude du périhélie.........	275°.56′. 1″
Longitude du nœud............	113.33.21
Inclinaison....................	10.48.19

10.

Distance périhélie..............	0,781538
Distance aphélie................	5,518260
Excentricité..................	0,751885
Révolution......................	5ans, 591
Sens du mouvement..............	Direct.

Elle offrait un diamètre de 8 minutes et était parsemée de *petits points brillants* qui lui donnaient l'apparence des nébuleuses résolubles de la troisième classe d'Herschel.

La comète II, 1869, a été découverte le 11 octobre de cette année par M. Tempel, du jardin de la petite maison qu'il habitait alors à Marseille. C'était une comète télescopique, comme la précédente et comme toutes les suivantes; car nous n'avons pas eu de comète visible à l'œil nu en Europe depuis celle découverte par le regretté Donati, le 23 juillet 1864; encore passa-t-elle inaperçue pour les gens du monde, ainsi que sa sœur, découverte par M. Tempel, le 5 novembre 1863, et faut-il remonter à la grande comète de 1862, pour se souvenir d'une comète véritablement populaire. Voici les éléments de la deuxième comète de 1869, calculés par M. Leveau.

Passage au périhélie 1869, *oct.* 9,55102, *t. m. de Paris.*

	° ′ ″
Longitude du périhélie.......	139.20.43,5
Longitude du nœud..........	311.27.52,0
Inclinaison.................	111.32.54,0
Log. distance périhélie.......	0,090056

La comète III, 1869, a été également découverte par M. Tempel, le 27 novembre.

Cette comète paraissait une masse nébuleuse de douze à quinze minutes de diamètre, sans noyau ; elle n'était pas très-lumineuse au centre, ce que les comètes rondes montrent d'ordinaire. Avec un faible grossissement, on voyait au milieu la pulsation de *plusieurs points* aussi *brillants* que les amas des étoiles de deuxième grandeur.

Voici les éléments paraboliques de cette comète, calculés par M. Bruhns.

Passage au périhélie 1869, *nov.* 20, *t. m. de Berlin.*

	° ′ ″
Longitude du périhélie.........	41.52.12
Longitude du nœud............	292.40.15
Inclinaison....................	6.55. 0
Log. distance périhélie.........	0,04245

COMÈTES OBSERVÉES EN 1870.

L'année illustrée par la folie sanguinaire de deux peuples pris d'épilepsie à l'ordre de leurs chefs, a été marquée, au point de vue du budget cométaire, par trois découvertes nouvelles et une constatation de périodicité fort précieuse. Malheureusement, plusieurs jeunes astronomes, sur lesquels la science fondait les plus grandes espérances, sont restés sur les champs de bataille ou sont tombés victimes indirectes de la guerre.

Comète I, 1870.—La première comète de cette année a été découverte, à l'Observatoire de Carlsruhe, par M. Winnecke, dans la nuit du 30 au 31 mai, et à Milan par M. Tempel, la même nuit. Elle était ronde, assez brillante, et offrait un diamètre de 2' 30".

Cette nébulosité télescopique a pu être observée au spectroscope, à l'Observatoire de Paris, par MM. Wolf et Rayet. Son spectre paraissait se composer de trois bandes lumineuses, se détachant sur un fond continu. La plus brillante de ces bandes était celle du milieu; la deuxième était assez rapprochée de la première, du côté le moins réfrangible; la troisième, située de l'autre côté et un peu plus éloignée, était beaucoup plus pâle. L'extrême faiblesse de la lumière de ces bandes n'a pas permis aux observateurs d'en déterminer les positions absolues; mais l'aspect en paraissait identique à celui des spectres de comètes déjà observés. L'identité ou du moins la ressemblance des spectres des diverses comètes, leur différence, au contraire, avec les spectres des nébuleuses proprement dites, sont des caractères précieux qui permettront sans doute un jour de déterminer la nature et l'origine de ces astres singuliers.

Les observateurs ont été particulièrement frappés de la faiblesse du spectre de cette comète, qui cependant était assez brillante pour être visible à l'aide d'un chercheur de 6 centimètres d'ouverture. Une nébuleuse du même éclat apparent donnerait un spectre facilement mesurable. Sans doute il faut remarquer d'abord que la lumière de la comète était, pour les observateurs, bien affaiblie par les premières lueurs de l'aurore; mais les bandes lumineuses se détachaient sur un spectre continu, particulier à la comète. En même temps, on reconnaît la double origine de la lumière de la comète, une lumière propre qui donne les bandes et une autre portion empruntée au Soleil. Que la lumière réfléchie existe en quantité très-sensible dans la comète, c'est ce que prouve le fait, constaté par les observateurs, que la lumière de cet astre était partiellement polarisée dans un plan passant par le Soleil. Cette polarisation était assez forte pour être démontrée à l'aide d'un simple prisme biréfringent. D'ailleurs elle ne peut être confondue avec la polarisation atmosphérique.

Voici les éléments paraboliques de cette comète calculés par M. Winnecke lui-même :

Passage au périhélie 1870, *juillet* 12,905, *t. m. de Berlin.*

Longitude du périhélie.........	337°.52′.37″
Longitude du nœud............	140. 3.45
Inclinaison....................	59.19.17
Log. distance périhélie.........	9,99579

Comète II, 1870. — Cette comète a été découverte à l'Observatoire de Marseille, dans la nuit du 28 au 29 août, par M. Coggia. Vue au grand télescope Foucault, de 0^m,80 de diamètre, elle avait l'apparence d'une nébuleuse ronde de deux minutes de diamètre environ, assez brillante, et montrait vers le centre un noyau caractérisé. Voici ses éléments paraboliques qui ont été calculés par M. Oppolzer, de Vienne :

Passage au périhélie 1870, *sept.* 3,8231, *t. m. de Berlin.*

Longitude du périhélie..........	80°.45′.39″
Longitude du nœud ascendant..	120.54.52
Inclinaison....................	99.35.25
Log. distance périhélie.........	0,25912

Comète III, 1870. — La troisième comète de 1870 est la comète périodique de d'Arrest, que l'on avait perdue de vue depuis 1857, et que l'on a heureusement retrouvée, non pas brisée comme celle de Biela, mais en excellent état astronomique.

M. Yvon Villarceau et M. Leveau ont appelé l'attention de l'Académie des Sciences sur ce retour précieux. Depuis vingt-cinq ans environ, dirons-nous avec le doyen des astronomes de l'Observatoire de Paris, l'Astronomie s'est enrichie de la découverte de plusieurs comètes périodiques ; l'intérêt qui s'attache à ces astres atteint, s'il ne dépasse, celui qu'ont fait naître les nombreuses petites planètes découvertes pendant le même laps de temps. C'est qu'en effet la grande inégalité des distances auxquelles les comètes se trouvent du Soleil, dans les diverses régions de leurs orbites, est de nature à mettre en évidence, avec le temps, l'influence du milieu éthéré sur leurs mouvements, si cette influence est appréciable. Toutefois un semblable résultat ne pourra être obtenu qu'au moyen d'une grande persistance de la part des astronomes qui se livreront aux calculs des perturbations ; les observateurs eux-mêmes ne devront pas céder au découragement, à la suite de recherches infructueuses poursuivies pendant des mois entiers. De nos jours, les astronomes ont perdu les traces de deux comètes périodiques : celles de Vico et de Biela : les causes qui ont produit, sous nos yeux, le dédoublement de la dernière n'en auraient-elles pas produit plus tard la dispersion? Ces deux comètes ont-elles simplement éprouvé des diminutions d'éclat, dues à des causes inconnues et qui n'agiraient que passagèrement, de telle sorte qu'on ne dût pas perdre l'espoir de les retrouver? C'est ce qu'on ignore entièrement. Les circonstances dans lesquelles le retour de la comète de d'Arrest a été observé nous paraissent dignes de toute l'attention des astronomes, et de nature à encourager à la fois les astronomes calculateurs et les observateurs. Cette comète a failli avoir le sort des comètes de Biela et de Vico : grâce à la persévérance des astronomes, il en a été autrement.

Découverte dans le courant de l'été de 1851, la comète de d'Arrest a été observée jusqu'au 6 octobre de la même année. Dès le premier mois, M. Villarceau avait reconnu que la durée de sa révolution était d'environ six années, et, par l'ensemble d'observations qui embrassaient un intervalle d'un peu plus de trois mois, il avait fixé le retour au périhélie à la fin de 1857. Une éphéméride ayant été préparée en conséquence, il fut aisé de reconnaître que le retour ne pourrait être observé dans notre hémisphère : heureusement il existait au moins un Observatoire anglais dans l'hémisphère austral, et M. Maclear, prévenu à temps, a pu retrouver la comète au Cap de Bonne-Espérance. Les observations de M. Maclear lui ont valu le prix d'Astronomie que l'Académie des Sciences accorde aux découvertes des comètes; ces observations ont montré que le retour au périhélie n'était en désaccord avec le calcul que d'un demi-jour : un tel résultat était aussi satisfaisant qu'il fût permis de l'espérer. La durée de la révolution et, par suite, le demi-grand axe de l'orbite, se trouvant dès lors connus avec une suffisante exactitude, M. Villarceau a pu faire le calcul des perturbations entre les deux apparitions de 1851 et 1857, et corriger les éléments déduits de la première apparition. Toutefois les résultats du calcul restaient encore affectés d'une légère indétermination, telle que la longitude moyenne ε de l'époque, par exemple, contient une partie indéterminée $\delta\varepsilon$, dont les limites étaient fixées à $-14''$ et $+22''$: les autres éléments sont des fonctions de cette indéterminée; l'indétermination ne pouvait être levée que par de nouvelles observations.

Pour préparer ces observations, il a fallu calculer les perturbations jusqu'en 1864, année du retour suivant de la comète à son périhélie. Or ces perturbations ont été très-considérables, surtout en 1862, où la comète s'est approchée de Jupiter jusqu'à une distance égale aux *trois-dixièmes* de la distance du Soleil à la Terre : elles ont eu pour résultat, entre autres, d'augmenter la durée de la révolution de *plus de deux mois*. Le calcul des perturbations a été fait en attribuant la valeur zéro à l'indéterminée $\delta\varepsilon$. Or, à une aussi faible distance de Jupiter, les perturbations ainsi calculées ne pouvaient-elles pas être affectées d'erreurs provenant de l'impossibilité d'appliquer à $\delta\varepsilon$ sa véritable valeur?

Quoi qu'il en soit, une éphéméride avait été préparée pour les observations à tenter en 1864. En cette année, les conditions d'élongation et de distance à la Terre se sont trouvées très-défavorables : à la rigueur, on ne devait pas renoncer à découvrir la comète, avec la plus grande lunette qui a permis de constater en Amérique la réalité de l'existence du compagnon de

Sirius. Néanmoins les tentatives faites pour la retrouver n'ont eu aucun succès. Ne désespérant pourtant pas encore de poursuivre cet astre mystérieux jusque dans ses derniers retranchements, M. Villarceau reprit son plan de travail, et, ne pouvant effectuer lui-même les calculs, en chargea M. G. Leveau, alors notre collègue au Bureau des calculs de l'Observatoire et actuellement astronome-adjoint.

Les variations des effets des perturbations et celles correspondantes de l'indéterminée ε se sont trouvées très-sensiblement proportionnelles; ce qui a offert une vérification de l'exactitude des calculs effectués de vingt en vingt jours à l'époque des grandes perturbations. Des calculs ayant été poursuivis jusqu'à l'année 1870, M. Leveau en a déduit les positions géocentriques de la comète, correspondant aux valeurs limites de l'indéterminée, et a pu calculer une éphéméride pour la recherche de la comète en 1870.

Supposant, suivant l'usage, l'intensité de l'éclat de l'astre en raison inverse des carrés des distances de la comète au Soleil et à la Terre, et ayant égard aux élongations, M. Leveau a pu émettre l'opinion que la comète se présenterait, en 1870, dans d'excellentes conditions de visibilité.

D'après l'expression admise de l'intensité d'éclat, la comète devait présenter, au commencement de mai 1870, la visibilité qu'elle possédait encore à l'époque où M. Maclear cessa de l'observer au Cap de Bonne-Espérance en 1858. On pouvait ainsi raisonnablement espérer de découvrir la comète, avec le grand télescope de l'Observatoire de Marseille, bien avant le commencement de mai. L'époque théorique du maximum d'éclat devait avoir lieu dans la deuxième semaine de septembre. Ne recevant de Marseille que des renseignements négatifs au sujet des recherches qui y avaient été entreprises, on commençait à désespérer de retrouver la comète, lorsque le dernier numéro des *Astronomische Nachrichten*, qui a pu pénétrer à Paris lors de l'investissement, est venu rendre un peu d'espoir. M. Winnecke y annonçait avoir observé, le 31 août, à Carlsruhe, une nébulosité dans le voisinage du lieu attribué à la comète de d'Arrest par l'éphéméride de M. Leveau : il n'avait pas été possible de reconnaître si l'objet aperçu était une nébuleuse ou la comète ; le ciel s'était couvert presque aussitôt.

Après le premier siége de Paris, parmi les premiers envois d'ouvrages scientifiques qui nous sont parvenus, les *Monthly Notices* de la Société royale astronomique de Londres apprirent que c'était bien la comète de d'Arrest qui avait été retrouvée.

Avant son passage au périhélie, la comète a été très-faible, ce qui suffit à expliquer l'inutilité des tentatives faites pour la retrouver avant cette époque ; puis elle a acquis rapidement un éclat qu'elle paraît avoir conservé assez longtemps. On a souvent écrit, et l'on répète encore, que les comètes acquièrent tout leur éclat après leur passage au périhélie. Bien que cette assertion puisse être considérée comme générale, on ne saurait nier qu'elle s'appliquât particulièrement aux comètes dont les orbites sont très-allongées, les seules que l'on connût à l'époque où cette assertion s'est produite ; mais on ne devait pas s'attendre à ce que le phénomène de la variation d'éclat, due aux inégalités de distance au Soleil, fût aussi prononcé pour les comètes dont les orbites sont relativement peu excentriques.

Les circonstances de l'apparition de la comète de d'Arrest, en 1870, devront mettre en garde les observateurs, au sujet des indications fournies par une théorie imparfaite des variations d'éclat des comètes.

Par l'exposé qui précède, on reconnaîtra la nécessité de ne pas se lasser de poursuivre de longs et pénibles calculs, et de ne pas abandonner trop tôt les recherches dans le ciel, si l'on veut conserver à la science les comètes périodiques dont l'intérêt a été accru pendant ces dernières années par la présomption d'une origine commune avec les essaims d'étoiles filantes. De toutes les comètes périodiques qui n'ont pas cessé de nous revenir, la comète de d'Arrest est peut-être la plus intéressante au point de vue des perturbations; aucune autre n'a été suivie aussi près de Jupiter.

Voici les éléments elliptiques de cette comète, calculés par M. Leveau :

Passage au périhélie ; 1870, sept. 23, $2^h 11^m$ matin, t. m. de Paris.

Longitude du périhélie.........	318°.40′.50″
Longitude du nœud ascendant...	146.25,23
Inclinaison....................	15.39.12
Distance périhélie.............	1,28028
Distance aphélie...............	5,733117
Excentricité...................	0,634904
Durée de la révolution.........	6^{ans}, 567
Mouvement......................	Direct.

Comète IV, 1870. — Cette comète a été découverte pendant la guerre, comme les deux précédentes, par M. Winnecke, à Carlsruhe, dans la soirée du 23 novembre. Elle n'a été l'objet que d'un petit nombre d'observations. Cependant l'auteur de la découverte a pu réunir les éléments indispensables pour calculer l'orbite parabolique, qu'il a évaluée dans les termes suivants :

Passage au périhélie; 1870, *déc.* 19,836, *t. m. de Berlin.*

Longitude du périhélie..........	9°.25'.8"
Longitude du nœud ascendant....	94.14.9
Inclinaison....................	30.14.7
Log. distance périhélie.........	9,63244

Tels sont les astres chevelus observés pendant l'année 1870. Le premier a été intéressant par son spectre. La comète de d'Arrest a été mieux reçue encore dans le monde astronomique, parce qu'on avait craint pour ses jours, et qu'on la supposait déjà tombée dans le cimetière des comètes défuntes. Heureusement elle n'a pas encore eu le sort de ses aînées Vico et Biela.

L'observation la plus curieuse faite sur ces corps mystérieux est celle des *petits points lumineux* qui parsemaient le noyau de plusieurs d'entre eux, et qui semble précisément apporter un témoignage nouveau en faveur de la parenté des comètes et des étoiles filantes.

LES COMÈTES DE L'ANNÉE 1871.

On a découvert ou observé cinq comètes pendant l'année 1871, dans leur passage à proximité de la Terre. Elles sont toutes télescopiques.

Comète I, 1871. — Le 7 avril, à 8 heures du soir, l'astronome Winnecke, de l'Observatoire de Carlsruhe, découvrit, dans la constellation de Persée, une comète petite et pâle dont l'éclat s'accroissait de jour en jour. Dans la soirée du 11 avril, une trace bien définie de queue commença à paraître, et, deux jours plus tard, on la remarqua à l'Observatoire de Marseille pourvue d'un noyau et d'une queue en éventail dirigée du sud au nord. Au moment où elle fut découverte elle se trouvait à une distance septentrionale de l'équateur, égale à 54 degrés environ; elle s'avança rapidement jusqu'à l'équateur même, mais bientôt se trouva trop voisine de l'horizon pour pouvoir être observée. Les dernières observations sont du 14 et du 15 mai. M. Weiss, astronome de l'Observatoire de Vienne, en a calculé les éléments paraboliques que voici :

Passage au périhélie; 1871, juin 10,44, t. m. de Berlin.

	° ′ ″
Longitude du périhélie.......	142.26.29,9
Longitude du nœud ascendant.	279.34.32,8
Inclinaison..................	87.25.37,4
Log. distance périhélie.......	9,811984
Mouvement..................	Direct.

L'éclat de cette comète a permis à M. Vogel, astronome de l'Observatoire de Bothkamp, de lui appliquer les observations spectroscopiques. Son spectre était composé de deux bandes lumineuses séparées, l'une jaune, l'autre verte, se projetant sur un fond pareillement lumineux, mais pâle et continu. L'observateur n'a pas réussi à identifier ce spectre avec celui de l'hydrogène carboné ; cependant il put s'assurer que les deux bandes lumineuses coïncidaient avec les deux premières des trois, observées par Huggins, dans le spectre de la comète de Brorsen, dont nous avons parlé (t. III, p. 211). En dernière analyse, le spectre de la comète I de 1871 s'approche de ceux qui ont déjà été observés sur les autres comètes, et cette ressemblance des spectres des différentes comètes, non moins que la différence qui sépare ces spectres de ceux de nébuleuses proprement dites, offre une certaine valeur qui pourra conduire un jour à nous faire connaître la nature intime de ces curieux corps célestes.

Comète II, 1871. — Cette comète fut découverte le 14 juin à 11 heures du soir, par M. Tempel, à l'Observatoire de Milan ; elle apparaissait comme une tache diffuse pâle et faiblement lumineuse, large de 3 à 4 minutes, sans forme bien distincte et sans noyau. Elle conserva cet aspect pendant toute la durée de son cours visible, qui s'étendit de juin jusqu'au milieu d'août. M. Tempel remarqua que sa partie centrale, lorsque le ciel était très-pur, paraissait marquetée comme si elle avait été formée d'un grand nombre de *petits points lumineux*. Voici les éléments paraboliques qui en ont été calculés par M. Schulhof, de Vienne.

Passage au périhélie; 1871, juillet 26,99, t. m. de Berlin.

	° ′ ″
Longitude du périhélie.......	308.10.47,2
Longitude du nœud ascendant.	211.56.58,0
Inclinaison.................	101.59.26,0
Log. distance périhélie.......	0,034819
Mouvement..................	Rétrograde.

Comète III, 1871. — La troisième comète observée cette année a été la comète périodique d'*Encke*, dont nos lecteurs connaissent les éléments et l'histoire. Elle est passée au périhélie le 29 décembre, à $2^h\ 22^m$ du matin (temps de Paris). Elle s'affaiblit de jour en jour.

Comète IV, 1871. — Comme la précédente, cette comète appartient aussi au nombre des périodiques. Elle a été découverte par l'astronome *Tuttle* (dont elle porte le nom) à Cambridge (États-Unis), le 4 janvier 1858. M. Tuttle, en Amérique, et M. Faye, en Europe, firent presque aussitôt la remarque que ses éléments paraboliques ressemblaient beaucoup à ceux de la seconde comète de 1790, découverte par Méchain. Bientôt on reconnut que les observations de 1858 ne pouvaient s'accorder avec une orbite parabolique; M. Bruhns détermina les éléments elliptiques de cette comète, fixa la durée de sa révolution à $13^{ans},66$. L'intervalle de 1790 à 1858, comprenant cinq révolutions de la comète, elle devait être revenue quatre fois : en 1803, en 1817, en 1830 et en 1844, sans avoir été aperçue, et elle devait revenir de nouveau en 1871. On comprend l'importance qu'il y avait à vérifier cette prédiction. M. Luther a publié, dans le n° 1840 des *Astronomische Nachrichten*, les éléments de la comète calculée pour son retour, en 1871, par le jeune D. Tischler, une des victimes de la dernière guerre (il a été tué sous les murs de Metz). M. Hind a déduit de ces éléments une éphéméride qu'il a publiée dans les *Monthly Notices* de la Société astronomique de Londres (cahier de mai 1871). A l'aide de cette éphéméride, M. Borrelly a retrouvé la comète, dans la nuit du 12 au 13 novembre. Ainsi la comète de Tuttle peut être mise définitivement au nombre des comètes périodiques.

Elle parut, pendant toute sa durée, sous la forme d'une nébulosité pâle, diffuse, mal définie, allongée du nord-ouest au sud-est, et s'étendant sur une longueur de 3 minutes environ. Voici les éléments elliptiques de cette comète périodique, calculés par M. Tischler :

Passage au périhélie ; 1871, nov. 30, $11^h 18^m$ soir, t. m. de Paris.

Longitude du périhélie.........	116° 4′ 36″
Longitude du nœud ascendant..	269.17.12
Inclinaison..................	54.17.00
Distance périhélie.............	1,03011
Distance aphélie..............	10,48294
Excentricité..................	0,821054
Durée de la révolution.........	13ans,811
Mouvement....................	Direct.

Comète V, 1871. — La découverte de cette comète est encore due à l'infatigable persévérance de M. Tempel (*) et a été faite par lui à l'Observatoire de Milan, dans la soirée du 3 novembre. Elle était excessivement faible, ronde et un peu plus dense dans sa région centrale, sans pourtant offrir un véritable noyau; son diamètre mesurait environ 2m 30s. On l'a observée à Milan, Leipzig, Carlsruhe, Vienne, Hambourg, Florence, Athènes, etc., et, de ces différentes observations, M. Schulhof a déduit les éléments paraboliques qui suivent :

Passage au périhélie; 1871, *déc.* 20,34, *t. m. de Berlin.*

Longitude du périhélie.......	28°.45′.28″,7
Longitude du nœud ascendant.	146.49.51,4
Inclinaison.................	98.50.24,3
Log. de la distance périhélie...	9,845679
Mouvement..................	Rétrograde.

Tel est le riche bilan cométaire des années 1869, 1870 et 1871. Par un contraste digne de remarque, on n'a pas découvert une seule comète pendant l'année 1872, si ce n'est le vestige remarqué à Madras par M. Pogson, dans les régions où doivent flotter les épaves de la comète de Biela.

(*) Infatigable, en effet, malgré bien des obstacles, bien des malheurs, et peu d'encouragements de la part de la France. Nous nous faisons un devoir de publier le tableau suivant des découvertes de M. Tempel.

	DATES ET LIEUX DE LA DÉCOUVERTE.	OBJET.	CONSTELLATION.	OBSERVATIONS.
1859	2 avril, 8 heures. Venise, sur l'Escalier Lombard.	Comète...	Près β Petite Ourse.	Quelle histoire pourrais-je faire de cette première découverte!... Cette comète aura probablement rencontré et dérangé la fameuse double comète de Biela, qui a fait défaut par sa non-apparition, en 1865-66, à toutes les recherches et à tous les calculs.
1859	19 octobre. Venise, sur l'Escalier Lombard.	Nébuleuse.	Près Mérope dans les Pléiades.	Mentionnée dans aucun catalogue, pas même dans les deux Herschel. (*Voir* les *Astronomische Nachrichten*, janvier 1861.)
1860	22 octobre, 16 heures. Observatoire de Marseille, sur la Terrasse.	Comète...	Petit Lion.	Observée seulement une fois après moi, par M. Villarceau, à Paris, le 24 octobre, et vue plus tard, par M. Tuttle, en Amérique.
1861	4 mars, 12 heures. Observatoire de Marseille, sur la Terrasse.	Planète...	La Vierge.	Baptisée par M. Valz *Angelina* (64), en mémoir[e] des travaux astronomiques du baron de Zach faits [à] N.-D.-des-Anges, sur le mont de Mimet, près Marseill[e]
1861	8 mars, 11 heures, Observatoire de Marseille, sur la Terrasse.	Planète...	La Vierge.	Baptisée par M. Steinheil *Maximiliana* (65), no[m] qui fut changé, par les astronomes allemands, e[n] *Cybèle*. Cette planète est, avec *Sylvie*, la plus éloigné[e] de toutes du groupe entre Mars et Jupiter.
1862	1er juillet, $11^h 45^m$. Rue Pythagore, 10, à Marseille, dans le Jardin.	Comète...	Près β Cassiopée.	Découverte le même soir, à $10^h 30^m$, par M. Schmid[t] à Athènes. La marche fut, les premiers jours, [de] 24 degrés en vingt-quatre heures. Cette comète e[st] la première que le Directeur d'un Observatoire im[-]périal ait défendu d'observer.
1862	29 août, 10 heures. Rue Pythagore, 10, par la Fenêtre,	Planète...	Poisson austral.	Baptisée par M. de Littrow *Galathée* (74).
1863	16 avril, 3 heures, matin. Rue Pythagore, 26, dans le Jardin.	Comète...	Près β Pégase.	Découverte déjà le 12 avril, par M. Respighi, à B[o]logne (Italie).
1863	6 octobre, 9 heures. Rue Pythagore, 26, par la Fenêtre.	Planète...	Verseau.	Découverte déjà le 14 septembre par M. Watso[n] en Amérique.
1863	13 octobre, 15 heures. Rue Pythagore, 26, sur la Terrasse.	Comète...	Petit Lion.	Découverte déjà le 9 octobre, par M. Becker [à] Nauen, près Berlin.
1863	4 novembre, 17 heures. Rue Pythagore, 26, dans le Jardin.	Comète...	Près δ de la Coupe.	La comète avait, le jour de la découverte, u[ne] queue de 2° 50′ de longueur.
1864	4 juillet, $12^h 30^m$. Rue Pythagore, 26, dans le Jardin.	Comète...	Bélier.	La comète fut visible à l'œil nu le matin seuleme[nt]. Le 30 juillet, elle traversa les Pléiades. Le 5 ao[ût] elle avait une queue de 6 degrés environ, tandis [que] M. Schmidt, à Athènes, estima sa longueur à 32°
1864	30 septembre, 8 heures. Rue Pythagore, 26, par la Fenêtre.	Planète...	Poisson austral.	Baptisée par M. Peters, à Altona, *Terpsychore* (

Liste des découvertes astronomiq[illegible] Guillaume Tempel (suite).

	DATES ET LIEUX DE LA DÉCOUVERTE.	OBJET.	CONSTELLATION.	OBSERVATIONS.
1865	19 décembre, 8 heures. Rue Pythagore, 26, sur la Terrasse.	Comète...	Près β Petite Ourse.	Comète périodique de 33 ans. C'est cette comète qui est devenue si célèbre depuis par sa connexion avec les étoiles filantes du 14 novembre.
1867	28 janvier, 9 heures. Rue Pythagore, 26, sur la Terrasse.	Comète...	Près γ Bélier.	Découverte déjà le 22 janvier, par M. Coggia, à l'Observatoire de Marseille.
1867	3 avril, 10 heures. Rue Pythagore, 26, par la Fenêtre.	Comète..	Balance.	Comète périodique de 5 ⁵/₆ ans environ. Elle avait une marche si lente qu'elle resta plus d'un mois dans le même carré d'un degré, et du 21 au 24 avril stationnaire au même point du ciel. Elle était très-faible et petite. Cette comète passa de nouveau à son périhélie, le 5 mai 1873.
1868	17 février, 11 heures. Rue Pythagore, 26, par la Fenêtre.	Planète...	La Vierge.	Baptisée, par la Société des Sciences naturelles de Cherbourg, *Clotho* (97).
1868	29 juin et 12 août. Rue Pythagore, 26, sur la Terrasse.	Comètes...	Petit Lion. Harpe de Georges.	Déjà découverte par le Dr Winnecke, à Carlsruhe, le 9 avril : la même comète, avant et après son périhélie, trouvée deux fois indépendamment par suite de l'absence d'éphémérides et de nouvelles.
1869	11 octobre, 15 heures. Rue Pythagore, 26, dans le Jardin.	Comète...	Sextant.	Observée seulement peu de temps à cause de sa marche vers l'hémisphère austral (I*).
1869	27 novembre, 9 heures. Rue Pythagore, 26, sur la Terrasse.	Comète...	Près α Pégase.	Comète excessivement faible et à peine estompée; portant de 4′ à 6′ de diamètre (II*).
1870	30 mai, 13h 30m. Rue Pythagore, 26, sur la Terrasse.	Comète...	Andromède.	Découverte, suivant l'assertion de M. de Littrow, vingt minutes plus tôt dans la même nuit, par le Dr Winnecke à Carslruhe.
1871	14 juin, 11 heures. Observatoire de Milan.	Comète...	Près β Grande Ourse.	Observée jusqu'au 20 septembre à Hambourg. Probablement une des plus faibles comètes qu'on ait découvertes (III*).
1871	3 novembre, 6 heures. Observatoire de Milan.	Comète...	Écu Sobieski.	Après avoir parcouru tout l'hémisphère austral, elle aurait dû remonter de l'autre côté de l'équateur en mars 1872. On ne l'a pas vue en Europe, mais bien dans l'Amérique du Sud (Cordoba) jusqu'au 19 février 1872 (IV*).
1873	3 juillet, 13h 30m. Observatoire de Milan.	Comète...	Verseau.	Comète périodique de 6 ans environ, d'après les calculs de MM. Schulhoff et Hind.

(I*, II*, III*, IV*) Découvertes pour lesquelles M. Tempel reçut les prix décern[illegible] l'Académie des Sciences de Vienne (Autriche).

XII.

ÉCLIPSES OBSERVÉES EN 1871 ET 1872.

Il y a eu quatre éclipses en 1871 : deux de Lune et deux de Soleil. Les deux éclipses de Lune ont eu lieu aux dates du 6 janvier et du 2 juillet ; les deux éclipses de Soleil aux dates du 17 juin et du 12 décembre. De ces quatre éclipses, aucune n'a été observée en France. La première seule, du reste, y eût été visible, si l'état du ciel l'avait permis ; mais nous n'avons eu cette nuit-là que des obus prussiens dans le ciel de Paris.

L'éclipse du 12 décembre était la seule importante et précieuse pour les progrès de l'Astronomie : c'était une éclipse *totale* du Soleil, sur l'observation de laquelle on fondait de grandes espérances, qui n'ont pas été déçues. Le principal intérêt qu'elle devait offrir était de permettre d'étudier spécialement la nature de la couronne lumineuse, qui se montre dans ces instants solennels autour du Soleil éclipsé. Nous avons vu, dans nos précédents volumes, les résultats obtenus sur l'étude des protubérances, pendant les éclipses de 1868, 1869 et 1870. Il s'agissait plus exclusivement ici du phénomène mystérieux de la *couronne*.

M. Janssen, auquel la science était déjà redevable de si beaux résultats sur l'analyse spectrale des protubérances, a voulu poursuivre sa mission en se rendant dans l'Indoustan pour observer aussi cette éclipse totale de Soleil, qui devait compléter ses études précédentes. Le ciel favorisa sa persévérance.

La ligne centrale de totalité devait passer par le nord de l'Australie, à Java, au nord de Ceylan et sur le continent indien. L'Angleterre se préoccupa naturellement des observations de l'Inde, et elle fit, dans cette circonstance, des sacrifices considérables qui sont tout à son honneur. Par les soins de l'Association britannique, une Commission d'une douzaine d'observateurs, dirigée par l'éminent M. Lockyer, fut organisée et reçut la mission de s'échelonner en quatre ou cinq stations, depuis Ceylan jusqu'à la côte de Malabar. Outre cette expédition, MM. le colonel Tennant et le lieutenant Herschel, qui avaient pris une si belle part aux observations de 1868, reçurent du gouvernement des Indes la mission d'aller observer sur les Neelgherries. Le savant M. Pogson, directeur de l'Observatoire de Madras, était chargé d'une mission semblable par lord Napier. Enfin de nombreux officiers et amateurs se préparaient de tous côtés à apporter leur concours à ces travaux : telle était la part considérable de l'Angleterre. L'Italie allait être bien dignement représentée par M. Respighi, qui applique à Rome, avec tant de succès, la méthode des protubérances. La Hollande avait à Java un astronome distingué, M. Oudemans. A l'extrémité de la ligne centrale, en Australie, le phénomène ne devait pas être moins bien étudié ; les excellents Observatoires que possède maintenant cette belle colonie anglaise s'étaient mis en mesure d'envoyer au nord des astronomes habiles pourvus des meilleurs appareils.

Résumons d'abord les observations faites par notre savant compatriote, d'après le Rapport qu'il en a rédigé lui-même au Bureau des Longitudes.

M. Janssen n'avait point étudié la couronne; mais, depuis, ayant beaucoup médité sur les observations de 1868, 1869 et 1870, il était arrivé à cette conviction que la principale difficulté rencontrée dans l'analyse spectrale de la couronne devait provenir du manque d'intensité lumineuse. On sait, en effet, que nos spectres célestes dérivent d'un faisceau lumineux de $\frac{1}{10}$ à $\frac{1}{20}$ de millimètre de largeur que le prisme étale sur une surface quelques centaines de fois plus considérable. Or, dans les lunettes ordinaires, l'image de la couronne est-elle assez vive pour supporter un tel affaiblissement et donner encore un spectre où l'œil puisse percevoir de délicates lacunes de lumière? L'affirmative paraissait bien douteuse; il devait y avoir là l'explication de plusieurs faits peu admissibles, signalés par la plupart des observateurs en 1868, 1869, 1870, notamment la continuité du spectre coronal, résultat qui conduirait à admettre dans la couronne la présence de corps solides ou liquides incandescents. La première condition à réaliser était donc d'obtenir un spectre de la couronne suffisamment lumineux.

M. Janssen eut alors la pensée de construire un télescope tout spécial, où les conditions optiques qu'un instrument de ce genre doit réunir seraient sacrifiées, dans une mesure admissible, pour tout reporter sur le pouvoir lumineux. Il reconnut, par un essai préalable, sur un miroir de 16 centimètres, que l'on peut réduire la distance focale principale d'un miroir à n'être que le quadruple de son diamètre et obtenir encore des images suffisamment pures pour l'objet qu'il avait en vue. Or un miroir dont la distance focale est seulement quadruple de son diamètre donne une image seize fois plus lumineuse que celle d'une lunette astronomique de même ouverture et qui aurait un foyer quatre fois plus long.

Ce point fixé, il fit construire un miroir de 38 centimètres de diamètre, qui prit un foyer de $1^m,42$; le rapport de l'ouverture au foyer était encore un peu plus grand que celui de 1 à 4, et cependant, avec un bon choix d'oculaires, l'instrument montrait dans Jupiter des détails au delà des deux larges bandes équatoriales bien connues.

Mais il était un autre *desideratum* également important. On sait que, dans les recherches d'analyse spectrale céleste, on se trouve dans la nécessité d'associer à la lunette qui porte le spectroscope une seconde lunette faisant fonction de chercheur, pour diriger l'instrument analyseur sur le point que l'on veut étudier. De cette disposition résulte la nécessité de deux observateurs : celui qui dirige le chercheur et celui qui étudie les spectres. Il y a là un grand inconvénient : l'observateur qui étudie analytiquement les phénomènes d'une éclipse a le plus grand intérêt à les voir lui-même, et cela tant au point de vue de l'interprétation qu'il doit en donner que pour se guider dans le choix des points où devra porter son investigation.

Il était donc très-important de trouver une combinaison optique qui permît à la même personne de remplir les deux rôles. Ce résultat fut obtenu par une disposition particulière du chercheur. L'oculaire de cet instrument fut muni d'abord d'un prisme à réflexion totale, pour rendre la direction de visée parallèle à celle du spectroscope; ensuite l'axe optique de ce chercheur fut amené à une distance du spectroscope égale à celle qui sépare les centres pupillaires des yeux.

Cette disposition si simple permet alors d'observer avec les deux yeux, et il suffit de fermer alternativement l'un ou l'autre pour obtenir, soit l'image de la région étudiée, soit le spectre correspondant.

Parmi les différents pays pour lesquels l'éclipse devait être totale, M. Janssen choisit de préférence l'Indoustan; il parcourut le pays pendant un mois et, après avoir étudié les conditions météorologiques spéciales des différentes localités, s'arrêta au nord de Ceylan, sur la côte occidentale de la chaîne des Ghauts, dans les monts Neelgherries. Il choisit son poste d'observation sur une montagne dominant le village indien de Shoolor, latitude 11° 27', longitude orientale 74° 22'. Ce village est formé de quelques misérables cases et ses habitants vivent d'une maigre culture et de leur travail aux plantations de thé dirigées par les Anglais.

L'astronome français fit construire une cabane, fit apporter ses instruments à dos d'homme, à travers un pays sans routes, et fut installé seulement trois jours avant l'éclipse. La veille (11 décembre), et à l'heure où le phénomène devait avoir lieu, il fit en quelque sorte la répétition générale de la pièce qui devait se jouer le lendemain.

A 4 heures du matin, le jour de l'éclipse, l'astronome était à son poste attendant avec impatience le moment de l'observation. Comme il l'avait prévu, le ciel fut pur pour ce moment solennel, tandis que sur la montagne de Dodabetta, où s'étaient installés les Anglais, et que l'on voyait de loin, une couronne de nuage masquait le commencement de la totalité de l'éclipse ; mais laissons la parole à M. Janssen lui-même :

« La totalité approchait, dit-il ; le ciel était d'une admirable pureté. Je m'étais immédiatement tracé un programme ; car, l'éclipse totale étant seulement de deux minutes, on ne pouvait songer qu'à quelques courtes observations, mais tellement choisies, qu'elles pussent lever définitivement les doutes qui planaient encore sur la nature de la couronne.

» Je devais m'attacher surtout à bien déterminer la véritable nature du spectre coronal, et si, comme je le prévoyais, il présentait les caractères d'un spectre de gaz, déterminer quels sont ces gaz et quels rapports de nature ils présentent avec ceux des protubérances ; terminer en examinant si les données de l'analyse spectrale s'accordent avec celles de la polarisation. Mais, avant tout, je devais consacrer une quinzaine de secondes à l'examen de la couronne dans la lunette pour me former une idée exacte du phénomène et arrêter les points où l'étude spectrale devrait porter.

» Cependant le Soleil va être complétement éclipsé : il est actuellement réduit à un mince filet lumineux qui bientôt se résout en grains séparés. Je fais tomber le verre obscur de la lunette et la couronne apparaît dans toute sa splendeur.

» Autour de la Lune brillent plusieurs protubérances d'un rose corail qui se détachent sur le fond d'une auréole doucement lumineuse de couleur blanche, mate et comme veloutée.

» Les contours de cette couronne sont irréguliers, mais assez nettement terminés. La forme générale est celle d'un carré curviligne cintré sur le Soleil, et débordant celui-ci d'un demi-rayon dans les parties les plus basses, et de près du double vers les angles. Aucune diagonale n'a la direction de l'équateur solaire. Cette couronne présente une structure très-curieuse dont on peut se servir pour résoudre plusieurs points de théorie. On y distingue plusieurs traînées lumineuses qui, partant du limbe lunaire, vont se rejoindre dans les hautes parties de la couronne. L'apparence est celle d'une ogive ou d'un pétale de fleur de dahlia. Cette structure se répète tout autour de la Lune, et, dans son ensemble, la couronne figure comme une fleur lumineuse gigantesque dont le disque noir de la Lune occuperait le centre.

» Je m'arrache à l'extase dans laquelle cet incomparable phénomène m'avait jeté un instant pour exécuter mon programme. J'examine si la couronne présente des différences essentielles au point de contact et au point opposé. Je ne trouve point de différence. Je suis alors quelques instants le phénomène, afin de voir si le mouvement de la Lune va apporter quelques changements importants dans la structure initiale de la couronne ; or rien de semblable ne se produit. Ces épreuves me donnent la conviction complète que j'ai devant les yeux l'image d'un objet réel situé au delà de notre satellite, et dont celui-ci découvre les diverses parties par les progrès de son mouvement sur le Soleil.

Fig. 9.

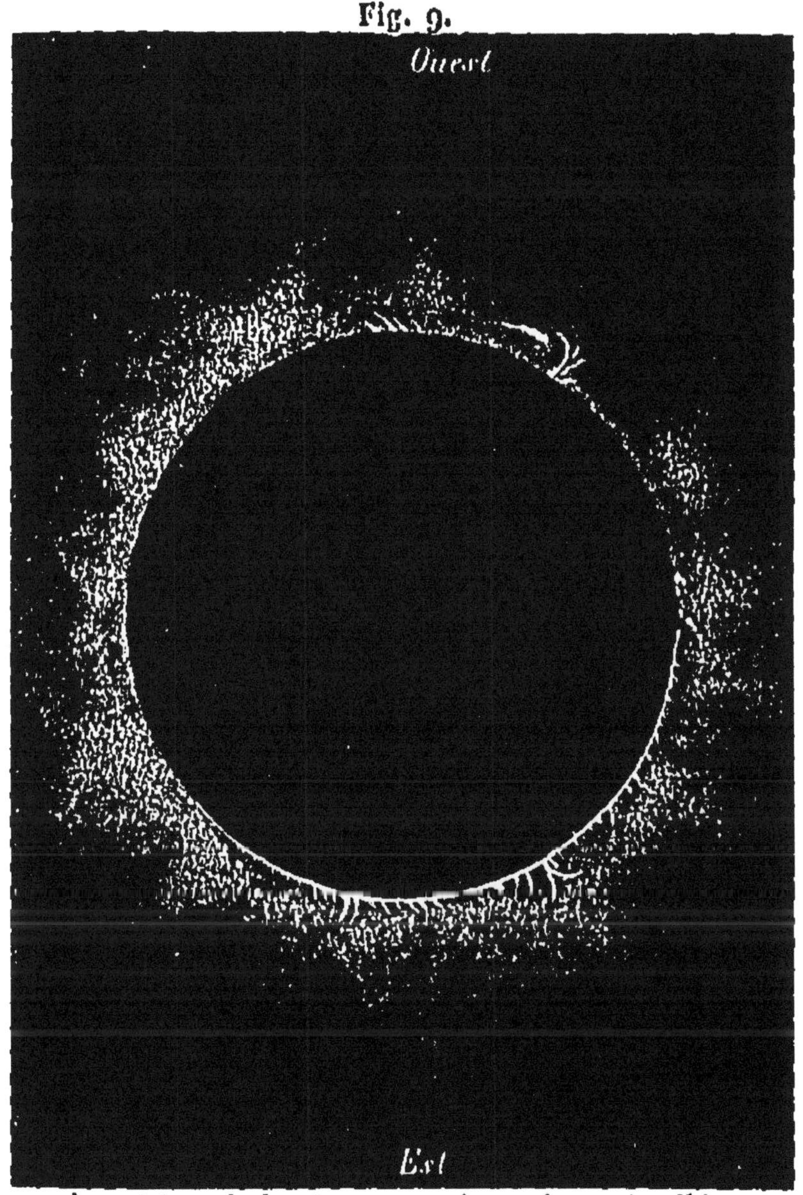

» Ayant terminé cet examen, je reviens aux éléments

lumineux du phénomène. Ma vue ayant encore toute sa sensibilité, je commence par l'examen du spectre des parties les plus hautes et les moins lumineuses de la couronne. Je place la fente du spectroscope à deux tiers de rayon environ du bord lunaire. Le spectre se montre beaucoup plus vif que je ne m'y attendais à cette distance, résultat qui tient évidemment au grand pouvoir lumineux de l'instrument et à l'ensemble des dispositions adoptées. Ce spectre n'est pas continu; j'y reconnais de suite les raies de l'hydrogène et la raie verte (dite 1474) : c'est un premier point très-important. Je déplace la fente en restant toujours dans les hautes régions de la couronne : les spectres présentent toujours la même constitution.

» Partant d'une de ces positions, je descends peu à peu vers la chromosphère, examinant très-attentivement les changements qui peuvent se produire. A mesure que j'approche de la Lune, les spectres prennent plus de vivacité et paraissent s'enrichir, mais ils restent semblables à eux-mêmes comme constitution générale. Dans les hauteurs moyennes de la couronne, de 3 à 6 minutes, la raie obscure D se perçoit, ainsi que quelques lignes obscures dans le vert; mais celles-ci sont à peine visibles. Cette observation prouve la présence, dans la couronne, de la lumière solaire réfléchie; mais on sent que cette lumière est noyée dans une abondante émission lumineuse étrangère.

» J'aborde alors l'observation qui doit donner les rapports entre la couronne et les protubérances. La fente est placée de manière à couper une portion de la Lune, une protubérance et toute la hauteur de la couronne.

» Le spectre de la Lune est excessivement pâle; il paraît dû principalement à l'illumination atmosphérique, et donne une mesure précieuse de la faible part que notre atmosphère peut prendre dans le phénomène de la couronne.

» La protubérance donne un spectre très-riche et d'une grande intensité. Ses principales raies, et c'est le point capital, se prolongent dans toute la hauteur de la couronne, ce qui démontre péremptoirement l'existence de l'hydrogène dans celle-ci.

» La raie verte (dite 1474), si vive dans le spectre de la couronne, paraît s'interrompre dans le spectre de la protubérance, résultat très-remarquable. Je donne encore quelques instants pour bien constater la correspondance exacte des raies de la couronne avec les principales raies de l'hydrogène dans les protubérances.

» Il ne me reste alors que quelques secondes pour l'étude polariscopique. La couronne présente les caractères de la polarisation radiale; de plus, le maximum d'effet ne s'observe pas à la base du limbe lunaire, mais à quelques minutes de son bord.

» J'avais à peine terminé cette rapide constatation que le Soleil reparaissait. »

Voici maintenant la discussion que M. Janssen fait lui-même de ses observations :

Lorsqu'il s'agit d'un phénomène aussi complexe que celui de la couronne, il est nécessaire de faire concourir des méthodes variées à son étude; c'est pourquoi l'ingénieux observateur a cru indispensable de considérer la couronne au triple point de vue de son aspect, de son analyse lumineuse, de ses manifestations polariscopiques. Exposons ces diverses observations.

Voyons d'abord ce que nous montre la couronne pendant les premiers instants de la totalité.

Nous avons vu que la structure générale de la couronne a persisté pendant la durée de l'éclipse.

On ne pourrait donc admettre ici un effet de l'ordre des phénomènes de diffraction, engendré à la surface de l'écran lunaire par des rayons rasant les bords de cet écran. En effet, reportons-nous aux circonstances géométriques d'une éclipse totale. Au moment où la totalité vient de se produire, le disque de la Lune est tangent en un point à celui du Soleil, et va en débordant de plus en plus jusqu'au point opposé. La diffraction se produirait donc, dans les circonstances physiques les plus différentes, aux divers points du limbe lunaire, et une auréole due à cette cause révélerait, par sa dissymétrie, cette diversité de conditions.

En outre, une auréole de cette nature présenterait un aspect incessamment variable pendant les diverses phases de la totalité. Dissymétrique au début, elle se modifierait avec le mouvement de la Lune, et tendrait à prendre une figure semblable autour de notre satellite quand le disque de celui-ci déborderait également partout celui du Soleil. Enfin, à partir de cet instant, cette auréole repasserait par les phases inverses jusqu'à la réapparition du Soleil.

Or rien de tel ne se produisit à Shoolor : la structure générale de la couronne resta semblable à elle-même pendant la durée de la totalité.

Quant à l'hypothèse d'une auréole produite par

une atmosphère lunaire, il n'est pas nécessaire de s'y arrêter. On sait aujourd'hui que, s'il existe à la surface de notre satellite une couche gazeuse, elle doit être si peu étendue qu'il lui serait absolument impossible de produire le phénomène grandiose de la couronne.

Notre atmosphère ne pourrait pas davantage être invoquée comme cause du phénomène; mais il est évident qu'elle joue un grand rôle dans les aspects particuliers que la couronne peut présenter en diverses stations, suivant l'état du ciel en ces stations. Elle agit comme cause modificatrice, mais non productrice.

Passons maintenant aux observations spectroscopiques.

La couronne présente les raies de l'hydrogène dans toute son étendue visible; en certains points, jusqu'à 12 et 15 minutes de hauteur.

Cette observation est certaine : la précision des échelles spectroscopiques, l'habitude de ces déterminations, enfin le soin qui a été pris de comparer les raies de la couronne à celles d'une protubérance dont elles formaient les prolongements rigoureux, ne laissent aucun doute sur ce fait.

Mais si la couronne présente les raies de l'hydrogène, nous devons nous adresser cette question capitale : cette lumière est-elle émise ou réfléchie? C'est la constitution du spectre coronal qui va nous répondre. Si la lumière de la couronne est réfléchie, cette lumière ne peut avoir qu'une origine solaire : elle provient de la photosphère et de la chromosphère, et son spectre doit être celui du Soleil, c'est-à-dire à fond lumineux avec raies obscures. Or telle n'est point la constitution du spectre coronal; celui-ci nous présente les raies de l'hydrogène se détachant fortement sur le fond; après la raie verte (dite 1474), c'est la manifestation qui prime dans le phénomène. Il faut en conclure que le milieu coronal brille par lui-même, en grande partie au moins, et qu'il contient de l'hydrogène incandescent.

Ce premier point est nettement établi.

Mais est-ce à dire que toute la lumière de la couronne soit de la lumière d'émission? Évidemment non; et, sur ce point, une observation délicate d'analyse spectrale et la polarisation peuvent nous instruire.

En effet, le spectre de la couronne a présenté, outre ses raies brillantes, plusieurs raies obscures du spectre solaire: la raie D et quelques-unes dans le vert. Ce fait accuse la présence de la lumière solaire réfléchie. On pourrait demander pourquoi les principales raies fraünhofériennes se réduisent à la ligne D. Il faut remarquer que le spectre coronal, n'étant pas très-lumineux, est surtout perceptible dans sa partie centrale, et que, dans cette partie, les raies C, E,... sont remplacées par des lignes brillantes. Dans ces conditions, c'est la ligne D qui restait la seule importante; aussi est-ce sur elle que l'observateur avait dirigé surtout son attention.

La constatation des raies fraünhofériennes dans le spectre de la couronne est délicate; elle n'a pas été obtenue par les autres observateurs. Ce fait s'explique, et par la grande pureté du ciel à Shoolor, et par la puissance de l'instrument de M. Janssen.

La présence de la lumière solaire réfléchie dans le

spectre de la couronne a une grande importance : elle montre la double origine de cette lumière coronale ; elle explique des observations de polarisation qui paraissaient inconciliables(*) ; mais surtout elle fait comprendre comment, la lumière solaire formant en quelque sorte le fond du spectre de la couronne, on a pu croire ce spectre continu, et l'on sait que cette circonstance a été jusqu'ici le grand obstacle qui s'opposait à ce qu'on considérât la couronne comme étant de nature entièrement gazeuse. Les phénomènes de polarisation présentés par la couronne sont, comme effet dominant, ceux de la polarisation radiale ; ce qui montre que la réflexion a lieu principalement dans la couronne, et que celle qui peut se produire dans notre atmosphère n'est que secondaire. La polarisation s'accorde donc ici avec l'observation des raies fraünhofériennes ; mais, pour que l'accord soit complet, il faut que l'analyse polariscopique puisse nous montrer, comme l'analyse spectrale, que la lumière de la couronne n'est que partiellement réfléchie. C'est précisément ce qui arrive. Nous avons vu, en effet, que, près du limbe de la Lune, où la lumière coronale est la plus vive, la polarisation paraît moins prononcée qu'à une certaine distance. C'est que, dans ces régions in-

(*) Si l'on consulte l'histoire des éclipses, on verra que les observateurs ont obtenu souvent des résultats contraires, ce qui avait jeté ce genre d'observations dans une sorte de discrédit ; mais si l'on discute ces observations, en tenant compte de la double nature de la lumière de la couronne et des effets de notre atmosphère, on pourra lever la plupart des difficultés.

férieures, l'émission est si forte qu'elle masque la réflexion, et que celle-ci n'apparaît avec ses caractères propres que dans les couches où elle peut reprendre une certaine importance relative.

Ainsi les deux analyses spectrale et polariscopique bien interprétées s'accordent sur cette double origine de la lumière coronale, et toutes les observations prouvent l'existence de ce milieu circumsolaire.

Ce milieu se distingue, et par sa température et par la densité de la chromosphère, dont la limite, en outre, est parfaitement tranchée, ainsi que le témoignent tous les dessins des protubérances et de la chromosphère. Il y a donc lieu de lui donner un nom. L'astronome français propose celui d'*enveloppe* ou d'*atmosphère coronale*, pour rappeler que les phénomènes lumineux de la *couronne* lui doivent leur origine.

La densité de l'atmosphère coronale doit être excessivement faible. En effet, on sait que le spectre de la chromosphère, dans ses parties supérieures, est celui d'un milieu hydrogéné excessivement raréfié ; or, comme le milieu coronal, d'après les indications spectrales, doit être infiniment moins dense encore, on voit à quelle rareté ce milieu doit atteindre. Cette conclusion est encore corroborée par les observations astronomiques. La science a enregistré le passage de comètes à quelques minutes seulement de la surface du Soleil ; ces astres ont dû traverser l'atmosphère coronale, et cependant, malgré la faiblesse de leur masse, ils ne sont pas tombés sur le Soleil.

A ces considérations, M. Janssen ajoute, sur la constitution de l'atmosphère coronale, quelques idées qui ne découlent pas d'une manière rigoureuse de ses observations, mais qui lui paraissent très-probables et sur lesquelles, du reste, l'avenir pourra prononcer.

« La couronne, dit-il, s'est présentée à Schoolor, avec une forme à peu près carrée, et l'on y distinguait comme de gigantesques pétales de fleur de dahlia. Il est de fait qu'à chaque éclipse la figure de la couronne a varié; souvent elle s'est présentée avec les apparences les plus bizarres. Je dirai tout d'abord que ce milieu, incontestablement reconnu maintenant, et que je propose de nommer l'*atmosphère coronale*, ne représente probablement pas toute l'auréole que nous apercevons pendant les éclipses totales. Il est très-admissible, que des portions d'anneaux ou des traînées de matière cosmique deviennent alors visibles et viennent compliquer la figure de la couronne. Il appartiendra aux futures éclipses de nous instruire à cet égard; mais, en se bornant même au milieu coronal, il est incontestable qu'il se présente avec des formes singulières et qui rappellent bien peu l'idée qu'on se forme d'une atmosphère en équilibre. Or je suis porté à admettre que ces apparences sont produites par des traînées de matière plus lumineuse et plus dense, amenée des couches inférieures et sillonnant ce milieu tourmenté. Les jets protubérantiels, qui vont porter l'hydrogène à de si grandes hauteurs, doivent avoir une part importante dans ces phénomènes. Le Soleil, qui exerce une action si manifeste sur les comètes, a peut-être une influence particulière sur ce milieu coronal, dont la densité est tout à fait comparable à celle des milieux cométaires.

» Il est donc très-probable que l'atmosphère coronale, comme la chromosphère, est très-tourmentée, et qu'elle change de figure assez rapidement, ce qui expliquerait comment elle s'est présentée sous tant d'apparences différentes.

» En résumé, dit en terminant M. Janssen, j'ai pu constater que la couronne solaire présente les caractères optiques du gaz hydrogène incandescent; que ce milieu très-rare s'étend à des distances très-variables du Soleil, depuis un demi-rayon de l'astre environ jusqu'au double en certains points, ce qui donnerait des hauteurs de 80 000 à 160 000 lieues de 4 kilomètres; mais je ne donne ces chiffres que comme résultats d'une observation, et non comme définitifs. Il est bien certain d'ailleurs que la hauteur de la couronne doit être incessamment variable. »

Les astronomes anglais, dont les expéditions n'ont pas eu la même réussite que celle de notre savant compatriote, s'étaient disséminés parmi les vastes possessions anglaises des deux mondes. Le colonel Tennant, Alexandre Herschel, le capitaine Morant, MM. Hennessy et Waterhouse, formaient la colonie installée sur le pic de Dodabetta, le plus haut des Neelgherries (8650 pieds au-dessus de la mer), dont nous avons parlé plus haut, et dont le sommet fut enveloppé de nuages au commencement de l'éclipse. Elle a été également observée à Dara Gardens, Vizigapatam, par M. Nursing Row, membre de la Société royale astronomique; à Avenashy, par M. Pogson, directeur de l'Observatoire de Madras; par son fils, par M. Winter, ingénieur des télégraphes, et par le colonel Ritherdon;

à Békul, par M. Lockyer et par le commandant Maclear; à Jaffna, Ceylan, par le capitaine Tupman. Notre savant ami, M. Respighi, directeur de l'Observatoire du Capitole, à Rome, s'était transporté à Poodoocotah, où il réussit à faire d'excellentes observations spectroscopiques, qui confirment celles de M. Janssen, quoiqu'il eût trouvé une hauteur de couronne beaucoup plus petite, probablement à cause de l'instrument employé. Parmi les observations anglaises, les plus importantes sont celles de M. Lockyer sur la structure nébulaire de la couronne, et celles de M. Tupman sur la polarisation coronale.

Le colonel Tennant et M. Davis, aide de lord Lindsay, s'étaient principalement chargés des essais de photographie. Six d'entre les épreuves sont surtout très-nettes et très-instructives, relativement à la couronne qui entoure le disque noir de la Lune et brille comme une atmosphère lumineuse jusqu'à une grande distance, en offrant un contour irrégulier, découpé de dentelures qui se montrent dans toutes ces épreuves. Tandis que le jugement de l'œil varie si singulièrement entre plusieurs observateurs placés au même point, les photographies, qui sont indépendantes de toute influence nerveuse, fixent le phénomène sans amplification et tel qu'il est. Comme dans l'éclipse de 1870, la photographie a rendu ici un service manifeste à l'Astronomie, en confirmant la conclusion que la couronne n'appartient ni à l'atmosphère terrestre, ni à la Lune, mais au Soleil lui-même.

Parmi les différentes relations que nous avons sous les yeux, nous voyons que *toutes* les observations spectroscopiques se sont accordées à remarquer en première ligne la raie verte 1474. Les raies C, F, G furent immédiatement signalées aussi par M. Lockyer, et, en voyant l'aspect général du spectre de la couronne, il s'écria aussitôt: « Tout à fait comme Orion ». On sait que la nébuleuse d'Orion n'est pas résoluble, mais formée de gaz. (*Voir* notre tome II, p. 172.)

A Ceylan, les observations de M. Tupman et du capitaine Fyers conduisirent aux conclusions suivantes:

La couronne s'étendait jusqu'à 40 et 90 minutes du limbe de la Lune. Elle est polarisée, et cette polarisation est si forte qu'elle surpasse celle de l'atmosphère; elle s'étendit jusqu'à 50 minutes du Soleil et resta visible pendant trente secondes après la totalité. La ligne 1474 K était la plus brillante : on a constaté aussi le renversement du spectre brillant de Young.

Nous arrivons maintenant aux éclipses de 1872.

Il y en a eu quatre : deux de Soleil et deux de Lune. Les deux éclipses de Lune ont été partielles et n'ont offert aucune particularité digne d'être remarquée. Parmi les deux éclipses de Soleil, l'une, à la date du 30 novembre, était totale; mais, par la disposition des courbes, la ligne de l'éclipse centrale *ne rencontra aucune terre,* si ce n'est quelques îlots de l'archipel des Navigateurs, dans l'océan Pacifique austral. Les sauvages de ces contrées ont sans doute salué ce phénomène, non prédit pour eux, à coups de tams-tams ou par des danses vertigineuses; mais à coup sûr ils ne s'en sont pas servi pour étudier la constitution physique du Soleil.

La meilleure des quatre éclipses (au point de vue de l'instruction astronomique bien entendu) est celle du 6 juin, quoiqu'elle ait été *annulaire* et invisible à Paris.

Elle fut visible au Japon, où elle était centrale, en Sibérie, en Asie, en Chine, aux îles de Sumatra et de Bornéo, etc. Il y avait longtemps qu'aucune observation digne de remarque n'avait été faite pendant une éclipse annulaire de Soleil; mais M. Norman Pogson, de l'Observatoire de Madras, réussit à y reconnaître *le renversement du spectre solaire*, fait qui n'a jusqu'à présent encore été obtenu que pendant les éclipses totales. Au deuxième contact, cet astronome observa le spectre renversé pendant deux secondes; au troisième contact, il put le reconnaître pendant six secondes. Cette observation est importante, parce que, quoique ce fait ait été constaté d'abord par Young, pendant l'éclipse de 1870, ensuite, comme nous venons de le voir, par plusieurs observateurs de l'éclipse de 1871, cependant ce renversement n'avait pas été remarqué par tous. Il est vrai que des observations négatives sont de peu de poids en cette circonstance; mais des doutes restaient encore à cause de la non-reconnaissance du phénomène par plusieurs de ceux qui s'étaient préparés à l'étudier. L'observation du renversement du spectre pendant une éclipse annulaire est décisive en cette matière. Elle nous fait conclure que dans la région la plus basse de l'atmosphère solaire, c'est-à-dire dans ses 400 derniers kilomètres d'épaisseur au-dessus de la surface de l'astre, il y a des vapeurs des métaux et des autres éléments découverts par l'analyse spectrale.

XIII.

ÉTUDE DE LA SURFACE DU SOLEIL. UNE EXPLOSION DANS LE SOLEIL.

L'étude de la surface de l'astre du jour se poursuit activement, grâce à l'activité persévérante d'un grand nombre d'observateurs. L'une des plus curieuses observations qui aient été faites dans cette étude si intéressante, et l'une de celles qui peuvent le mieux nous donner l'idée des forces énergiques en action à la surface de cet astre immense, est, sans contredit, celle que le professeur Young a faite en Amérique, et qui montre une formidable explosion d'hydrogène dans l'atmosphère solaire. Résumons la relation de l'auteur.

Le 7 septembre 1871, entre $12^h 30^m$ et 2 heures, il se produisit une explosion de l'énergie solaire, remarquable par sa soudaineté et sa violence. Toute l'après-midi l'auteur avait observé avec le télespectroscope (*) une énorme protubérance ou nuée d'hydrogène sur le limbe oriental du Soleil. Elle s'était maintenue avec très-peu de changement depuis le midi précédent, comme une nuée longue, basse, tranquille, ni très-dense, ni brillante, ni bien remarquable, excepté par son étendue. Elle était principalement formée de filaments, la plupart presque horizontaux, et flot-

(*) C'est le nom donné par Shellen à la combinaison de la lunette astronomique avec le spectroscope.

tait au-dessus de la chromosphère, sa surface inférieure étant à une hauteur d'environ 24 000 kilomètres; mais elle lui était rattachée, comme cela a lieu ordinairement, par trois ou quatre colonnes verticales plus brillantes et plus actives que le reste. Elle avait 3′ 45″ de longueur et environ 2 minutes de hauteur à la surface supérieure, c'est-à-dire, puisque à la distance du Soleil 1 seconde est égale à 733 kilomètres, environ 161 000 kilomètres de longueur sur 88 000 kilomètres de hauteur.

A midi et demi l'observateur fut appelé au dehors pour quelques minutes. Jusque-là, il n'avait rien remar-

Fig. 10.

qué d'extraordinaire, si ce n'est que la colonne, à l'extrémité méridionale de la nuée, était devenue beaucoup plus brillante et était courbée d'une manière curieuse d'un côté. Près de la base d'une autre colonne, à l'extrémité nord, s'était développée une petite masse brillante, ressemblant beaucoup par sa forme à la partie supérieure d'un nuage orageux de l'été. La *fig.* 10 représente la protubérance à cet instant; *a* est le petit nuage orageux.

Quelle fut alors sa surprise, en revenant moins d'une demi-heure après (à 12h55m), de trouver que, dans cet intervalle, tout avait été littéralement mis en pièces par quelque explosion inconcevable venue d'en bas. Au lieu du nuage tranquille qu'il avait laissé, l'air, si l'on peut se servir de cette expression, était rempli de débris flottants, d'une masse de filaments verticaux, fusiformes et séparés, ayant chacun de 16 à 30 secondes de longueur sur 2 ou 3 secondes de largeur, plus brillants et plus rapprochés les uns des autres, là où se trouvaient d'abord les piliers, et s'élevant rapidement.

Déjà quelques-uns avaient atteint une hauteur de près de 4 minutes (176000 kilomètres). Puis, sous les yeux même de l'observateur, ils s'élevèrent avec un mouvement presque perceptible à l'œil, et, au bout de 10 minutes (à 1h5m) la plupart étaient à plus de 300000 kilomètres au-dessus de la surface solaire. Cette effroyable éruption a été constatée par une mesure faite avec soin; la moyenne de trois déterminations très-concordantes a donné 7′49″ pour l'altitude extrême à laquelle les jets sont arrivés; ce qui est d'autant plus curieux que la matière de la chromosphère (hydrogène rouge dans ce cas) n'avait jamais été observée à une altitude supérieure à 5 minutes. La vitesse de l'ascension (267 *kilomètres par seconde!!!*) est considérablement plus grande qu'aucune autre qui ait été observée.

La *fig.* 11 peut donner une idée générale du phénomène au moment où les filaments étaient à leur plus grande hauteur. A mesure que les filaments s'élevèrent

Fig. 11.

ils s'affaiblirent graduellement comme un nuage qui se dissout, et, à 1h 15m, il ne restait, pour marquer la place, qu'un petit nombre de légers flocons nuageux, avec quelques flammes basses plus brillantes près de la chromosphère.

Mais en même temps la petite masse semblable à un

nuage orageux avait grandi et s'était développée d'une manière étonnante en une masse de flammes qui se roulaient et changeaient sans cesse, pour parler suivant les apparences. D'abord ces flammes se pressaient en foule, comme si elles se fussent allongées le long de la surface solaire; ensuite elles s'élevèrent en pyramide à une hauteur de 80000 kilomètres; alors leur sommet s'allongea en longs filaments enroulés d'une manière curieuse, d'avant en arrière et de haut en bas, comme des volutes de chapiteaux ioniques; enfin elles s'affaiblirent, et, à 2h 30m, elles s'étaient évanouies comme le reste. La *fig.* 12 les représente dans leur développement complet; elle a été dessinée à 1h 40m.

Fig. 12.

L'ensemble du phénomène suggère forcément l'idée d'une explosion sous la grande protubérance, agissant principalement de bas en haut, mais aussi dans toutes les directions au dehors, et ensuite, après un certain intervalle, suivie d'un affaissement correspondant; il ne paraît pas impossible que les flammes mystérieuses de la couronne ne puissent trouver pour origine une explication dans des événements semblables.

Dans la même après-midi, une partie de la chromosphère du bord opposé (à l'ouest) du Soleil fut, pendant plusieurs heures, dans un état d'excitation et d'éclat inaccoutumés, et fit voir dans le spectre plus de 120 raies brillantes, dont la position a été déterminée et cataloguée.

Le soir même de ce jour, 7 septembre 1871, il y eut en Amérique une belle aurore boréale. Était-ce une réponse à cette magnifique explosion solaire?

ÉRUPTIONS SOLAIRES OBSERVÉES A ROME.

Dans ses persévérantes études sur la surface solaire, le P. Secchi a observé et dessiné un certain nombre de phénomènes extrêmement remarquables au point de vue de la constitution de l'astre qui nous éclaire et des forces en action à sa surface. Depuis quelques années, plusieurs astronomes ont cru pouvoir arrêter une théorie nouvelle de la constitution physique de ce mystérieux foyer, et M. Faye assimile même tout à fait les taches solaires aux trombes et aux cyclones de l'atmosphère terrestre, et croit ces taches produites par un mouvement *descendant* à travers l'atmosphère solaire. Il nous semble que le moment n'est pas encore venu d'arrêter une théorie. C'est pourquoi nous ne parlerons pas encore, dans ce volume, des nouvelles hypothèses imaginées, et nous nous en tiendrons aux *faits* observés.

Fig. 13.

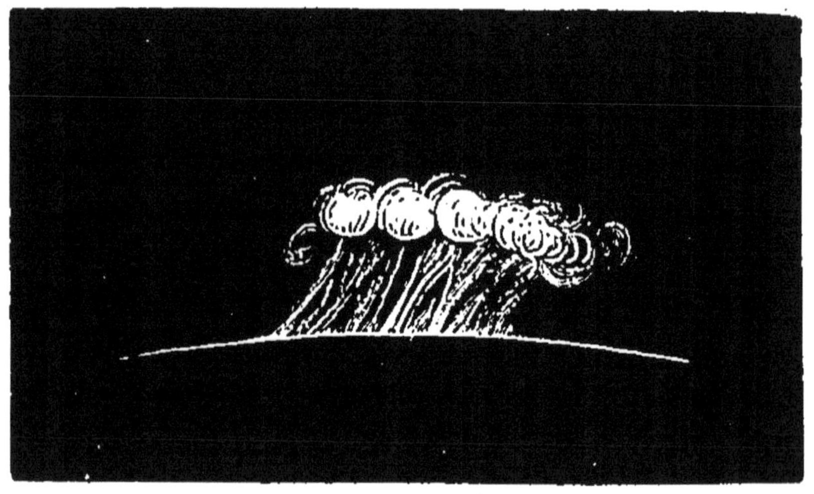

7 juillet 1872, 3h 50m.

Certaines variations de protubérances observées par le P. Secchi rappellent l'explosion dont nous venons de rapporter l'histoire, et sont éminemment curieuses et instructives. Telle est la série observée le 7 juillet 1872. Dans l'après-midi de cette journée, à 3h50m, une protubérance offrait l'aspect d'un gros nuage cumuliforme (*fig.* 13), qui surmontait les jets, et était réellement formé par l'enchevêtrement et la fusion de la masse des jets eux-mêmes. Bientôt la masse se souleva et s'étala à une hauteur de 80 secondes, de 65 à laquelle elle était (*fig.* 14); elle occupa 10 degrés en largeur et parut se résoudre en filets gracieusement recourbés, comme les feuilles d'acanthe, dans un chapiteau corinthien (*fig.* 15, 16 et 17). Cependant les courbes de ces jets ne sont pas simplement paraboliques, mais réellement spirales, car on y voit la volute se former aux extrémités des filets. Ce

Fig. 14.

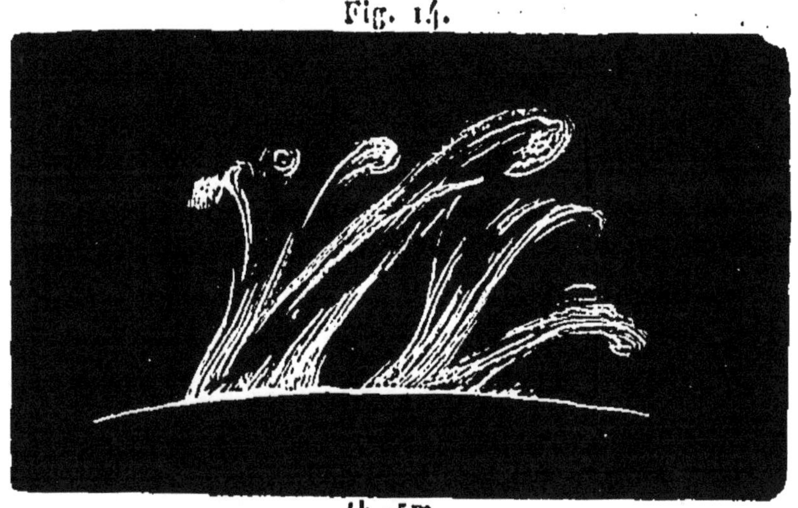

4h 15m.

Fig. 15.

4h 30m.

fait, déjà indiqué dans une figure de M. Young, a été confirmé d'une manière incontestable le 13 juillet, dans une des dernières éruptions qui ont accompagné la tache dont nous allons bientôt parler. La *fig.* 18 représente

Fig. 16.

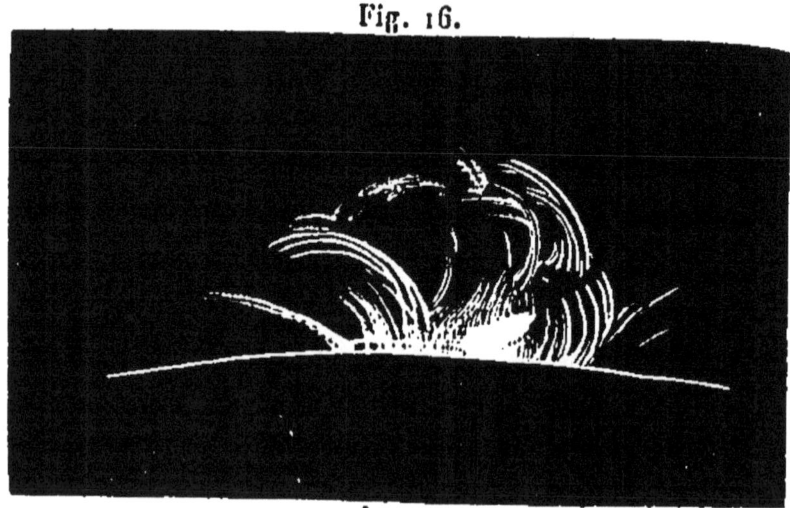

6h 10m.

Fig. 17.

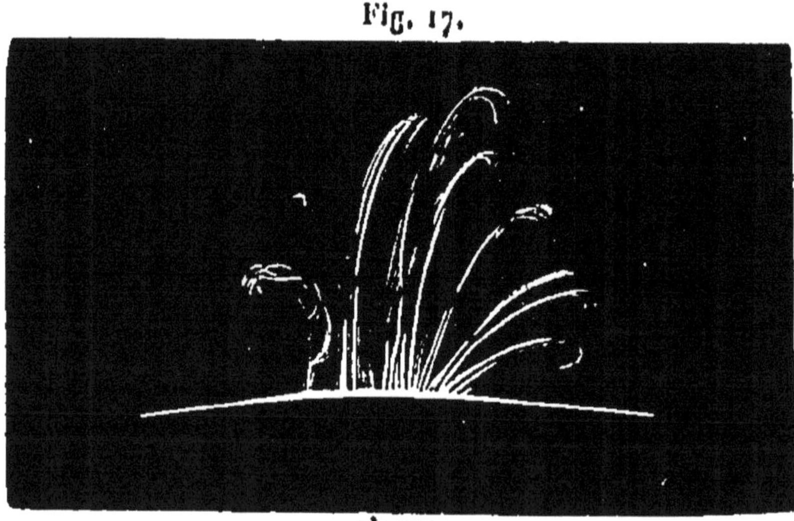

5h 35m.

les derniers restes de l'éruption du 7, suspendus dans les airs au-dessus des flammes assez faibles. Le jour suivant, à cette même place, parut une belle tache, accompagnée d'une autre éruption.

Fig. 18.

6h 40m.

Fig. 19.

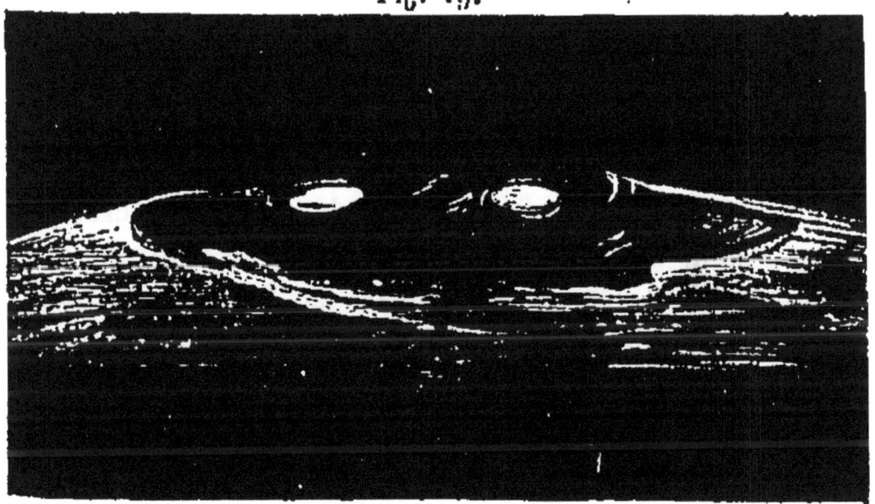

11 juillet 1872. 5h 30m. Grande facule au bord.

Ce même jour on remarquait, dans l'hémisphère austral, près du méridien central, une grande tache offrant des vestiges d'éruption, qu'on relevait par la disparition et le renversement des raies de l'hydrogène, et par la dilatation très-considérable des raies du sodium, du magnésium et d'autres métaux.

La tache était accompagnée, sur tout son contour, d'une vaste facule, laquelle était tellement vive, que lorsqu'elle arriva au bord elle se détacha sur le fond solaire comme une tache blanche très-nette, et le 11 juillet, lorsqu'elle traversa le bord, elle y parut former une élévation sensible sur le contour circulaire en deux points (*fig.* 19). Le contour de la tache avait subi des changements sensibles, même le jour précédent, de sorte que l'on pouvait être certain que l'activité y régnait encore.

Les éruptions ne se firent pas attendre. Le 11 juillet, à 9 heures du matin, une explosion était en pleine activité et la forme de la tache, même en ayant égard à sa nouvelle position près du bord et au raccourcissement qui en résultait, était sensiblement changée depuis le jour précédent. Sur les bords solaires paraissaient des jets très-vifs et très-denses, de hauteur médiocre, mais formant une masse compacte ; près de cette masse se trouvaient des assemblages de jets filiformes, élevés à plus de 1′30″, tournés en spirales et en arcs de cercle. La masse brillante passa par des phases très-curieuses : après s'être évanouie à 9^h55^m, elle fut remplacée par un cumulus très-élevé, oblique, de forme ovale, qui se transforma dans l'espace de quelques minutes en un nuage de forme ordinaire, émettant vers le bas une pluie de feu surprenante. A 10^h7^m l'intensité fut maximum, et ensuite tout s'évanouit. En reprenant l'observation à $4^h 45^m$, on fut étonné de voir l'éruption ranimée avec une forme différente de celle qu'on avait

Fig. 20.

11 juillet, $4^h 45^m$.

Fig. 21.

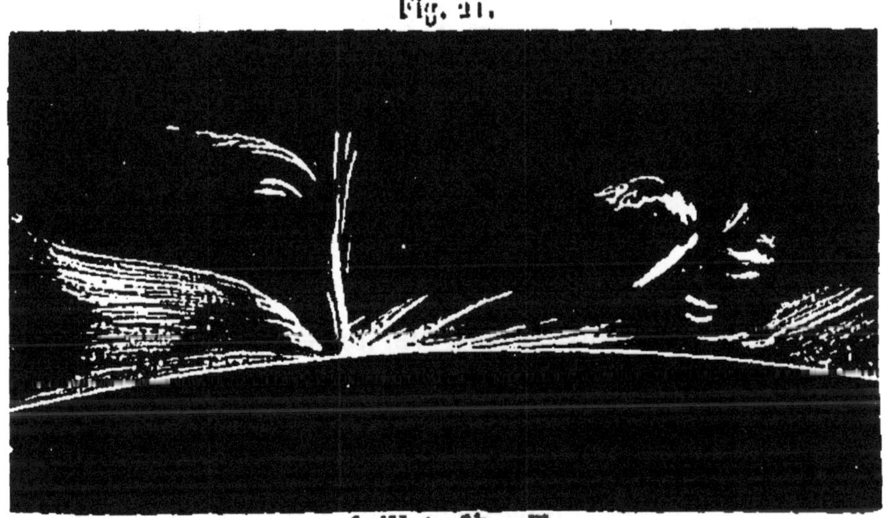

11 juillet, $6^h 20^m$.

observée le matin et tout à fait exceptionnelle. L'ensemble avait l'aspect d'un bateau ; les jets, volumineux

et très-vifs, sortaient si obliquement à droite et à gauche, qu'ils tournaient leur *convexité* du côté du bord solaire (*fig.* 20). C'était l'aspect d'un vaste incendie, dans lequel un vent vertical écarterait les flammes de tous côtés. Cette apparition dura un quart d'heure au plus. Les flammes prirent leur apparence ordinaire, et, à $6^h 20^m$, l'aspect était celui d'un vaste cratère de flammes, déprimé au milieu, d'où sortait capricieusement un jet très-délicat, filiforme et ra-

Fig. 22.

13 juillet, $11^h 35^m$.

mifié, se soulevant d'abord verticalement, se repliant et se divisant au sommet (*fig.* 21). Le jour suivant, 12, es éruptions continuèrent, toujours intermittentes et se renouvelant à des intervalles de quatre à cinq heures; mais elles furent moins vives. Le 13 juillet, on eut encore un reste d'éruptions, mais elles consistèrent en panaches hydrogéniques diffus, parmi lesquels on vit la belle *fig.* 22. Le 14, le centre était éteint.

Pendant qu'on examinait ces formes variables, on faisait aussi l'examen spectroscopique des substances. Dans les émissions, on vit apparaître renversées les raies du sodium, du magnésium, du fer, et une foule d'autres, surtout dans le vert, qu'il devenait impossible de distinguer. La raie située à peu près à égale distance entre *c* et *b*, qui se renverse si souvent, était si vive qu'elle donnait la forme de la protubérance, comme les raies de l'hydrogène. On distingua encore celle qui est située entre *a* et *b*. Il serait impossible de reproduire ici ces analyses.

Durant ces observations, la tache apparue le 8 était toujours visible, et l'analyse spectrale accusait de vastes éruptions à son intérieur ; l'un des phénomènes les plus curieux fut de voir les raies du chrome très-diffuses et gonflées comme celles du sodium. Ces raies sont cotées 1613,5 et 1615,5 par Kirchhoff. On pensait que cette tache, en arrivant au bord, pourrait manifester des éruptions ; mais sa forme resta presque invariable, et le spectroscope n'accusa plus ces dilatations si larges et si marquées qu'elle donnait avant ; elle était entrée dans une période de tranquillité.

Le 20, elle était assez voisine du bord, mais elle était seulement précédée de panaches faibles. Le 21 au matin, un filet étroit la séparait seule du bord, et elle était bordée par un anneau très-mince de petits points brillants ou facules. L'observation spectroscopique ne donna ni éruptions violentes, ni protubérances étalées; il n'y avait que de très-petits jets de flammes, très-vifs, mais très-bas. Elle fut répétée plusieurs fois pendant la journée : on trouva toujours les choses dans le même ordre. Le 22, à la place de la tache, on observa une chromosphère d'une constitution uniforme, formée de petites pointes vives, sans protubérances, etc.

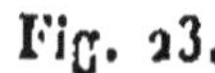

Fig. 23.

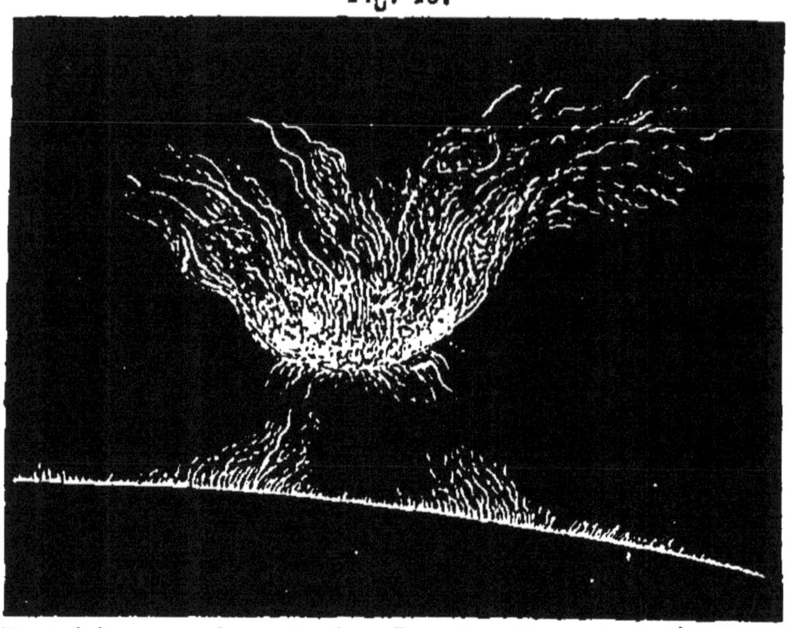

Protubérance observée le 25 août 1872, de $10^h 45^m$ à $11^h 14^m$ (hauteur 88"). Le jour suivant la grandeur était moindre; la forme était restée presque la même.

Le 25 août 1872, on a observé une protubérance, sorte de gerbe d'hydrogène à éventail, ressemblant à une fleur de giroflée détachée de son calice, figure que l'on remarque aussi dans nos cirrus atmosphériques. Cette masse était suspendue dans l'espace, isolée; elle persista jusqu'au lendemain en diminuant de grandeur (*fig.* 23). On voit par là que les éruptions solaires se produisent dans l'atmosphère de cet astre, sans qu'il soit nécessaire de supposer une croûte solide.

De ces faits, le P. Secchi tire les conclusions suivantes :

1° Les indices d'éruption dans les taches, constitués par le renversement des raies de l'hydrogène et par les dilatations des raies des autres vapeurs métalliques, sont des indices rationnels et certains de l'existence réelle de ces éruptions. Ces modifications des raies sont alors l'équivalent du renversement qu'on observe au bord.

2° Les taches passant par deux périodes bien distinctes, celle de formation et celle de dissolution, la présence d'une tache au bord ne permet pas de conclure à l'existence nécessaire d'une éruption visible, car la tache pourrait bien être dans sa deuxième phase de dissolution. Ces conclusions sont précieuses pour mettre d'accord un grand nombre d'observations, en apparence contradictoires, signalées par d'autres observateurs qui ont objecté l'absence des éruptions là où les taches se présentaient au bord. Faute de distinguer les deux états de la tache, on avait dans la théorie une confusion qui disparaît maintenant; on prouve encore ainsi que la tache est l'effet des éruptions et qu'elle en dérive.

3° Ainsi se trouve encore confirmé un autre fait, que les facules très-vives, surtout en présence des taches, sont accompagnées par des éruptions, et qu'elles déterminent une élévation assez sensible sur le bord solaire. Sans doute la facule n'est pas la protubérance; mais, comme sur ces facules il y a toujours ou éruption ou vivacité extraordinaire, avec soulèvement de la photosphère, comme l'a prouvé M. Tacchini, et renversement des raies métalliques, une élévation visible de la chromosphère elle-même ne peut plus être contestée.

4° On voit, par ces faits, que les éruptions peuvent durer un nombre considérable de jours, et que les changements de forme des taches sont probablement produits par des éruptions nouvelles. Ainsi se complique encore la relation qui peut relier ces explosions solaires avec nos aurores boréales et nos perturbations magnétiques, de sorte que, avant de rien affirmer, il faut attendre qu'on ait des observations plus nombreuses.

Ces explosions et la simultanéité des aurores boréales ont été reliées aussi avec la lumière zodiacale. Les relations entre ces phénomènes paraissaient confirmées par les observations spectrales de la lumière zodiacale, à laquelle on attribuait la même raie qu'à l'aurore boréale, et qu'on regardait comme formée d'une seule couleur, analogue à celle d'une raie secondaire constatée dans l'atmosphère solaire pendant les éclipses.

Mais maintenant que M. Smyth, directeur de l'Observatoire d'Édimbourg, a constaté que la lumière zodiacale ne donne pas une simple raie, « je dois dire, ajoute le P. Secchi, que c'est aussi ce que j'ai toujours vu, et je souscris à cette assertion, avec les astronomes de Palerme. Ce qui a achevé de me persuader, c'est l'étude des lumières phosphorescentes animales, qui, vues au spectroscope, avaient été jugées monochromatiques. Dernièrement, en analysant la lumière de quelques vers luisants, et la trouvant sensiblement monochromatique avec le spectroscope, je me débarrassai de plusieurs pièces qui affaiblissaient la lumière et je constatai, avec un instrument analogue à celui de M. Smyth, que le spectre est composé, qu'on y distingue nettement le rouge et le violet, et qu'enfin c'est un spectre sensiblement continu. Ayant reçu des organes brillants de Pyrosomes desséchés, lesquels, placés dans l'eau, deviennent lumineux, je pus constater que la lumière de ces animaux marins est également composée; le spectre en est sensiblement continu, et, quoique moins riche en rouge que celui des vers luisants terrestres, il est cependant formé des couleurs ordinaires. »

La lumière zodiacale est donc de l'ordre de ces faibles lumières qui, à cause de leur faiblesse même, paraissent monochromatiques. Il faut rejeter franchement de la science ces assertions : 1° que la lumière zodiacale est monochromatique dans le sens rigoureux de ce mot; 2° qu'elle est analogue à celle de l'aurore boréale; 3° qu'elle présente une connexion avec la raie secondaire de l'atmosphère solaire vue dans les éclipses. Cela n'empêche pas d'ailleurs d'admettre que la lumière zodiacale soit une dépendance de l'atmosphère solaire (*).

Le savant directeur de l'Observatoire du Collége Romain, continuant ces curieuses recherches, a fait, en 1873, des observations confirmatives des précédentes, notamment en ce qui concerne les éruptions d'hydrogène. La couche d'hydrogène existe partout à la surface du Soleil, aussi bien sur les taches qu'ailleurs; elle ne s'engouffre pas dans les taches, mais reste visible au-dessus, avec mille variations de

(*) *Comptes rendus*, 1872, juillet, p. 315.

formes. Le 3 avril 1873, on remarqua, dans la matinée, à $8^h 45^m$ au-dessus du bord solaire, une masse

Fig. 24.

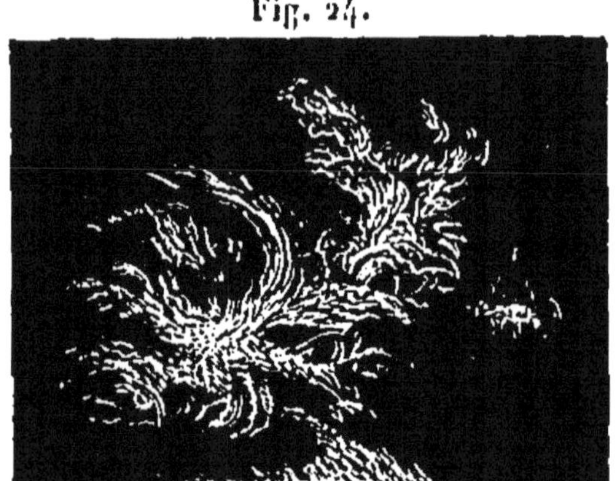

3 avril 1873, $8^h 45^m$. — 259".

Fig. 25.

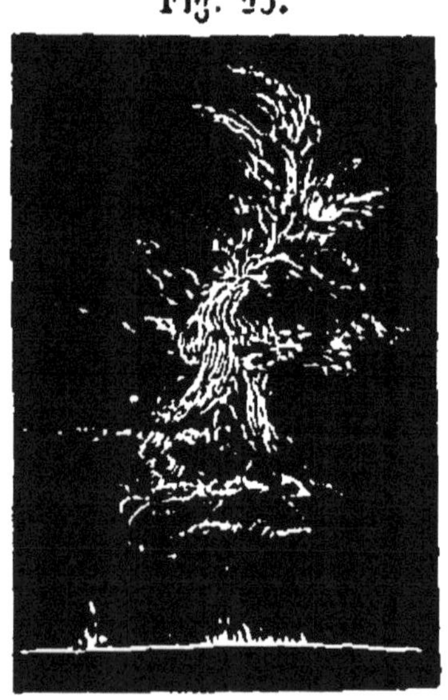

3 avril 1873, 9 heures. — 372".

d'hydrogène d'une élévation énorme; elle se trouvait à 23 degrés du point le plus austral du disque solaire vers l'ouest. Elle se présentait comme une masse de cirrus légers et filamenteux : leur enchevêtrement était très-difficile à saisir et changeait d'un moment à l'autre. Au commencement, elle était longue et diffuse, mais elle se rétrécit rapidement et se transforma en une espèce de colonne ramifiée. Elle restait

Fig. 26

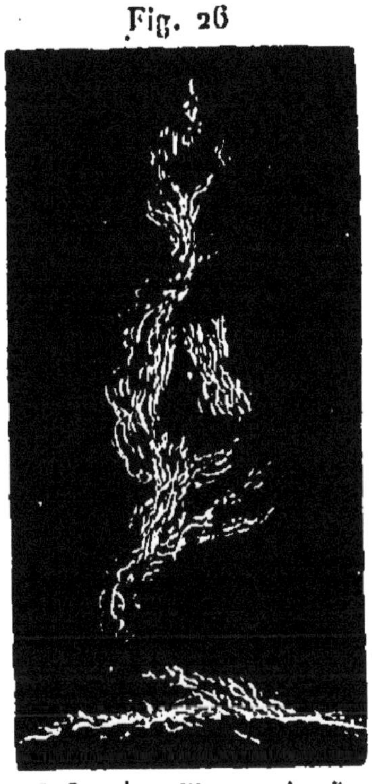

3 avril 1873, $9^h\ 10^m$. — $7'29'' = 449''$.

toujours séparée de la chromosphère par un intervalle d'une minute au moins, et, adhérant à la chromosphère, on n'observait qu'un faible panache, insuffisant pour nourrir cette masse. Voici le tableau des mesures faites par projection sur l'écran du chercheur, les autres moyens étant inapplicables.

Mesure successive d'une protubérance.

Heures d'observation de la protubérance.	Hauteur en millimètres sur l'image.	La même en secondes d'arc.
8h45m	30mm	= 259″
8.50	40	= 345
9.00	42	= 372
9.10	52	= 449 = 7′29″
9.15	44	= 380

Elle diminua ensuite rapidement, et à 9h 36m on ne voyait plus qu'une faible trace de nuage brillant, correspondant à la partie la plus dense. En prenant la différence de hauteur entre 8h 45m et 9h 10m, on trouve une vitesse moyenne d'élévation de 90kil, 5 par seconde de temps. Cette énorme vitesse n'était pas due à une impulsion matérielle provenant de la colonne inférieure, puisque la masse était isolée.

Des forces inconnues sont donc là en jeu, et le diamagnétisme pourrait bien y intervenir ; mais c'est là une question de théorie. Pour ne parler que des faits, un relevé effectué sur ces grandes élévations atteintes par les jets montre que leur maximum se trouve entre 30 et 45 degrés de latitude héliographique ; dans le cas actuel, la latitude était 42 degrés sud.

Il résulte encore de cette observation que l'atmosphère solaire doit s'élever à huit minutes d'arc au moins ; car cette extrémité brillante devait sans doute se continuer avec une masse obscure plus étendue. Cette observation justifie les photographies solaires obtenues par lord Lindsay, qui donnent au Soleil une atmosphère plus élevée que les observations optiques faites avec les lunettes. Elle justifie encore la condition dynamique de cette atmosphère, que M. Janssen a signalée en voyant la couronne solaire.

Selon les astronomes italiens, les taches solaires sont dues à des éruptions, comme les protubérances. Selon M. Faye, ce sont des trombes analogues à nos trombes terrestres, produites par un mouvement tournant atmosphérique dirigé de haut en bas. L'étude impartiale et minutieuse des faits conduira seule à l'explication véritable, et peut-être, comme on vient de le dire, y a-t-il là plusieurs forces diverses en présence. L'une des taches étudiées à l'Observatoire du Collége Romain est venue plaider en faveur de la théorie des astronomes italiens. Le P. Ferrari, astronome à cet observatoire, faisant le dessin d'une belle tache visible sur le disque solaire le 13 novembre 1872, à $10^h 45^m$, s'aperçut qu'une langue très-vive de feu venait s'introduire au milieu du groupe des quatre noyaux principaux. La vivacité de sa lumière était telle, qu'elle surpassait au moins du double tout le reste du disque du Soleil et des facules environnantes. Malheureusement, le ciel parsemé de nuages empêcha un travail et une étude continus; mais, pendant le temps qui fut employé à faire ce dessin, c'est-à-dire pendant quinze minutes environ, la langue changea de forme et prit l'aspect d'un globule très-brillant, qui parut soulevé du fond du disque solaire et subir un faible déplacement.

Informé du phénomène, le P. Secchi eut recours au spectroscope, et, le dirigeant sur la place indiquée, constata une éruption très-vive. L'hydrogène présentait ses raies renversées : la raie C était très-brillante; mais ce qu'il y avait de plus remarquable, c'est que la partie la plus vive n'était pas en continuation avec

Fig. 27.

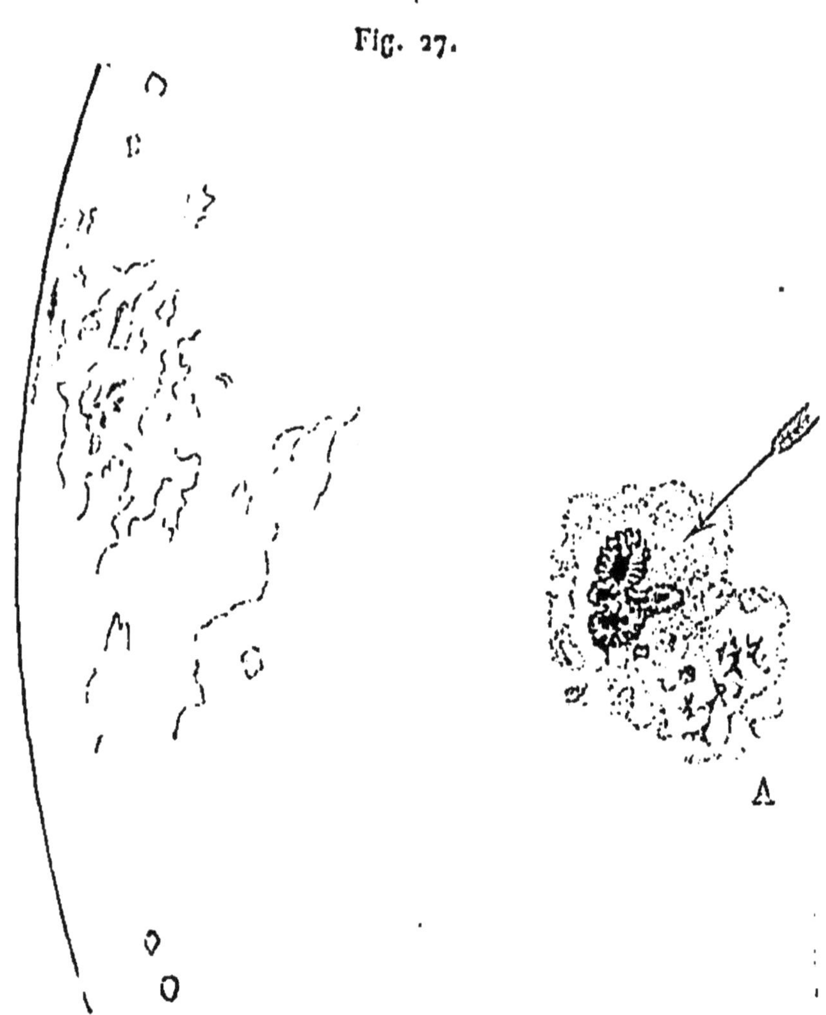

la raie noire, mais s'en écartait obliquement comme dans la figure ci-après, où la partie ponctuée indique la portion renversée. Le déplacement était dans le sens de la réfrangibilité croissante. Ce phénomène démontrait la projection de la matière vers l'observateur. A cause des nuages, il fut impossible d'examiner avec le soin nécessaire les autres raies; mais, sur le noyau de la tache, les raies D du sodium étaient très-étalées et tellement diffuses, que l'intervalle était presque effacé. Il fut impossible d'orienter le magnésium. Ces observations ne furent même faites qu'après que le plus brillant du phénomène se fût évanoui. Les magnétomètres, depuis le matin, étaient en pleine perturbation. La tache subissait des changements à vue, mais le mauvais temps empêcha toute observation ce jour-là et le suivant. Le troisième jour, elle n'était plus reconnaissable.

L'observation du renversement des raies sur les taches et les facules n'est pas nouvelle. Le P. Secchi l'a constaté en 1868 et 1869, M. Rayet et le regretté Donati l'ont ensuite vérifié; cependant ce phénomène paraît intéressant dans les circonstances actuelles, car il est semblable à celui qui a été déjà observé en Angleterre par MM. Carrington et Hodgson, le 1er septembre 1859 (voir *Monthly Notices*, t. XX, p. 14 et 16). L'interprétation resta alors douteuse; mais maintenant il paraît évident, par la ressemblance des circonstances indiquées par ces observateurs, que même alors on était en face d'une véritable éruption. L'observation fut également accompagnée d'une perturbation magnétique. Est-ce que cette coïncidence pourrait être toujours fortuite?

Ce qu'il y a de plus singulier, c'est que le nombre des taches solaires, si soigneusement observées et si scrupuleusement dessinées qu'on possède actuellement, ne puisse pas encore lever la difficulté.

Les *fig.* 28 et 29 représentent deux taches en forme

Fig. 28.

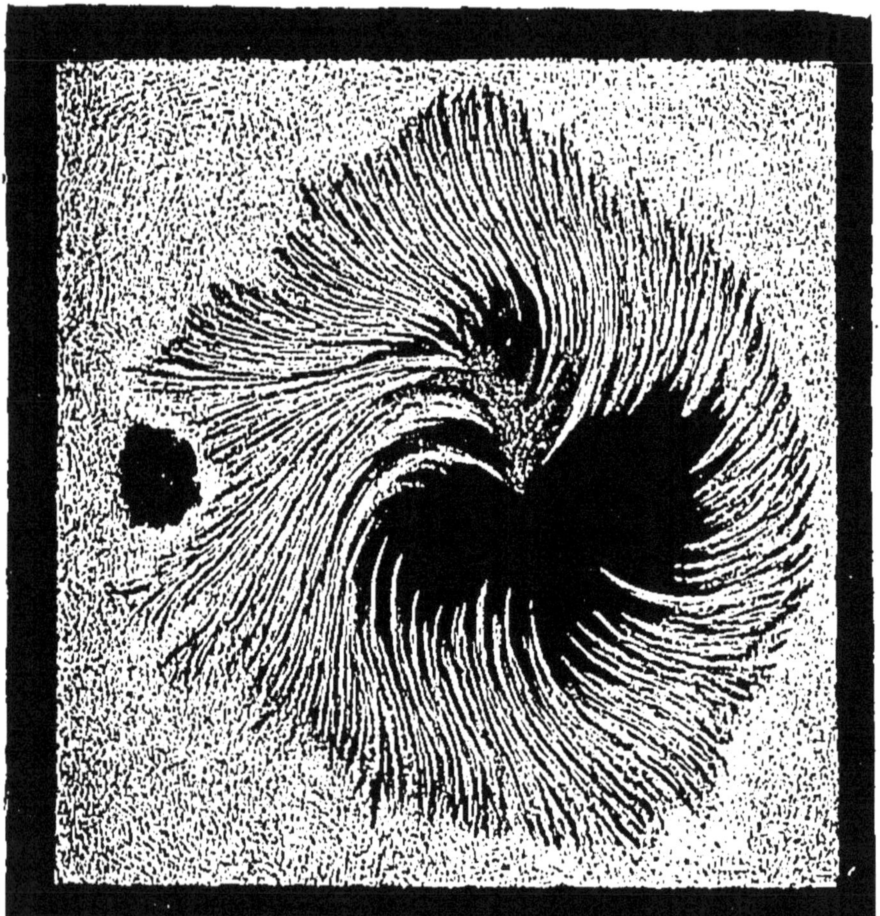

de tourbillon, dessinées dans les *Mémoires de la Société des spectroscopistes italiens*, et qui sont interprétées en sens contraire par M. Tacchini et M. Faye : le premier y voit le symptôme d'éruptions, et le second des cyclones analogues à nos trombes. Personnellement, j'ai dessiné pendant les années 1868 à 1870 plusieurs centaines de taches; j'avoue que j'ai rarement remarqué

Fig. 29.

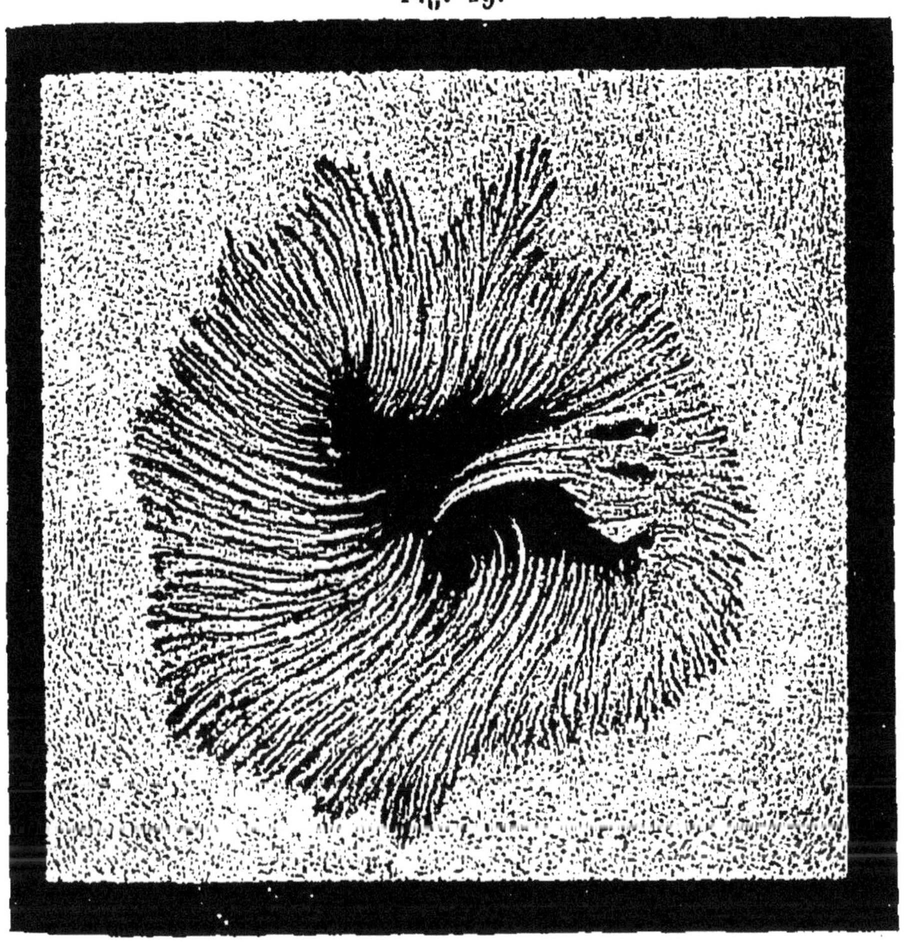

des types aussi caractéristiques que ceux-ci, et qu'en général les taches ne donnent ni l'idée d'éruptions ni celle de cyclones, mais celle de scories visqueuses qui tantôt persistent, tantôt se fondent, tantôt se brisent, tantôt se réunissent, comme le feraient *des taches pâteuses à la surface d'un liquide.*

Le P. Secchi résume comme il suit les observations faites à son Observatoire pendant toute l'année 1873.

Le Soleil a présenté une faible activité tant dans le nombre des taches que dans celui des protubérances.

On a soigneusement observé la structure des taches spirales, et l'on en a constaté une demi-douzaine. En traçant sur les figures la ligne tangente aux spires, on a vérifié la rotation, mais jamais pendant plus de deux jours; le troisième jour, ou bien la spirale s'était évanouie, ou bien elle avait rebroussé chemin, comme on l'a constaté dans le mois de décembre. Il n'y a donc pas là une véritable circulation persistante, mais plutôt des phases.

La coexistence des taches avec les éruptions, sur les bords du Soleil, a été vérifiée quatre-vingt-neuf fois; huit fois seulement des taches ont été vues aux bords sans éruption. Dans le cas où ce phénomène s'est produit à l'est, les taches se sont formées deux ou trois jours après. Quant aux coïncidences, on a noté cinq fois une facule simple, vive, paraissant le jour qui suivait l'éruption; mais la facule s'est ensuite transformée en tache avec un point central.

Le mouvement spiral, assez rare dans les taches, a été constaté plusieurs fois dans les protubérances, mais on a vu souvent une rotation autour d'un axe horizontal. Voici, par exemple, la figure de l'éruption observée le 22 janvier 1874 à 2^h33^m, en présence de MM. Tacchini et Rutherfurd.

La forme de la protubérance est celle d'un jet lancé

avec une énorme vitesse, et rebroussé avec violence par un courant supérieur, qui le replie en bas, produisant ainsi une structure tourbillonnante; parmi les

Fig. 30.

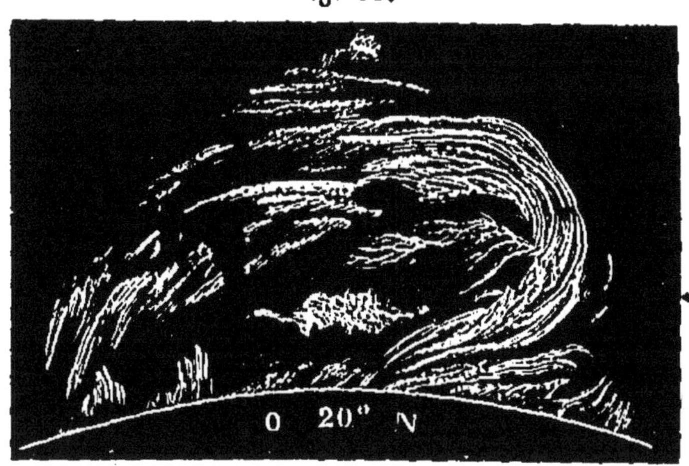

masses suspendues à l'intérieur de la spire, ou détachées de ses extrémités, les unes retombaient sur le globe, d'autres se soulevaient en forme de nuages. On remarquait une masse suspendue à l'intérieur, qui lançait des jets en haut et en bas. Les masses les plus vives disparurent en moins d'une demi-heure; la hauteur totale était de 44 secondes. Le magnésium était lancé par intervalles à une hauteur d'une minute; un grand nombre des raies ordinaires étaient renversées.

La forme tourbillonnante de l'éruption montre que le soulèvement de la matière se fait plutôt par impulsion que par une aspiration provenant de la couche supérieure; cette couche paraît contrarier les mouvements d'ascension qui se font mécaniquement, tandis qu'elle permet l'ascension des masses à l'état de diffusion.

Comme l'éruption se produisait à l'ouest du disque, on n'a pu constater de taches ; mais la région correspondante, dans la réapparition qui eut lieu quatorze jours après, était parsemée de taches en dissolution et de facules qui s'étaient formées peut-être à cette occasion et qui s'étaient dissoutes dans l'intervalle.

Le jour suivant, 23 janvier 1874, les observateurs du Collége Romain ont eu occasion de faire une nouvelle série d'observations importantes.

A 9 heures du matin, on avait fait, comme d'ordinaire, le dessin du Soleil, à l'équatorial de Cauchoix, à 243 millimètres de diamètre en projection. Au bord oriental, entre 50 à 90 degrés, à partir du nord vrai, on n'avait rien observé de remarquable; lorsque ensuite on fit le dessin des protubérances au spectroscope, on trouva une belle masse brillante à 67 degrés, du nord vers l'est. Il n'y avait pas trace de taches ni de facules. L'éruption était très-vive : on voyait un bouillonnement comme celui d'une masse de fer en ébullition (*fig.* 31, A). On voyait renversées les raies B, C, D', D'', celles du magnésium, un grand nombre de celles du fer, et d'autres raies dans le vert. La base de l'éruption était évidemment cachée, et l'on n'apercevait que le sommet. Elle présentait des variations rapides; on en fit un second dessin à $12^h\,10^m$ (B). A $1^h\,59^m$, l'effet était tout différent : la masse centrale était formée de jets roides très-vifs, enchevêtrés au sommet; elle était flanquée de deux autres éruptions latérales, moins vives, en forme de flammes (C).

Alors, en observant la projection du chercheur, l'observateur crut distinguer des traces de points noirs;

afin de les mieux constater, il se transporta à l'équatorial de Cauchoix pour en faire le dessin. A 2h 15m, il

Fig. 31.

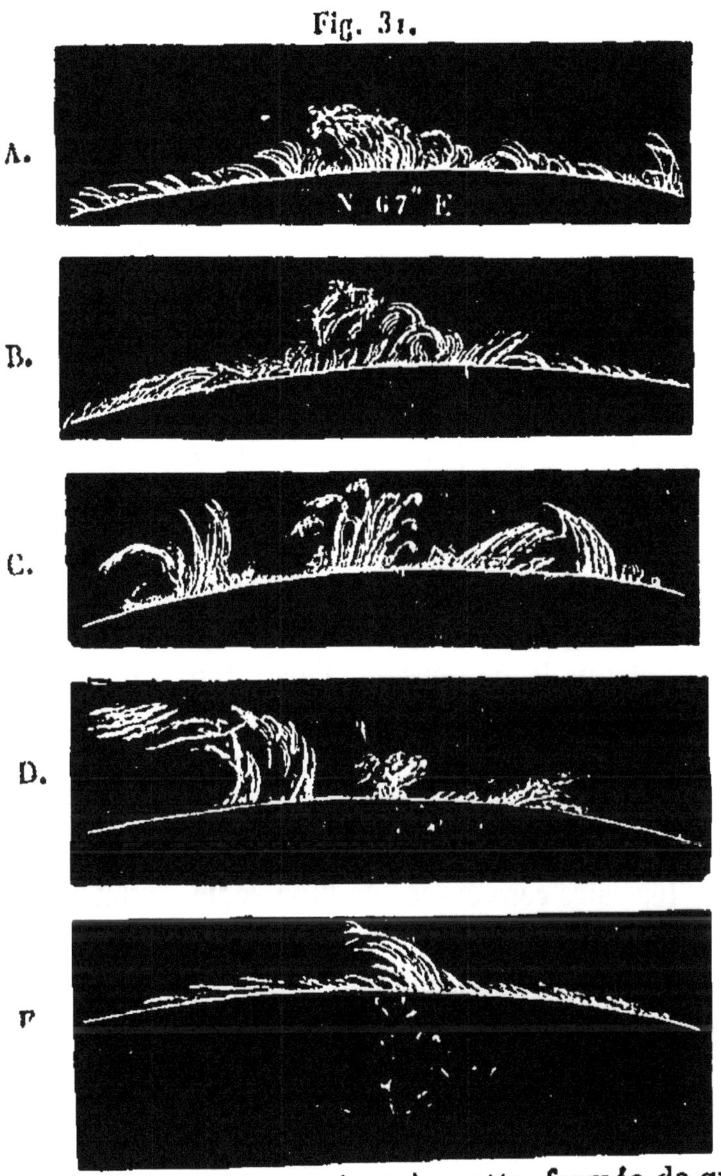

trouva, en effet, une tache très-nette, formée de quatre points noirs, alignés en arc et environnés d'une belle facule; leur distance au bord était de 3 millimètres environ. Ils n'auraient certainement pu échapper le matin à l'observation. En retournant au spectroscope, on trouva les protubérances changées, comme l'indique la figure D. Le jour suivant, par la rotation, la tache s'avança, comme l'indique la *fig.* E.

De ces détails, il résulte évidemment que la tache s'était formée sous les yeux des observateurs, puisqu'elle n'aurait pu leur échapper le matin. On ne peut pas dire qu'elle soit devenue visible par la rotation de l'astre, qui n'avait tourné, dans l'intervalle, que de 3 degrés à peine et n'aurait pu la porter à l'intérieur du bord que d'une fraction de millimètre. Cette tache se montre donc comme ayant été le produit d'une éruption qui, commencée d'une manière tumultueuse le matin, comme cela arrive fréquemment, a formé, en se développant, les jets dont on apercevait les sommets, et que la matière de l'éruption, retombant ensuite sur le Soleil et s'interposant entre l'observateur et la photosphère, a produit la tache. Cette observation jette une grande lumière sur ces phénomènes.

Cette même observation explique pourquoi on peut voir les raies renversées de l'hydrogène : des protubérances extérieures se prolongent jusqu'au noyau des taches. Dans ce cas, on voit le jet, qui, partant d'un point du noyau, se projette sur la photosphère, surpasser en intensité lumineuse la photosphère elle-même.

Telles sont les plus curieuses et les plus importantes observations faites récemment sur la surface du Soleil.

XIV.

CONJONCTION DE JUPITER ET URANUS, LE 5 JUIN 1872.

Ayant l'habitude de calculer chaque année pour mon usage personnel la marche des planètes et les phénomènes astronomiques importants (chaque année, depuis 1865, le *Magasin pittoresque* publie un résumé de ce calcul avec cartes), j'avais remarqué que la planète Jupiter devait s'approcher très-près d'Uranus au commencement de juin 1872. Curieux de savoir si elles arriveraient tout à fait dans le voisinage l'une de l'autre, j'en ai fait le calcul spécial, et voici la relation que je publiai dans *les Mondes* le 7 mars 1872 :

Les planètes Uranus et Jupiter se rencontreront le 5 juin prochain au même point du ciel. C'est là un phénomène astronomique doublement intéressant, tant au point de vue du calcul qu'au point de vue de l'observation. Les mouvements planétaires sont trop exactement connus aujourd'hui, il est vrai, pour que la constatation de l'instant du minimum de la distance puisse apporter aucune correction aux Tables des deux planètes; on doit l'espérer, sans contredit; mais la constatation n'en sera pas moins intéressante pour cela, et, tandis que les deux astres poseront dans le même champ de la lunette ou du télescope, la comparaison des diamètres, de l'éclat relatif, de la couleur, de l'aspect général des deux mondes lointains, pourra être faite avec avantage. Ces conditions de rapprochement sont fort rares.

Nul n'ignore (car lequel d'entre nous n'élève pas de temps en temps ses regards vers le ciel ?), nul n'ignore que le brillant Jupiter trône depuis un an au-dessous des Gémeaux, et se trouvait au 1er janvier dernier tout à fait sur le prolongement de la flèche qui aurait été tirée de Castor à Pollux. Il s'éloigne un peu vers la droite jusqu'au 15 mars, puis reviendra sur son chemin, se retrouvera, au 25 mai, juste sur la ligne droite dont nous venons de parler, et continuera sa rétrogradation vers l'est, jusqu'à la fin de l'année, pour revenir vers l'ouest en janvier 1873. Dans ce mouvement, il passera au-dessus de Régulus le 29 octobre.

Uranus, dont le balancement annuel n'a qu'une amplitude sept fois moindre, gravite dans cette région céleste depuis plusieurs années. Son mouvement est direct de janvier à avril, rétrograde d'avril à novembre, et redevient direct ensuite. C'est au mois de juin que Jupiter l'atteindra.

La marche respective des deux planètes en avril, mai et juin, que donne notre première carte, montre leur position successive facile à reconnaître au premier coup d'œil en se repérant sur Castor et Pollux. Il est impossible de remarquer à l'œil nu Uranus, astre apparent de 6e à 7e grandeur, à moins de conditions de vue et de visibilité exceptionnelles; mais une faible lunette, une simple jumelle, permet de le trouver.

Pour connaître l'instant précis de leur rapprochement et le mesuror, examinons la journéo pendant laquelle il doit avoir lieu : c'est le 5 juin. Calculons les positions respectives des deux planètes pour chaque heure de ce jour, de midi à minuit. Nous obtenons les nombres suivants :

	Ascension droite.		Déclinaison.	
	♃	♅	♃	♅
Midi	$8^h 3^m 59^s$	$8^h 4^m 8^s$	20° 56′ 46″	20° 57′ 31″
1^h	4 1	9	41	30
2	3	9	36	29
3	5	10	31	27
4	7	10	25	26
5	9	11	19	25
6	11	11	13	23
7	13	12	7	22
8	15	12	56 1	20
9	17	13	55 55	18
10	19	13	49	16
11	21	14	43	14
Minuit	$8^h 4^m 23$	$8^h 4^m 15$	20° 55′ 37	20° 57′ 12

A 5 heures, la différence d'ascension droite entre les deux planètes n'est que de 2 secondes, et la différence en déclinaison n'est que de 1′ 6″.

A 6 heures, Jupiter passe par la même ascension droite qu'Uranus : la différence des déclinaisons est de 1′ 10″.

En résolvant le triangle, je trouve que le minimum de la distance des deux planètes aura lieu à $5^h 29^m 53^s$. A cet instant, la différence en ascension droite sera de 1 seconde, celle des déclinaisons sera de 1′ 8″ et *la distance des centres* de 1′ 9″, 8.

Fig. 32.

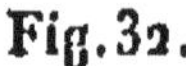

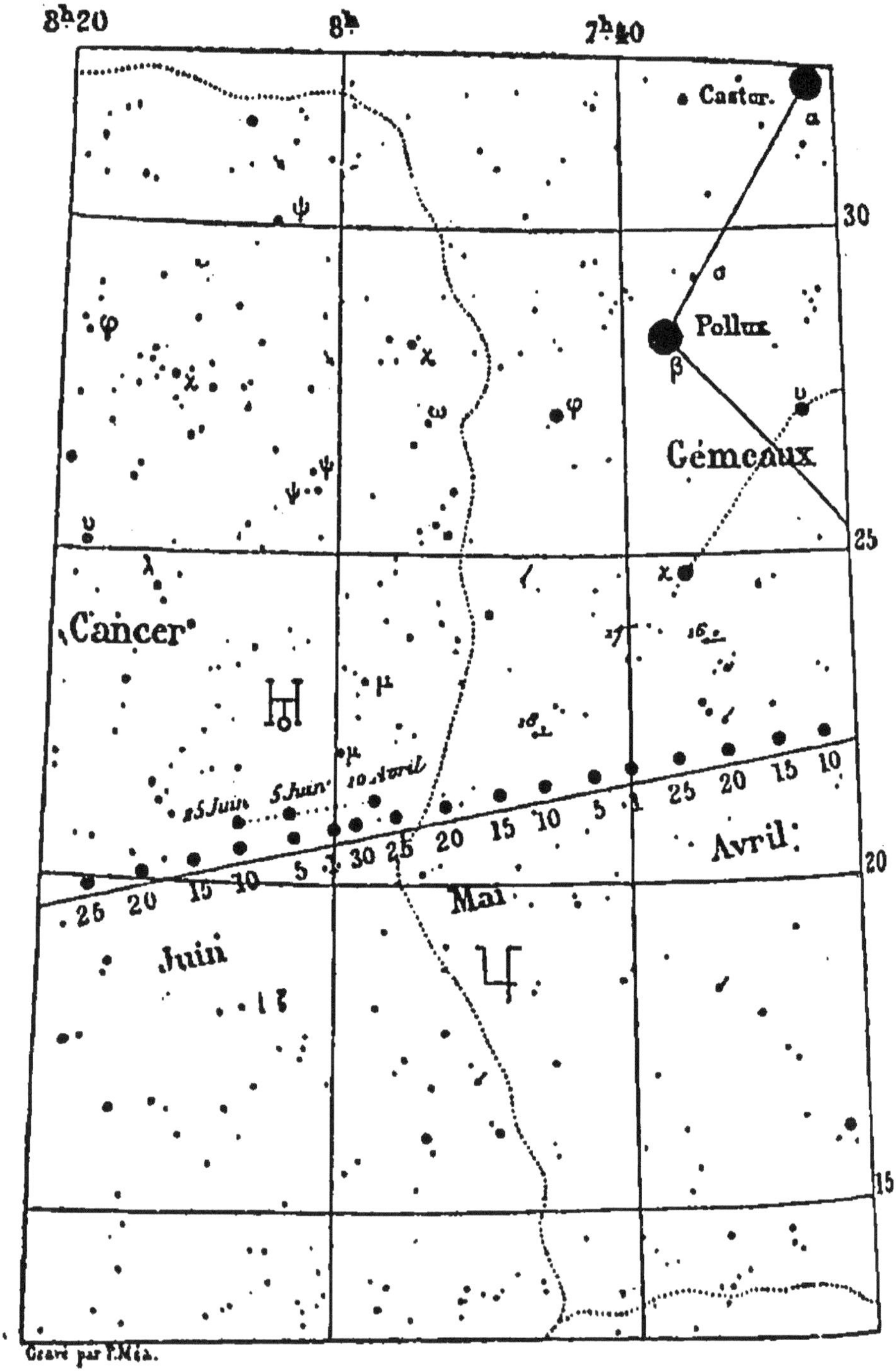

Marche des planètes Jupiter et Uranus du 10 avril au 25 juin 1872.

Le diamètre de Jupiter étant alors de 33",4, et celui d'Uranus de 3",8, on voit que du bord de Jupiter au disque d'Uranus la distance ne sera que de 51",2 : une fois et demie environ la largeur de Jupiter seulement !

Fig. 33.

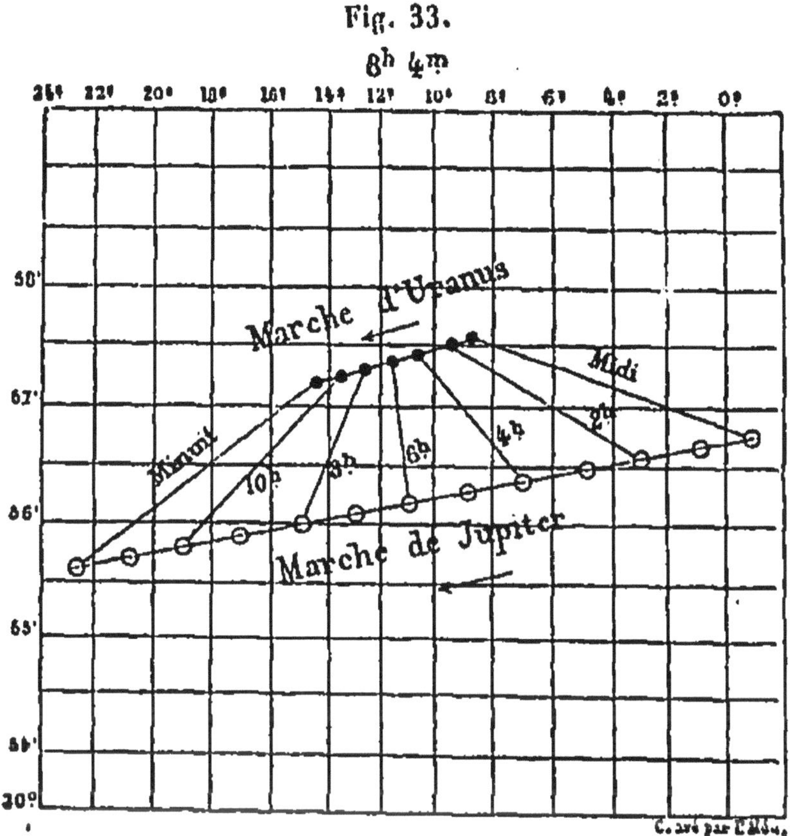

Marche des deux planètes le 25 juin de midi à minuit.

Quel rapprochement ! Le premier satellite de Jupiter est éloigné du centre de Jupiter de six fois son diamètre. Ainsi Uranus se trouvera, en vertu des perspectives célestes, à une distance moindre que la distance angulaire du demi-diamètre de l'orbite du *premier* satellite. On sait que le deuxième est à neuf fois et demie la même mesure, le troisième à plus de quinze fois, et le quatrième à vingt-sept fois le rayon du globe de Jupiter.

Les satellites circulant à peu près dans le plan de l'écliptique, et Uranus devant se trouver au-dessus du pôle de Jupiter, la belle planète se présentera dans le champ du télescope entourée de cinq satellites, dont quatre, lui appartenant, planeront à l'est et à l'ouest, tandis qu'Uranus brillera au nord. Il sera utile de comparer entre eux ces cinq astres et de constater de combien l'éclat d'Uranus dépassera le leur.

A $5^h 30^m$, le 5 juin, la lumière du jour s'opposera aux observations, de sorte que l'instant précis de la conjonction restera voilé par la lumière du jour pour le méridien de Paris. Le soleil ne se couchant qu'à $7^h 56^m$, et le crépuscule durant, ce jour-là, 45 minutes à Paris, on ne pourra commencer l'observation qu'à $8^h 40^m$, d'autant plus que Jupiter se trouvera alors précisément au couchant. Il se couchera lui-même à $10^h 58^m$. On peut, par notre seconde carte, connaître la position relative des deux planètes à 9 heures du soir, au moment le plus favorable pour l'observation.

Ces conjonctions, ces grands rapprochements sont très-rares. Pour les calculer, nous pouvons remarquer que la révolution de Jupiter autour du Soleil étant de 4332 jours, la planète revient tous les douze ans environ au même point du zodiaque, après avoir fait le tour du ciel. En vertu du mouvement annuel de la Terre, cette route dodécennale n'est pas droite d'ailleurs, mais formée de boucles entrelacées. Si Uranus était immobile lui-même, Jupiter reviendrait donc tous les douze ans environ passer par la même heure d'ascension droite; mais Uranus accomplit lui-même, dans le même sens, une révolution de 30686 jours ou 84 ans. Il en résulte qu'en douze ans il s'est avancé du septième de son cours. Pour l'atteindre, Jupiter est obligé de s'avancer, par conséquent, du septième de 4332 jours, c'est-à-dire de 619 jours ou vingt mois et demi environ, avec une variation dépendante de la station et rétrogradation due au mouvement de la Terre. Ce n'est donc qu'au bout de treize ans, six mois, vingt-quatre jours en moyenne que les rencontres peuvent arriver; mais, d'autre part, les trois orbites de la Terre, de Jupiter et d'Uranus ne sont pas situées dans le même plan. Quoique ce soient les plus faibles du système planétaire, les inclinaisons de leurs plans sur l'écliptique sont de 1° 18′ 40″ pour Jupiter, et de 0° 46′ 30″ pour Uranus. Les déclinaisons des deux planètes varient, indépendamment l'une de l'autre, d'année en année, et elles peuvent être très-différentes lorsque les deux planètes passent par la même heure d'ascension droite.

Ainsi la dernière fois que ce passage s'est produit, en 1858, le 22 mai, par $3^h 49^m$ d'ascension droite, la différence de déclinaison n'est pas descendue au dessous de 32 minutes. En 1845, le calcul montre que la rencontre a eu lieu le 8 février par $0^h 15^m$ d'ascension droite, et que la différence des déclinaisons n'est pas descendue au-dessous de 26 minutes.

Il faudrait sans doute remonter à plusieurs siècles pour rencontrer une conjonction absolue des deux astres, une occultation d'Uranus par Jupiter, et, dans tous les cas, elle n'aurait pas été observée, puisque la découverte d'Uranus ne date que de 1781.

Vivons maintenant dans l'espérance d'avoir une belle soirée le 5 juin. Si des nuages assombrissent le ciel de France ; que l'Italie, l'Espagne, l'Angleterre ou l'Allemagne nous remplacent dans cette observation. Le plus important encore serait que l'observation puisse être faite en un lieu qui aurait la nuit, lorsque le temps moyen de Paris ne compterait encore que $5^h 30^m$, comme, par exemple, à Bombay, Delhi, Calcutta, Canton ou Pékin.

Tel est le calcul que j'avais fait de cette curieuse conjonction et publié trois mois auparavant. J'ai eu la satisfaction de pouvoir l'observer, favorisé à Paris par un temps à moitié beau. Voici cette observation :

L'état pluvieux et nuageux du ciel, qui se continue avec tant de persistance malgré la saison, a cependant laissé une éclaircie tout astronomique, le mercredi soir 5 juin, qui m'a permis d'observer une phase de la conjonction de Jupiter et Uranus. Comme je l'avais calculé, c'est à $5^h 30^m$, c'est-à-dire avant la fin du jour, que le plus grand rapprochement (51 secondes) a eu lieu entre les deux planètes, et ce n'est qu'à partir de $8^h 40^m$ que, le crépuscule éteint, on a pu observer, dans le même champ de la lunette, le cortége de Jupiter, auquel Uranus venait se joindre. Ce petit système descendant dans les brumes du couchant, en vertu du mouvement diurne, et atteignant l'horizon à $10^h 58^m$, on voit qu'il n'y a eu guère qu'une bonne demi-heure d'observation possible en France pour ce phénomène.

Les quatre satellites de Jupiter étaient également partagés de chaque côté de la planète, deux de part et d'autre : le premier et le deuxième à gauche, le troisième et le quatrième à droite. La lunette astronomique renversant les objets, ces positions étaient retournées pour l'observateur.

Pour le rappeler en passant, afin d'avoir dans la pensée les configurations exactes successives des satellites pendant cette journée, le premier satellite accomplit sa révolution en $1^j,77$: il était passé derrière la planète à $1^h 52^m$; depuis ce moment, il s'en éloignait, ne devant atteindre sa plus grande élongation qu'après minuit; il se trouvait alors à environ quatre demi-diamètres à l'est de Jupiter. Le deuxième satellite accomplit sa révolution en $3\frac{1}{2}$ jours : il était passé derrière la planète le 4 à $5^h 14^m$, s'en était éloigné vers l'est également jusqu'au 5, à 2 heures, et s'en rapprochait actuellement, se trouvant à six demi-diamètres. Le troisième était devant Jupiter, le 4 juin à 6 heures du soir, et devait passer derrière la planète le 8, à 6 heures du matin Il s'éloignait donc de la planète jusqu'au 6, à 1 heure du soir, et se trouvait à environ neuf demi-diamètres à l'ouest. Le quatrième, enfin, accomplit sa révolution en $16^j,69$: il devait être éclipsé par la planète le 7, à 2 heures du matin. Il se rapprochait, par conséquent, et n'était plus qu'à cinq demi-diamètres de Jupiter.

A 9 heures, la disposition respective des satellites offrait la configuration représentée par la figure 34. La planète Uranus planait à l'ouest-nord-ouest de Jupiter, dessinait un triangle rectangle avec le troisième satellite, celui-ci formant l'angle droit, et se trouvait alors éloignée de cinq diamètres de la planète Jupiter. Le satellite le plus brillant était, comme d'habitude, le troisième, qui est aussi le plus gros. Uranus, d'abord moins éclatant à la fin du crépuscule, se montra manifestement *plus blanc*, à la nuit tombée. Ainsi

Fig. 34.

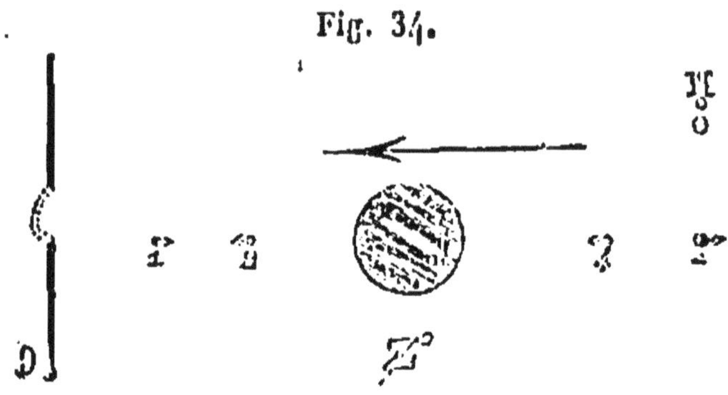

le cortége de Jupiter parut composé, ce soir-là, de cinq mondes satellites, Uranus étant le plus brillant des cinq. Peu à peu, Jupiter, animé d'un mouvement de translation plus rapide, emporta son petit système vers l'est, dans le sens indiqué par la flèche, en laissant Uranus fixé dans sa position sidérale; et, à 10 heures, l'angle droit dont je viens de parler s'ouvrit à mesure qu'Uranus restait en arrière.

Le résultat géométrique de cette observation est que les deux planètes se sont rencontrées en perspective dans la position indiquée par le calcul le jour et l'heure fixés; le résultat physique de la même observation est que *l'éclat de la planète Uranus*, vue par cette circonstance exceptionnelle dans le champ de la même lunette que le cortége de Jupiter, *est égal à celui du troisième satellite de Jupiter, et un peu plus lumineux.*

XV.

OBSERVATION DE LA LUMIÈRE ZODIACALE A PARIS, LE 20 FÉVRIER 1871.

La lumière zodiacale s'est manifestée dans le ciel occidental de Paris le 20 février au soir, avec un éclat remarquable et bien rare pour nos latitudes. J'en ai donné la relation suivante à l'Institut (*).

Un peu avant 7 heures, environ une heure et demie après le coucher du Soleil, et à mesure que le crépuscule s'éteignait, le zodiaque s'illuminait d'une clarté croissante. Sous la forme de fuseau qu'elle revêt toujours, cette lumière cendrée mesurait 18 degrés de largeur à sa base, à l'horizon, et, s'élevant obliquement le long du zodiaque, se terminait en pointe avant d'atteindre les Pléiades. Les deux étoiles brillantes du Bélier étaient nettement comprises dans cette longue pyramide, dont la teinte rappelle celle d'une queue de comète, mais elles n'étaient pas éclipsées, comme celles de la Grande Ourse l'ont été par l'aurore boréale du 24 octobre dernier. Aldébaran et Jupiter n'ont pas été atteints, et la lumière s'évanouissait entièrement à l'ouest des Pléiades. Le Soleil étant alors dans les petites étoiles de la constellation du Verseau, avec $22^h 15^m$ d'ascension droite, la lumière zodiacale mesurait donc environ 86 degrés de longueur totale, du Soleil à l'ex-

(*) *Comptes rendus*, 27 février 1871.

trémité du fuseau ; sa partie visible au-dessus de l'horizon mesurait 63 degrés.

L'appréciation de son intensité a été d'autant plus facile, que l'atmosphère de Paris était moins éclairée que jamais, en raison de l'absence de gaz. Calme et immobile, la lumière zodiacale était bien différente des lueurs palpitantes de l'aurore boréale, et éloignait plutôt qu'elle ne confirmait l'idée parfois émise d'une connexion quelconque entre ces deux phénomènes. Le fuseau était un peu plus intense dans sa région médiane que sur ses bords, et beaucoup plus à sa base que vers sa pointe. La teinte, environ une demi-fois plus brillante que celle de la voie lactée, était un peu plus jaune. Les dernières étoiles visibles à l'œil nu, celles de 6e grandeur, étaient perceptibles à travers ce voile ; au télescope, on distinguait jusqu'aux étoiles de 10e ordre ; mais la 11e grandeur et les suivantes étaient éteintes.

L'observation du phénomène a pu se faire utilement pendant quarante minutes ; ensuite le ciel se voila peu à peu de vapeurs légères, et à 8 heures des nuages empêchèrent de suivre l'abaissement du cône lumineux vers l'horizon. Le lendemain 21, le ciel fut couvert après le coucher du Soleil ; et, à partir du 22, la clarté du croissant lunaire s'opposa à toute observation.

Si l'on estime que l'extrémité réelle du fuseau lumineux s'étend à quelques degrés au delà de l'extrémité aperçue à travers notre atmosphère, on remarquera que cette élongation de 90 degrés environ du Soleil place cette extrémité sur l'orbite même de la Terre. On a même reconnu parfois une étendue plus considérable encore. Or le calcul montre que, si le Soleil est environné d'une atmosphère, adhérant à sa surface, et participant à son mouvement de rotation comme l'atmosphère terrestre participe au nôtre, cette atmosphère solaire ne peut s'étendre au delà de 36 fois le demi-diamètre du Soleil, car, à cette distance, *la force centrifuge égale la pesanteur*. C'est à cette limite qu'une planète effectuerait sa révolution en $25^j 12^h$. Mercure gravite à la distance de 83 rayons du Soleil, Vénus à 155 et la Terre à 214. La matière constitutive de la lumière zodiacale s'étendant jusqu'au delà de l'orbite terrestre, il en résulte qu'elle n'est pas emportée comme une meule par le mouvement de rotation du Soleil, mais que nous devons la considérer comme partagée en un nombre indéfini de zones circulaires, gravitant en des temps de plus en plus longs et avec des vitesses de plus en plus petites, selon la distance au centre.

Tout en réservant la théorie sur la nature de la substance inconnue qui la compose, nous pouvons donc assimiler cette sorte d'atmosphère extérieure, lenticulaire ou annulaire, à un tourbillon d'astéroïdes accomplissant autour du Soleil des révolutions identiques à celles que des planètes effectueraient aux diverses distances, c'est-à-dire que les molécules qui sont situées vers l'orbite terrestre doivent circuler en une période d'un an pour rester en équilibre, celles qui gravitent vers l'orbite de Vénus sont entraînées dans une translation de 224 jours, et celles qui sont à la distance moyenne de Mercure ont, comme cette planète, une révolution de 88 jours.

XVI.

SUR LE TEMPS QUE LES PLANÈTES METTRAIENT A TOMBER DANS LE SOLEIL, SI ELLES ÉTAIENT ARRÊTÉES DANS LEUR MARCHE.

Dans le tome III de cette publication, pages 52 et 289, j'ai posé et résolu ce curieux problème, et trouvé les résultats suivants :

	Jours.
Mercure........	15,55
Vénus..............	39,73
La Terre....................	64,57
Mars......................	121,44
Jupiter..	765,87
Saturne...	1901,93
Uranus......................	5424,57
Neptune....................	10628,73

A l'inspection de cette série de nombres, un premier fait frappe d'abord notre attention : c'est que ces nombres sont entre eux comme les racines carrées des cubes des distances, et qu'il ne serait pas nécessaire de les calculer tous directement pour les obtenir. Ainsi, par exemple, si nous considérons Saturne, sa distance au Soleil est de 9,53885 ; le cube de cette distance est 867,931, dont la racine carrée est 29,46. On a la proportion

$$\frac{64,57}{x} = \frac{1}{29,46},$$

ou

$$x = 64,57 \times 29,46 = 1902,$$

et ainsi pour chaque planète.

Cette première considération, qui nous rappelle la troisième loi de Kepler, nous conduit maintenant à approfondir davantage le sens de ces nombres. Or voici une propriété bien singulière au premier abord qui se manifeste en les comparant attentivement : c'est qu'en les multipliant tous par un même coefficient, en apparence fortuit (5,656856), on reproduit l'année même de chaque planète :

Mercure....	15,55 × 5,656856 =	87,9692
Vénus.....	39,73 × 5,656856 =	224,7008
La Terre...	64,57 × 5,656856 =	365,2564
Mars.......	121,44 × 5,656856 =	686,9796
Jupiter... .	765,87 × 5,656856 =	4332,5848
Saturne....	1901,93 × 5,656856 =	10759,2198
Uranus.....	5424,57 × 5,656866 =	30686,8108
Neptune....	10628,73 × 5,656856 =	60126,7200

Quel rapport existe entre l'année des planètes et le temps qu'elles emploieraient à tomber dans le Soleil? Ce rapport est évident, comme on le voit, mais de quel ordre est-il? Quel est ce coefficient si remarquable 5,656856?

Assimilons un instant la chute de la Terre dans le Soleil à la moitié d'une ellipse extrêmement aplatie dont le périhélie serait presque tangent au Soleil. L'ellipse aurait pour grand axe la distance actuelle de la Terre au Soleil, c'est-à-dire la moitié du diamètre actuel de l'orbite terrestre. Les carrés des temps étant entre eux comme les cubes des distances, la révolution de la Terre le long de cette nouvelle ellipse serait donnée par la racine carrée du cube de $\frac{1}{2}$ ou de $\frac{1}{8}$, et par conséquent serait de $\frac{365,256}{2,828} = 129$ jours. La moitié de cette révolution, ou, ce qui revient au même, comme nous venons de le poser, le temps de la chute jusqu'au Soleil, serait donnée par la moitié de la racine carrée de $\frac{1}{8}$, ou par $\frac{365,256}{5,657}$; mais la moitié de la racine carrée de $\frac{1}{8}$, c'est la racine carrée de $\frac{1}{32}$. Donc, dans sa plus simple expression, la durée de chute dont il s'agit n'est autre que la révolution annuelle multipliée par la racine carrée de $\frac{1}{32}$.

Or la racine carrée de 32, c'est notre coefficient 5,656856.

Ainsi notre problème se pose maintenant dans des termes qui formulent une loi extrêmement simple :

La durée de la chute de toute planète dans le Soleil, ou de tout satellite sur sa planète, n'est autre que la révolution divisée par la racine de 32 : $\frac{R}{5,656856}$.

Ce problème a frappé l'attention de plusieurs astronomes, qui ont bien voulu m'envoyer leurs commentaires. Je me fais un plaisir de publier d'abord ici la solution mathématique due à M. Périgaud, astronome à l'Observatoire de Paris.

Supposons, dit-il, les planètes réduites à de simples

points matériels, et par suite la loi de Kepler rigoureuse, on aura, A étant le demi-grand axe de l'orbite d'une planète, et n la vitesse angulaire moyenne,

$$n^2 a^3 = f\mu,$$

μ étant la masse du Soleil, f la constante d'attraction.

D'autre part, θ étant le temps de la révolution de l'astre, on a

$$\frac{2\pi}{\theta} = n, \quad \text{d'où} \quad \theta = \frac{2\pi}{n},$$

mais

$$n = \frac{\sqrt{f\mu}}{A\sqrt{A}}, \quad \text{d'où} \quad \theta = \frac{2\pi A\sqrt{A}}{\sqrt{f\mu}}.$$

Calculons maintenant le temps de la chute sur le Soleil d'une planète placée à une distance de cet astre égale au demi-grand axe de son orbite A.

Fig. 35.

P

S

Plaçons en S (*fig.* 35) l'origine des x, on a

$$\frac{d^2x}{dt^2} = -\frac{f\mu}{x^2},$$

d'où

$$\left(\frac{dx}{dt}\right)^2 = 2f\mu\left(\frac{1}{x} - \frac{1}{A}\right) = \frac{2f\mu}{A}\left(\frac{A-x}{x}\right),$$

d'où

$$\frac{dx}{dt} = \sqrt{\frac{2f\mu}{A}}\sqrt{\frac{A-x}{x}}.$$

Posant

$$\sqrt{\frac{2f\mu}{A}} = K,$$

on tirera

$$K\,dt = -dx\sqrt{\frac{x}{A-x}};$$

posant

$$A = 2A' \quad Kt = -t',$$

il vient

$$dt' = dx\sqrt{\frac{x}{2A'-x}}.$$

Intégrant et déterminant la constante par la condition que, pour $x = A$, $t' = 0$, on obtient

$$t' = A'\left(\text{arc cos}\,\frac{A'-x}{A'} - \sqrt{2A'x - x^2} - \pi\right),$$

d'où

$$t = \frac{A'}{K}\left(\pi - \text{arc cos}\,\frac{A'-x}{A'} - \sqrt{2A'x - x^2}\right).$$

Pour avoir le temps total de la chute, il faut poser $x = 0$, ce qui donne

$$t = \frac{A'\pi}{K} = \frac{A\pi}{2K} = \frac{A\pi}{2}\,\frac{\sqrt{A}}{\sqrt{2f\mu}};$$

appelant g l'accélération à la distance A, on a

$$\frac{f\mu}{A^2} = g, \quad \text{d'où} \quad t = \frac{\pi\sqrt{A}}{2\sqrt{2g}}.$$

On peut rapprocher cette formule de celle qui donne la durée de la chute; en supposant constante l'intensité de l'attraction, c'est-à-dire $T = \frac{\sqrt{A}}{\sqrt{g}}\sqrt{2}$, le rapport $\frac{T}{t} = \frac{4}{\pi}$.

Comparons maintenant t à θ; on a

$$\frac{t}{\theta} = \frac{A\pi\sqrt{A}}{2\sqrt{2f\mu}}, \quad \frac{\sqrt{f\mu}}{2\pi A\sqrt{A}}, \quad \frac{\theta}{t} = 4\sqrt{2}.$$

Ainsi, au degré d'approximation de la loi de Kepler, le rapport de la durée de la révolution θ d'une planète autour du Soleil à la durée de sa chute est un nombre constant et égal à $4\sqrt{2}$.

Le journal *les Mondes* a publié de son côté plusieurs articles sur ce même sujet, soit pour confirmer, soit pour expliquer ce que j'avais avancé. Voici, par exemple, ce qu'écrit de Rome, à cet égard, M. Studiosus, dans le n° du 25 avril 1872.

« Dans l'*Astronomie* de Santini, on trouve le problème présenté sous les formules suivantes :

» Le temps périodique est

$$T_p = \frac{2\pi a^{\frac{3}{2}}}{\sqrt{\mu}}.$$

Le temps de la chute

$$t_c = \frac{\pi \rho^{\frac{3}{2}}}{2\sqrt{2\mu}};$$

de là on peut calculer

$$\frac{T_p}{t_e} = \frac{2\pi a^{\frac{3}{2}}}{\sqrt{\mu}} \times \frac{2\sqrt{2\mu}}{\pi v^{\frac{2}{3}}},$$

et, en faisant $a = v$, comme suppose M. Flammarion,

$$\frac{T_p}{t_e} = 2 \cdot 2\sqrt{2} = \sqrt{4 \cdot 4 \cdot 2} = \sqrt{32},$$

et

$$T_e = T_p \frac{1}{\sqrt{32}} = \frac{T_p}{5,6568}. »$$

Voici maintenant encore une autre manière de présenter la question, envoyée de Bude (Hongrie) par M. Coloman Szily.

« M. Flammarion a calculé le temps que les planètes emploieraient à tomber jusqu'au centre du Soleil, si la force centrifuge qui les en empêche était supprimée par l'arrêt de leur mouvement de translation. Ce calcul fait, M. Flammarion prouve que ces nombres sont entre eux comme les racines carrées des cubes des distances. En approfondissant davantage le sens de ces nombres, l'auteur signale une propriété — comme il dit, bien singulière au premier abord — qui se manifeste en les comparant attentivement : c'est qu'en les multipliant tous par un même coefficient, en apparence fortuit (5,656856), on reproduit l'année même de chaque planète. Enfin, il se trouve que 5,656856 n'est autre que la racine carrée de 32. Donc, dans sa plus simple expression, la durée de chute (t) dont il s'agit n'est autre que la révolution annuelle (T), multipliée par la racine carrée de $\frac{1}{32}$, ou $t = \frac{T}{\sqrt{32}}$.

» M. Flammarion arrive à cette formule extrêmement simple, par la méthode *a posteriori*, en comparant attentivement la durée de chute, la distance au Soleil et la révolution annuelle pour chaque planète.

» Je veux prouver, dans ce qui suit, que ce rapport peut se conclure théoriquement et directement des lois de la Mécanique rationnelle et de la troisième loi de Kepler.

» En effet, la formule générale qui exprime la durée de la chute d'un corps planétaire vers le Soleil est

$$(1) \quad t = \sqrt{\frac{2gr^2}{a}} = \frac{1}{2}a.\text{arc cos}\frac{a-2x}{a} + \sqrt{ax - x^2}.$$

» Dans cette formule, t signifie le temps que la planète emploierait à tomber vers le Soleil par le chemin x; a la distance initiale de la planète au centre du Soleil; g la pesanteur à la surface du Soleil, et r le rayon du Soleil.

» En cherchant le temps que la planète emploierait à tomber jusqu'au centre du Soleil, posons $x = a$. Nous trouvons

$$t\sqrt{\frac{2gr^2}{a}} = \frac{1}{2}a\pi,$$

d'où

$$(2) \qquad t = \frac{\pi a^{\frac{3}{2}}}{2\sqrt{gr^2}};$$

mais, d'après la troisième loi de Kepler,

$$\frac{a^3}{T^2} = \frac{a_1^3}{T_1^2} \cdots = \frac{gr^2}{4\pi^2},$$

d'où

$$(3) \qquad a^{\frac{3}{2}} = \frac{T\sqrt{gr^2}}{2\pi}.$$

En combinant la formule (3) avec la formule (2), on trouve facilement

$$t = \frac{T}{\sqrt{32}},$$

qui n'est autre chose que la formule de M. Flammarion. »

A ces trois commentaires différents nous ajouterons encore le suivant, publié par M. Bouchotte père, de Metz, dans les *Mondes* du 11 juillet 1872.

« ..... Si je publie les lignes suivantes, ce n'est pas que j'aie des objections à présenter sur les résultats du travail de M. Flammarion, mais uniquement sur la méthode qu'il expose et qui me semble susceptible de simplification.

» Dans une lecture que j'ai eu l'honneur de faire, le 28 mars dernier, à l'Académie de Metz, sur l'âge de la Terre, je disais, en traitant incidemment la même question que M. Flammarion :

» On peut calculer rapidement les temps de chute des diverses planètes au centre du Soleil. Il suffit, pour obtenir le résultat cherché, de connaître le temps employé par une planète pour sa circulation autour de l'astre radieux qui en maîtrise les mouvements, et de multiplier le quart de ce temps par la fraction 0,70710678, laquelle représente la racine carrée de la moitié de l'unité.

» En effet, en opérant, je trouve exactement ou presque exactement les résultats indiqués par M. Flammarion ; cependant M. Flammarion a dit : « Aussi ne » peut-on arriver au calcul qu'à l'aide de formules » laborieuses dont la plus simple est encore assez com- » pliquée. Les Traités de Mécanique rationnelle n'ont » pressenti aucun rapport simple entre ce problème et » celui des mouvements des corps célestes, et l'on voit » les résultats différer dans certaines applications. »

» Je ferai observer que Lalande a donné le calcul des chutes et a établi la règle suivante, d'après Frisi : *La racine carrée du cube de 2 est à 1 comme la durée de la demi-révolution sidérale d'une planète est au temps de sa chute jusqu'au centre de l'attraction.*

» Ce calcul, je n'ai fait que l'abréger par la formule donnée plus haut. Cette formule, d'ailleurs, revient à montrer que les rapports indiqués peuvent s'exprimer par la proportion suivante : le temps de chute est à celui du quart de la révolution :: 10000 : 14124 ou bien comme 0,70710678 : 1.

» Mais il devient alors visible que c'est le rapport de l'un des côtés du carré à sa diagonale.

» Par conséquent, comme l'expose M. Flammarion, il existe un rapport simple entre ce problème et celui des mouvements des corps célestes. »

J'ai cru intéressant de terminer ce Tome par ces variantes algébriques sur un sujet dont on a assez souvent l'occasion de parler; et je suis d'autant plus satisfait de ces explications, que plusieurs membres de l'Institut, savants astronomes et profonds géomètres, m'avaient répondu qu'ils ne voyaient *aucune raison* pour admettre, comme je l'avais fait, un rapport simple entre la durée de la révolution d'une planète et celle de sa chute dans le Soleil.

FIN DU CINQUIÈME VOLUME.

PARIS. — IMPRIMERIE DE GAUTHIER-VILLARS,
Quai des Augustins, 55.

LIBRAIRIE DE GAUTHIER-VILLARS.
Quai des Augustins, 55.

ACTUALITÉS SCIENTIFIQUES,

Par l'Abbé MOIGNO.

1° **Analyse spectrale des corps célestes**; par *Huggins*........................ 1 fr. 50 c.

2° **Calorescence. — Influence des couleurs**; par *Tyndall*........................ 1 fr. 50 c.

3° **La Matière et la Force**; par *Tyndall*. 1 fr. 50 c.

4° **Les Éclairages modernes**; par l'Abbé *Moigno*. 2 fr.

5° **Sept Leçons de Physique générale**; par *A. Cauchy*........................ 1 fr. 50 c.

6° **Physique moléculaire**; par l'Abbé *Moigno*. 2 fr. 50 c.

7° **Chaleur et Froid**; par *Tyndall*.. 2 fr. »

8° **Sur la radiation**; par *Tyndall*... 1 fr. 25 c.

9° **Sur la force de combinaison des atomes**; par *Hofmann*.................. 1 fr. 50 c.

10° **Faraday inventeur**; par *Tyndall*. 2 fr. »

11° **Saccharimétrie optique, chimique et mélassimétrique**; par l'Abbé *Moigno*.... 3 fr. 50 c.

12° **La Science anglaise, son bilan**; par l'Abbé *Moigno*.................. 2 fr. 50 c.

13° **Mélanges de Physique et de Chimie pures et appliquées**; par *Frankland*, *Graham*, *Macquorn-Rankine*, *Perkin*, *Henry Sainte-Claire Deville*, *Tyndall*.............. 3 fr. 50 c.

14° **Constitution de la Matière et ses mouvements.** Nature et cause de la pesanteur; par le P. *Leray*........................ 2 fr.

15° **Les Aliments**; par *Letheby*........... 3 fr.

16° **Esquisse historique de la Théorie dynamique de la Chaleur**; par *P.-G. Tait*.. 3 fr. 50 c.

17° **Théorie du Vélocipède. — Sur les lois de l'écoulement de la vapeur;** par *Macquorn-Rankine*...................... 1 fr. 25 c.

18° **Les Métamorphoses chimiques du carbone;** par *Odling*......................... 2 fr.

19° **Programme d'un cours en sept leçons sur les phénomènes et les théories électriques;** par *Tyndall*................. 1 fr. 50 c.

20° **Géologie des Alpes et du tunnel des Alpes;** par *Élie de Beaumont* et *Sismonda*.... 2 fr.

21° **La Science anglaise, son bilan en 1869;** (réunion à Exeter)............ 3 fr. 50 c.

22° **La Lumière;** par *Tyndall*............ 2 fr.

23° **Recherches sur les Agents explosifs modernes et sur leurs applications récentes;** par l'Abbé *Moigno*................. 2 fr.

24° **Religion et Patrie;** par l'Abbé *Moigno*. 1 fr. 50 c.

25° **Éléments de Thermodynamique;** par M. *J. Moutier*........ .... 2 fr. 50 c.

26° **Sur la Force de la poudre et des matières explosives;** par M. *Berthelot*. 3 fr. 50 c.

27° **Sursaturation des solutions;** par *Tomlinson* .... 2 fr.

28° **Optique moléculaire. Effets de précipitation, de décomposition, d'illumination produits par la lumière;** par l'Abbé *Moigno*.. 2 fr. 50 c.

29° **L'Architecture du monde des atomes,** avec 100 fig. dans le texte; par *Gaudin*... 5 fr.

30° **Étude sur les éclairs;** par *P. Perrin*. 2 fr. 50 c.

31° **Manuel pratique militaire des chemins de fer;** par le Capitaine *Issalène*. 2 fr. 50 c.

II° Série. — *Cours de Science illustrée.*

1° **L'Art des projections;** par l'Abbé *Moigno* (103 fig. dans le texte)......... 2 fr. 50 c.

2° **La Photomicrographie** en 100 tableaux pour projection; par M. *Jules Girard*. 1 fr. 50 c.

3° **Les Accidents.** Secours à donner en cas d'absence de l'homme de l'art; par *Alfred Smée*. 1 fr. 25 c.

les Reboisements. (Séance des cinq Académies, 1858.) — XIX Articles sur l'Astronomie et la Météorologie.

6e VOLUME. — Aimant et Magnétisme terrestre. — Océan islandais. — Théorie physique des Vêtements. — XIII Articles sur l'Astronomie et la Météorologie.

7e VOLUME. — Pierres précieuses. — Télégraphie électrique et sous-marine. — Comètes. — *Astronomie et Météorologie :* Visites à la mer. — Lune rousse. — Service météorologique des ports de France. — Les Perturbations célestes et celles de la Lune. — Lumière cendrée de la Lune. — Éclairage, chauffage, arrosement, productions du globe, sa météorologie. — Note sur quelques actualités scientifiques.

8e VOLUME. — Distance de la Lune au Soleil. — Expériences de M. Léon Foucault. — Prédictions de M. Mathieu de la Drôme. — Couleurs des astres; teintes du Soleil couchant. — Scintillation des étoiles. — Navigation aérienne; ballons et hélices; vol mécanique; aviation. — Homère observateur maritime. — Drainage et Fontaines artificielles. — Tremblements de terre. — Sur la Physique du globe. — Sur les Courants ou plutôt sur les Circuits des mers.

NOTICE

SUR L'APPAREIL

D'INDUCTION ÉLECTRIQUE

DE RUHMKORFF,

et les expériences qu'on peut faire avec cet instrument;

PAR LE COMTE DU MONCEL.

In-8, 5e édition; avec nombreuses figures dans le texte; 1867 .... 7 fr. 50 c.

donné de calories peut se transformer en une quantité équivalente de travail mécanique et réciproquement, et que la chaleur, autrefois appelée *statique* et considérée comme un fluide, n'est autre chose que la somme des forces vives qui animent les molécules des corps chauffés. L'ensemble de ces remarquables progrès a fait justice d'anciennes hypothèses, et la Physique n'est plus ou ne sera bientôt plus qu'une Mécanique rationnelle où les forces naturelles exercent leur action sur les substances pesantes et sur un milieu spécial et unique, qui se nomme l'*éther*.

Cependant les Traités élémentaires semblent prendre à tâche de dissimuler ces idées générales, et de se contenter de détails sans liaison : le Magnétisme est toujours présenté comme dépendant d'un fluide ; la Chaleur est réduite à des notions empiriques, on professe qu'elle se dissimule et devient *latente ;* la Chaleur rayonnante est prise comme distincte de la Lumière, et l'on ne dit rien de la Théorie optique. — Le Livre élémentaire que nous offrons aujourd'hui au public est conçu dans un esprit différent. Dès les premiers mots l'Auteur démontre que la Chaleur est un mouvement moléculaire, et cette idée guide ensuite le lecteur dans toutes les expériences, et les explique. La Terre et les aimants n'étant que des solénoïdes, on fait dépendre le Magnétisme de l'Électricité. L'Acoustique montre dans leurs détails les vibrations longitudinales, transversales, circulaires et elliptiques ; elle prépare à l'Optique. Cette dernière Partie enfin est l'étude des vibrations de toute sorte qui se produisent dans l'éther ; les interférences et la polarisation sont expliquées de la manière la plus élémentaire, et la théorie vibratoire est rendue accessible à tous.

L'Auteur espère que les modifications qu'il propose dans l'enseignement de la Physique seront approuvées par ses Collègues, et qu'elles seront profitables aux Élèves en les délivrant de ce que les savants ont abandonné, en élevant leur esprit jusqu'à de plus hautes conceptions, en leur montrant l'ensemble philosophique d'une science déjà très-avancée et qui semble toucher à son terme.

complétement le problème; mais le perfectionnement de la théorie des éclipses, la photographie, l'analyse spectrale, la belle découverte de la dissociation et de la théorie mécanique de la chaleur ont fait faire à nos connaissances de tels progrès, qu'il était temps d'en exposer le merveilleux ensemble.

Nul n'était plus capable de remplir cette tâche que l'Auteur de cet Ouvrage, qui pendant vingt années consécutives a employé la meilleure partie de son temps à l'étude du Soleil.

En composant ce Livre, il a utilisé les travaux et les découvertes de tous ceux qui ont à différentes époques étudié la même question, prenant, comme il le dit lui-même, le vrai et le beau partout où il l'a trouvé. Cependant, par une préférence bien naturelle et bien louable, il a surtout décrit les phénomènes qu'il a lui-même observés, rendant pour ainsi dire le lecteur témoin des spectacles que lui révèle son télescope. C'est ainsi qu'il nous fait connaître la manière dont les taches prennent naissance, les transformations qu'elles éprouvent, les formes multiples et bizarres qu'elles affectent, les mouvements violents dont elles sont à la fois les effets et les manifestations. Dans un autre Chapitre, il nous fait assister au spectacle d'une éclipse : la couronne, les aigrettes, les protubérances, tout se trouve reproduit, non-seulement par de magnifiques gravures, mais par des descriptions aussi intéressantes qu'instructives. Signalons encore le Chapitre si curieux consacré aux *Soleils* ou *Étoiles*, et les magnifiques planches du spectre solaire et des spectres stellaires.

Nous espérons que ce Livre sera favorablement accueilli par tous : par les savants, qui y trouveront des connaissances nouvelles et un résumé consciencieux des travaux les plus récents; par les personnes du monde, qui, dans un beau volume, trouveront une lecture attrayante, une science à la fois solide et abordable pour toutes les intelligences cultivées.

LIBRAIRIE DE GAUTHIER-VILLARS,
Quai des Augustins, 55.

TRAITÉ
D'ASTRONOMIE
POUR LES GENS DU MONDE,

AVEC DES NOTES COMPLÉMENTAIRES

Pour les Candidats au Baccalauréat, aux Écoles spéciales et à la Licence ès Sciences mathématiques;

Par M. Frédéric PETIT,

Chevalier de la Légion d'honneur, Correspondant de l'Institut, Directeur de l'Observatoire de Toulouse, Professeur d'Astronomie à la Faculté des Sciences de la même ville, Membre de plusieurs Sociétés savantes.

---

2 VOLUMES IN-18 JÉSUS, AVEC 286 FIGURES DANS LE TEXTE ET UNE CARTE CÉLESTE. — PRIX : 7 FRANCS.

En envoyant à l'Éditeur un mandat sur la poste ou des timbres-poste, on recevra l'Ouvrage franco dans toute la France.

PRÉFACE.

En me décidant à publier, après tant de bons Traités d'Astronomie, les Leçons que j'ai professées pendant vingt-sept ans, pour les gens du monde, à l'Observatoire de Toulouse, je ne puis avoir d'autre prétention que celle de répondre aux demandes bienveillantes qui me sont journellement adressées. Je n'entreprendrai donc pas de faire ici l'apologie de mon œuvre; et je me borne à dire qu'elle est le résultat d'une longue expérience et que les Leçons dont il s'agit ont établi, entre les auditeurs et le Directeur de l'Observatoire, ces émanations sympathiques auxquelles, d'ordinaire, le Professeur doit presque tout le mérite qu'il peut avoir.

N'ayant au début l'intention d'écrire que pour les simples amateurs d'Astronomie, j'ai été conduit peu à peu à donner plus de développements que je n'avais d'abord projeté de le faire. Mon Ouvrage pourra donc aujourd'hui répondre en même temps, soit aux désirs des gens du monde, soit aux exigences des Programmes officiels pour le Baccalauréat, pour les Écoles spéciales et pour la Licence ès Sciences mathématiques. Seulement, afin de rester fidèle aux habitudes qui sont devenues la cause déterminante de ma publication, j'ai réuni les détails trop abstraits dans des Notes complémentaires. Quant au texte, à peu près complétement dépouillé des difficultés mathématiques, je l'ai divisé par Leçons, et j'ai pris à tâche de l'écrire, autant que possible, comme j'aurais parlé devant mes auditeurs. Aussi prierai-je les personnes qui voudront bien me lire sans m'avoir entendu, d'accueillir avec indulgence l'abandon auquel j'ai pu quelquefois me laisser entraîner. Cette manière m'a paru toujours réussir en instruisant, sans le fatiguer, l'auditoire élégant et nombreux que le désir d'étudier les phénomènes du Ciel appelait à l'Observatoire; car elle est devenue la source d'un long échange d'affectueux témoignages, sous le patronage desquels je crois pouvoir placer d'avance le Traité dont je viens d'entreprendre la rédaction.

F. Petit.

peut-être de la perfection du texte anglais. M. l'abbé Moigno croit les avoir vaincues, et il se déclare largement récompensé d'une fatigue de quelques mois, autant par le mérite intrinsèque du livre de M. Tyndall que par les services qu'il est appelé à rendre.

Le Son est digne de sa sœur aînée *La Chaleur*, si recherchée et si admirée; il l'emporte même sur elle au point de vue de l'enseignement.

La Chaleur, en effet, est une œuvre d'art qui met en jeu une foule d'idées neuves et fécondes, mais elle ne peut être considérée comme un ouvrage classique.

Le Son, au contraire, est parfait au point de vue d'un cours. Il serait impossible de mieux choisir, de mieux décrire, de mieux exécuter les expériences nécessaires à la manifestation des faits et à la détermination des lois qui les régissent. Il sera lu à la fois avec un vif intérêt par les professeurs et par tous les amis de la science claire et pratique.

M. Tyndall a bien voulu dire qu'au point de vue de la typographie, et grâce aux bons soins de M. Gauthier-Villars, l'édition française surpassait l'original. Il a rendu aussi hommage à l'habileté de son traducteur, à la bonne pensée qu'il a eue d'enrichir sa traduction d'une Préface, et d'un Appendice aussi précieux que plein d'intérêt.

La Préface est à la fois historique, technique, philosophique; elle prouvera que les questions d'acoustique ont longtemps occupé M. l'abbé Moigno, et qu'il était par conséquent bien préparé à la traduction qu'il devait entreprendre. L'Appendice, assez long, est une énumération rapide, mais suffisante, des faits et des instruments qu'il a paru utile d'ajouter à ceux que M. Tyndall a si bien décrits et démontrés. On y trouvera le résumé complet de la série des expériences grandioses de M. Regnault, de l'Institut, sur la propagation des ondes sonores.

La traduction française, dont toutes les épreuves ont été revues par l'auteur, est encore plus complète à un autre point de vue : la huitième leçon a son sommaire comme les sept autres, et la table alphabétique des matières a été refaite avec beaucoup de soin et d'attention.

808.—Paris. Imp. Gauthier-Villars, quai des Augustins, 55.

Paris. — Imp. Gauthier-Villars, 55, quai des Grands [illegible]

www.ingramcontent.com/pod-product-compliance
Ingram Content Group UK Ltd.
Pitfield, Milton Keynes, MK11 3LW, UK
UKHW020159250726
13967UKWH00003B/1159